V&R

Dieses Buch passt zu Ihnen!
Sie lassen sich von der Zeit nicht versklaven,
nehmen Aufgaben nicht so tierisch ernst
und haben mit Planung wenig am Hut.
Hier erfahren Sie,
warum es trotzdem funktioniert.

Blättern Sie weiter, wenn Sie Lust darauf haben!

Oder fallen Sie mit Ihrem Chaotentum
zu oft auf die Nase?
Produzieren Sie hausgemachten Stress?
Bekommen Sie nichts auf die Reihe?
Dann müssen Sie dieses Buch und Ihr Leben
anders anpacken.

Drehen Sie ganz schnell um!

Hermann Rühle

Drehbuch für ein chaotisches Zeitmanagement

Wie Sie mit Improvisation Ihre Aufgaben
irgendwie hinkriegen, der Zeit Zeit lassen
und locker über die Runden kommen

Mit Cartoons von Jörg Plannerer

Vandenhoeck & Ruprecht

Der Autor

Dr. Hermann Rühle, Diplom-Betriebswirt, Diplom-Psychologe, ist als Trainer für Zeitmanagement und Berater für persönliche Beruf(ung)sfindung tätig.

Bibliografische Information der Deutschen Nationalbibliothek

Die Deutsche Nationalbibliothek verzeichnet diese Publikation in der Deutschen Nationalbibliografie; detaillierte bibliografische Daten sind im Internet über http://dnb.d-nb.de abrufbar.

ISBN 978-3-525-40330-3

Satz: textformart, Göttingen
Druck und Bindung: ⊕ Hubert & Co., Göttingen

Gedruckt auf alterungsbeständigem Papier.

Inhalt

Warum Chaoten ein anderes Zeitmanagement brauchen

Sie sind ein lässiger, flexibler Mensch und kommen auf Ihre chaotische Art locker über die Runden. Was in aller Welt wollen Sie mit Zeitmanagement? Die Ratschläge, wie man seine Arbeit plant, die Zeit einteilt und seinen Arbeitsplatz organisiert, stammen von zwanghaften Perfektionisten und funktionieren nur bei pedantischen Erbsenzählern. Aber doch nicht bei Ihnen! Hier erfahren Sie, wie Sie »ticken«, und was Sie von den Perfektionisten unterscheidet. Dann wird Ihnen klar, warum Sie mit dem herkömmlichen Zeitmanagement nichts anfangen können und wie das für Sie maßgeschneiderte, chaotische Zeitmanagement aussehen muss. Wollen Sie wissen, wie Ihre perfekten Schwestern und Brüder funktionieren und wie sie sich von der Zeit versklaven lassen, brauchen Sie nur das Buch umdrehen.

Das falsche Zeitmanagement
Warum lässige Leute mit ordentlichen
Ratschlägen nichts anfangen können

Das Bemühen um Perfektion
schafft mehr Probleme als Vorteile.
Es gibt Beweise, dass es sich nicht lohnt,
perfekt zu sein – jedenfalls nicht immer.
Perry Buffington[1]

Zeigen Sie mir Ihren Schreibtisch und ich sage Ihnen, was Sie für ein Mensch sind. Wie ordentlich. Wie gut organisiert. Wie sorgsam Sie mit Ihrer Zeit umgehen. Wie Sie mit Ihrer Arbeit und mit sich selbst klar kommen. Ein Blick genügt. Was? Sie sind ein Leertischler und stolz auf Ihren sauberen Schreibtisch, auf dem immer nur der eine Vorgang liegt, an dem Sie gerade arbeiten? Alles andere ist aufgeräumt und abgelegt? Keine Stapel, kein Papier auf der Schreibtischplatte und am Monitor klebt kein einziger gelber Post-it-Zettel? Sie sind ein bedauernswerter Mensch! Sie sind überorganisiert und verplempern Zeit und Energie mit sinnlosen Tätigkeiten. Kehren Sie sofort um! Lernen Sie vom Volltischler! Er konzentriert sich auf das Wesentliche. Er verschwendet keine Zeit mit Nebensächlichkeiten wie Aufräumen und Ablegen. Er führt keine To-do-Listen. Er spart sich aufwändige Erinnerungssysteme und wozu manche Leute eine Wiedervorlage brauchen, ist ihm ein Rätsel. Der Volltischler mag es einfach. Er lässt einfach seinen Blick über die volle Schreibtischplatte schweifen und sieht sofort, was er noch alles tun müsste, wenn er Lust dazu hätte.

Mittwoch 16.45 Uhr. Mein drittletzter Urlaubstag geht zu Ende. Am nächsten Montag beginnt wieder der Ernst des Lebens. Drei entspannte Wochen liegen hinter mir. Ich durfte Mensch sein, konnte mich gehen lassen, ohne Zwang, ohne Kontrolle. Drei

Wochen allein im Zweierbüro. Am Montag kommt meine pinge-
lige Zimmerkollegin aus dem Urlaub zurück und heute ist meine
Stimmung im Eimer. Morgen und übermorgen muss ich aufräumen. Nicht meinen Schreibtisch, mein Chaos geht sie nichts an,
das hat sie inzwischen akzeptiert. Bis Freitag muss ich ihren
Schreibtisch wieder in den Vorurlaubszustand gebracht haben,
sonst gibt es am Montag statt einer freundlichen Begrüßung gleich
ordentlich Ärger. Während ihrer Abwesenheit habe ich mich etwas ausgebreitet, ich musste sie schließlich vertreten. Auf ihrem
leeren Schreibtisch war genug Platz. Seit einem halben Jahr sind
wir Zimmerkollegen. Unser Chef hat seine beiden unterschiedlichsten Typen zusammengesperrt. Ich vermute mal, er hofft, dass
meine Lässigkeit auf sie abfärbt. Damit sie von ihrem übertriebenen Perfektionismus herunterkommt. Aber jetzt ist erst mal
Schluss für heute. Morgen räume ich den gegnerischen Schreibtisch auf.

Wie sorgsam Sie mit Ihrer Zeit umgehen, kann ich Ihnen auch
elektronisch auf den Kopf zusagen. Dazu ist keine Online-Durch-
suchung nötig, ein kurzer Blick auf Ihren Monitor reicht. Zeigen
Sie mir, wie viele unerledigte E-Mails bei Feierabend in Ihrem Eingangskorb stehen. Keine? Sie sind stolz auf den Grundsatz: Mein
E-Mail-Eingangskorb ist jeden Abend leer! Welchem falschen Zeit-
management-Guru sind Sie auf den Leim gegangen? Sie lassen sich
von jeder eingehenden Nachricht quälen? Stehen den ganzen Tag
unter Entscheidungsstress und überlegen bei jeder ankommenden Mail: Soll ich sie aufmachen? Muss ich sie lesen? Etwas tun?
Soll ich sie sofort löschen? Muss ich antworten? Oder erst mal mit
Fähnchen priorisieren? Weiterleiten? In eine Aufgabe umwandeln?
Zur Nachverfolgung kennzeichnen? In einen Termin verwandeln?
So ein Krampf! Wenn Sie nicht regelmäßig 50 unerledigte E-Mails
vor sich herschieben, machen Sie etwas falsch. Dann fehlt Ihnen
jeglicher Schutzschirm gegen die fragwürdige Beschleunigung des
Arbeitslebens. Sie schlagen sich heute mit Problemen herum, die
sich morgen von selbst erledigt hätten. Zu Ihrer Verabschiedung
in den vorzeitigen, stressbedingten Ruhestand wird man über Sie
sagen: »Ein überaus gewissenhafter Mensch verlässt unser Unternehmen. Er beantwortete jede E-Mail innerhalb von fünf Minu-

ten; seit man ihn mit einem Blackberry ausgestattet hatte, auch am Wochenende und im Urlaub!«

Mittwoch 16.55 Uhr. »Bitte kommen Sie mal schnell zu mir!« Anruf vom Chef. Das hat mir gerade noch gefehlt. Solche Anrufe kurz vor Feierabend kann ich nicht leiden. Kurz vor knapp fällt ihm ein, wie er seine Mitarbeiter vom pünktlichen Heimgehen abhalten kann. Er sitzt jeden Abend lange im Büro. Vermutlich hat er kein Familienleben. »Lieber Freund, so kann es nicht weiter gehen! Ihr Schreibtisch sieht aus wie ein Abenteuerspielplatz! Alles erledigen Sie auf den letzten Drücker! Zu jedem Meeting kommen Sie zu spät! Ich will es kurz machen: Morgen beginnt ein zweitägiges Inhouse-Zeitmanagement-Seminar und es ist mir gelungen, für Sie einen Platz zu ergattern.« Von wegen Platz ergattern. Seine Assistentin war angemeldet, das weiß ich genau. Sie hätte das Seminar wirklich nötig gehabt, sie steht permanent unter Zeitdruck. Warum? Da kommt einiges zusammen: Sie ist übertrieben hilfsbereit, kann nicht Nein sagen, neigt zum Überperfektionismus, wird mit ihrer Arbeit nie fertig, weil sie alles »verdummbessern« will, und in der übrigen Zeit legt sie Dinge ab, die sie nie wieder braucht. Jetzt kann sie aus Zeitnot nicht am Zeitmanagement-Seminar teilnehmen. Weil sein Bildungsbudget bei kurzfristiger Absage trotzdem belastet wird, hat der Chef einen Ersatzteilnehmer gesucht und ich bin der Einzige in seiner Mannschaft, der immer Zeit hat. Ich verschwende keine Zeit mit dem Aufräumen und der Ablage. Ich weiß, dass die Arbeit dorthin geht, wo sie gemacht wird, und vermeide es, dort zu sein. Viel Zeit spare ich, weil ich eine Aufgabe, der ich mich nicht entziehen kann, erst einmal liegen lasse. Vieles erledigt sich von selbst und wenn nicht, laufe ich in der knappen Restzeit, die mir für die Erledigung bleibt, zur persönlichen Hochform auf. Wer pünktlich zu Meetings erscheint, zeigt, dass er nicht ausgelastet ist. Wenn ich die übliche Viertelstunde zu spät komme, hat es meist noch nicht richtig angefangen und wieder habe ich Zeit gespart.

Jetzt will ich Ihnen verraten, welche Weisheiten in Büchern und Seminaren zum Thema Zeitmanagement verbreitet werden. Alle Ratschläge kreisen um drei Schwerpunkte und wirken sich fatal aus. Der erste Zeitmanagement-Irrtum lautet: *Man muss sich behaupten.* Darf sich um Himmels willen keine Zeit stehlen lassen. Soll jede unnötige Unterbrechung unterbinden. Sich von niemand stören lassen. Alle Ablenkungen vermeiden. Nein sagen. Langatmige Gesprächspartner ausbremsen. Unangemeldeten Besuchern keinen Platz anbieten, sondern sie mit einer kurzen Stehbesprechung abfertigen. Sich »stille Stunden« schaffen, in denen man ungestört und konzentriert wichtige Aufgaben erledigt. So ein Unfug! Sich isolieren. Ins eigene Schneckenhaus zurückziehen. Die Zusammenarbeit verweigern. Sich von Informationen abkoppeln. Sich gnadenlos auf eine Aufgabe konzentrieren. Keinerlei menschliche Regungen zeigen. Die Zusammenarbeit blockieren. Den ganzen Betrieb aufhalten.

Der zweite Irrtum: *Man muss sich perfekt organisieren.* Den Tag planen. Die richtigen Prioritäten setzen. Einen ordentlichen Schreibtisch präsentieren und ein aufwändiges Termin- und Merksystem installieren. Als ob man den Tag planen könnte. Der schönste Plan ist nach einer halben Stunde Makulatur, weil es immer anders kommt, als man denkt. Warum Zeit für die Planung verschwenden, wenn die Realität jeden Plan erledigt? Zeitmanagement-Jünger kommen überhaupt nicht mehr zum Arbeiten: Vormittags organisieren sie ihren Schreibtisch und nachmittags verwalten sie ihr übertriebenes Termin- und Merksystem.

Drittens: *Man muss sich konsequent führen.* Sich am Riemen reißen. Die eigene Ablenkungsbereitschaft ausschalten. Seine Neugier zügeln. Seine Aufschieberitis kurieren und auf ungeliebte Arbeiten losgehen. Seine Unlustgefühle unterdrücken. Den inneren Schweinehund bekämpfen. Seine Trägheit überwinden. Im Klartext: Man darf nie mit sich zufrieden sein. Nie der sein, der man ist. Man muss immer an sich arbeiten. Ein anderer Mensch werden. Sich quälen. Sich verbiegen. Mit einem schlechten Gewissen durchs Leben gehen.

Donnerstag 9.30 Uhr. »Das ist der Rekord in meiner langjährigen Seminarpraxis! Eine Stunde zu spät! Sie scheinen das Seminar besonders nötig zu haben!« So hat mich der Trainer begrüßt. Gut, ich bin etwas zu spät gekommen. Kann ja passieren. Dachte, es geht um 9.00 Uhr los. Und als ich kurz vor halb zehn einlief – ich hatte unterwegs einen früheren Kollegen getroffen und man kann doch an einem netten Menschen, den man lange nicht gesehen hat, nicht einfach vorbeirennen – lief das Seminar schon seit einer Stunde. Auf der Einladung stand Beginn 8.30 Uhr, aber da hatte ich nicht so genau hingeschaut. Die spontane Bemerkung: »Ich wollte demonstrieren, wie man eine Stunde Zeit sparen kann!«, habe ich mir verkniffen, dafür war die gefühlte Seminaratmosphäre zu unlustig. Die letzte Viertelstunde vor der ersten Pause bekam ich gerade noch mit. Das hat mir gereicht. Kein Seminar beginnt ohne dieses unnötige Vorstellungsritual mit der sogenannten »Erwartungsabfrage«. Ich bekam von den zwölf Teilnehmern nur die drei letzten mit. Alle erzählten langatmig ihre Lebensgeschichte. Und dann noch ihre Erwartungen zum Zeitmanagement. Die drittletzte Teilnehmerin der Vorstellungsrunde: »Ich bin Assistentin und mein Chef ist total chaotisch. Ich möchte hier lernen, wie ich einen ordentlichen Menschen aus ihm mache.« Der vorletzte Teilnehmer: »Ich bin in der Firma unersetzlich und arbeite rund um die Uhr. Vor kurzem bin ich gegen Mitternacht heimgekommen. Am Kühlschrank hing ein gelbes Post-it. Meine Frau hatte mir eine Nachricht hinterlassen: Für heute ist noch was drin und ab morgen kannst du dich selbst kümmern. Adieu!« Die Allerletzte: »Meine Kollegin sitzt mir gegenüber. Sie hat einen total überhäuften und unorganisierten Schreibtisch. Sucht dauernd in ihren Papierstapeln herum und findet trotzdem nichts. Mein Schreibtisch ist leer. Ich habe immer den aktuellen Vorgang vor mir liegen, an dem ich gerade arbeite. Und jetzt ist der Geschäftsführer vorbeigekommen und hat zu mir gesagt: ›Sie haben wohl nichts zu tun. Ihr Schreibtisch ist so leer. Brauchen Sie Arbeit?‹« Ich war froh, dass mich der Trainer wegen meiner Unpünktlichkeit mit Missachtung strafte und sich für meine Probleme und Erwartungen nicht interessierte. Ich hätte auch nur sagen können: »Ich bin unfreiwillig hier. Mein Chef hat mich geschickt. Er kommt mit meinem bewährten Arbeitsstil nicht zurecht.«

»Zeitnot durch Zeitplanung« steht darüber, und wenn Sie diesen Artikel gelesen haben, wissen Sie alles über Zeitmanagement. Dann können Sie sich alle Bücher und Seminare zum Thema sparen, den Artikel übrigens auch. Das, was der Autor Jürgen P. Rinderspacher als Ergebnis seiner Überlegungen in zwei Sätzen zusammenfasst, haben Sie schon immer gewusst: »Mit Hilfe von immer raffinierteren Zeitplanungsmethoden und -techniken versuchen wir, die verfügbare Zeit möglichst optimal einzusetzen. Ironischerweise führen aber die modernen zeitsparenden Einrichtungen vielfach nicht zu Zeitgewinn, sondern im Gegenteil zu stärkerem Zeitdruck« (S. 37).[2] Da brauchen Sie nur im Flugzeug die überbeschäftigten Manager beobachten. Schon während des Landeanfluges kramen sie nach ihrem Smartphone. Früher waren sie mit der Postkutsche von Hamburg nach München eine Woche unterwegs, zwei Achsbrüche und ein Überfall inbegriffen. Jetzt dauert die Reise eine Stunde und bevor die Triebwerke abgestellt sind, hören Sie die hektische Frage: »War was?«

In der Zeitmanagement-Szene jagt ein Trend den nächsten. Der letzte Schrei war die sogenannte Work-Life-Balance. Die gleichen Gurus, die Sie früher dazu bringen wollten, rund um die Uhr zu arbeiten, predigen jetzt, wie wichtig es ist, eine ausgewogene Balance zwischen Beruf und Privatleben herzustellen. Zum Glück haben Sie sich noch nie aus der Balance bringen lassen. Von wegen sonntags um 21.30 Uhr eine E-Mail vom Chef beantworten oder im Urlaub jederzeit erreichbar sein. Sie verbringen die Wochenenden und Ferien grundsätzlich im Funkloch.

Es wurden auch schon mal sogenannte »Zeitpioniere« hochgejubelt. Damit sind Menschen gemeint, die mehr Zeit für sich haben wollen und diesen Anspruch tatsächlich in der Arbeit und im Alltag verwirklichen. Für den gewünschten Zeitwohlstand verzichten sie auf Geld. Auf Soziologendeutsch hört sich das so an: »Zeitpioniere beanspruchen mehr Zeit für sich. Dadurch reagieren sie auf gesellschaftliche Umbrüche, wie sie sich vor allem in Individualisierungsprozessen ausdrücken, durch die das Subjekt immer mehr auf sich selbst (zurück-)verwiesen wird. Denn die durch die Arbeitszeitflexibilisierung hinzugewonnene Zeit wird nicht nur in Anspruch genommen, um die Zeithegemonie der Arbeitssphäre über die Lebensführung zurückzudrängen, sondern auch, um verstärkt eigene Gestaltungsvorstellungen einbringen zu können: Persönliche Ambitionen wie Eigenprofilierung, Vertiefung von Interessen, Sinn- und Identitätssuche werden ausgebaut. Dementsprechend ist die Individualisierung hier eng verschränkt mit der

Sensibilität des Bewusstseins für das Thema Zeit« (S. 1001).[3] Zu diesem Thema kann man mit Jürgen P. Rinderspacher auch kurz und bündig sagen: »Zeit ist dort, wo am wenigsten über sie geredet wird.« Sie reden nicht über Zeit, Sie haben Zeit. Sie sind schon immer ein Zeitpionier, obwohl Sie den Begriff noch nie gehört haben. Ihre Zeitsouveränität war Ihnen immer schon heilig. Die würden Sie sich auch für viel Geld nicht abkaufen lassen.

»Downshifting« ist noch so ein modischer Strohhalm, an den sich die Zeitgeplagten klammern. In einen niedrigeren Gang herunterschalten, das Arbeitstempo verlangsamen, ein ausgeglicheneres Leben führen. Weil Sie auf der Upshifting-Rallye nie mitgefahren sind, brauchen Sie auch nicht downshiften. Ihr Leben ist ausgeglichen, Ihr Arbeitstempo stimmt. Auf der Überholspur lassen Sie die an sich vorbeiziehen, die als Reichste auf dem Friedhof liegen wollen.

> **Donnerstag 10.00–16.55 Uhr.** Ich sitze im Zeitmanagement-Seminar und staune. Über den Trainer. Der hält seinen Zeitplan auf die Sekunde ein. Ich trage keine Uhr. Aber mein Nachbar würdigt diesen Pünktlichkeitstick bei jedem Pausenbeginn mit anerkennendem Kontrollblick auf den Sekundenzeiger seiner eigenen Uhr. Ich wundere mich über die Seminargruppe. Was wollen die hier? Alles ordentliche Leute. Schreiben jede Trainerweisheit mit, obwohl alles in der Seminarunterlage steht. Obwohl sie vermutlich alles längst praktizieren. Ich habe nichts mitgeschrieben. Für mich war nichts dabei. Die Seminarunterlagen finde ich auch nicht mehr. Wahrscheinlich habe ich sie irgendwo liegen lassen. Während des Tages wird mir klar: Die Menschheit besteht aus zwei Fraktionen, aus Perfektionisten und Chaoten. In einem Zeitmanagement-Seminar will ein engagierter Trainer Perfektionisten zu Überperfektionisten weiterentwickeln. Verirrt sich ein lässiger, chaotischer Typ in eine solche Veranstaltung, dann meint er, er sei im falschen Film.

Sie sind ein flexibler, lässiger Mensch. Unflexible Trainer und Buchautoren wollen Ihnen mit unpassenden Ratschlägen weismachen, wie Sie mit Ihrer Arbeit und Zeit umgehen sollen, obwohl Sie auf Ihre bewährte, chaotische Art bestens zurechtkommen. Man gönnt Ihnen Ihre Lockerheit nicht und übersieht, dass Organisationen funktionieren, weil es Leute wie Sie gibt. Firmen überleben, wenn genügend chaotische Mitarbeiter und Chefs am Werk sind. Das glauben Sie nicht? Dann frage ich Sie: Welches ist die wirkungsvollste Version eines Streiks? Was müssen Sie tun, wenn Sie als Fluglotse den Flugbetrieb oder als Lokführer die Bahn lahmlegen wollen? Die Antwort: Erfüllen Sie den Traum eines Bürokraten und halten Sie alle Vorschriften genau ein, dann geht gar nichts mehr. »Dienst nach Vorschrift« endet im Chaos. Vorschriften darf man also nicht so ernst nehmen. Warum gibt es sie dann und warum funktioniert es trotzdem? In Firmen und Organisationen fallen im Laufe der Zeit viele Entscheidungen und viele Leute schreiben alles Mögliche vor. Das ist meist nicht aufeinander abgestimmt, widerspricht sich teilweise, ist nicht gleichzeitig anwendbar und lässt sich nicht lückenlos kontrollieren. Der Laden läuft trotzdem, aber nur, wenn genügend unerschrockene, pfiffige, unperfekte, improvisationsfähige Mitarbeiterinnen und Mitarbeiter, also chaotische Menschen wie Sie, die widersprüchlichen Vorschriften zurechtbiegen, ignorieren, überschreiten und an die Realität anpassen.

Führungskräfte tun so, als seien sie überlegte Strategen und rationale Planer und Entscheider. In Wahrheit ziehen sie eine Show ab. Henry Mintzberg, einer der bedeutendsten Management-Theoretiker, hat untersucht, was Manager wirklich tun, und herausgefunden, was Sie immer schon geahnt haben: Die Erfolgreichen, die beständig viel erreichen, sind bemerkenswert unbeständig in der Art, wie sie Probleme anpacken. Ihr Arbeitstag ist zerstückelt, enthält viele ungeplante Elemente, sie sind aktionsorientiert, springen von Problem zu Problem, beherrschen die Kunst des Durchwurstelns. Kurz: Erfolgreiche Manager arbeiten wie Sie, nämlich äußerst chaotisch. Schwache Manager scheitern an ihrer Beständigkeit, an ihrem Perfektionismus.

Ohne Sie und einige chaotische Kolleginnen und Kollegen ist eine Firma dem Untergang geweiht, ohne Perfektionisten übrigens auch. In einer florierenden Firma sorgen die ordentlichen Mitarbeiter für die nötige Stabilität. Sie gestalten die organisatorischen Rahmenbedingungen, die Aufbau- und Ablauforganisation. Sonst wäre jeden Tag neu auszuhandeln, wer für welche Aufgaben zuständig ist und wie die Arbeitsprozesse ablaufen sollen. Man müsste das Rad jeden Tag neu erfinden. Das wäre ökonomisch unsinnig. Andererseits muss sich eine Firma jeden Tag neu erfinden. Der Markt ändert sich, die Konkurrenz schläft nicht. Eine Firma soll anpassungsfähig bleiben und sich flexibel auf geänderte Rahmenbedingungen einstellen. Zu viel Stabilität behindert die Anpassungsfähigkeit. Für die nötige Anpassung braucht es Flexibilität. Mit der tun sich die perfekten Ordnungshüter schwer. Da müssen die kreativen Chaoten ran. Fehlen die, ist eine Firma irgendwann erstarrt und am Ende. So eine Ungerechtigkeit: Für die Ordnungsfanatiker sind Sie eine Katastrophe. In Wahrheit verhindern Sie die Katastrophe.

Donnerstag 17.00 Uhr. Der erste Seminartag ist zu Ende. Mir reicht es. Noch einen Tag halte ich diesen Unfug nicht aus. Dem Chef werde ich morgen früh klarmachen, dass ich am ersten Tag alles verstanden habe, was ich über Zeitmanagement wissen muss. Anschließend räume ich den Schreibtisch meiner Zimmerkollegin auf. Zwischendurch werde ich morgen Vormittag schnell beim Standesamt vorbeischauen und die beiden Geburtsurkunden nachreichen. Das wollte ich bereits heute erledigen, aber das dumme Seminar ist dazwischengekommen. Meine Zukünftige war vorgestern, bei der Anmeldung zur Eheschließung, ganz schön sauer, weil ich die mühsam beschafften Dokumente zuhause vergessen hatte. »Das fängt ja gut an!«, war ihr Kommentar. Die Sichthülle mit den beiden Urkunden habe ich unter dem zweiten Stapel von links versteckt, schließlich erfahren die im Büro noch früh genug, dass ich meinen Junggesellenstatus verliere.

Hier ist die gute Nachricht. Für Sie gibt es ein passendes Zeitmanagement. Stellen Sie das perfekte Zeitmanagement auf den Kopf! Dann haben Sie die Theorie für Ihre immer schon geübte Praxis. Sie arbeiten weiter wie bisher, aber jetzt hat Ihr Chaos System. Das besteht aus drei Schwerpunkten. Sie erinnern sich: Die Perfektionisten sollen sich behaupten. Drehen Sie dieses Prinzip um und Sie sind bei Ihrer ersten Leitlinie: *Sie sollen kommunizieren und sich informieren!* Organisationen bestehen aus Menschen.

Die sollen zusammenarbeiten. Dazu müssen sie miteinander reden und Informationen austauschen. Das darf man nicht behindern. Was soll das Gerede von den Störungen, die man unterbinden soll. Erklären wir »Störung« zum Unwort des Jahres und ersetzen es durch das Wort »Informationschance«. Wer sich gegen Informationen wehrt, ist irgendwann weg vom Fenster, weil er das Wichtige nicht mitbekommt. Das Wichtige steht nicht in den offiziellen Rundschreiben. Das erfahren Sie nebenbei auf dem Gang, bei einem Schwätzchen mit einem angeblichen Zeitdieb. Organisationen funktionieren nicht wegen der Organisation, sondern weil sich Leute kennen und miteinander reden.

Man muss sich organisieren, heißt das zweite Prinzip bei den Perfektionisten. Daraus wird Ihre zweite Leitlinie: *Sie sollen improvisieren!* Alles ist im Fluss. Dauernd ändert sich etwas. Unvorhergesehene Ereignisse geschehen. Der Zufall schlägt zu. Termine werden verschoben. Die Realität überholt den Plan. Warum dann Zeit für die Planung verschwenden? Fördern Sie besser Ihr Improvisationstalent, trainieren Sie Ihre Überraschungskompetenz und bewältigen flexibel und souverän das Unvorhergesehene. Von wegen sich perfekt organisieren. Je ordentlicher der Schreibtisch, desto penibler der dahinter sitzende Mensch. Je perfekter das persönliche Termin- und Merksystem, desto unflexibler der Benutzer.

Drittens muss man sich als Perfektionist am Riemen reißen und sich konsequent selbst führen. Das heißt für Sie: *Sie sollen sich akzeptieren!* Sie dürfen sein, wie Sie sind. Brauchen keine Energie für vergebliche Umerziehungsversuche verschwenden. Können jede Selbstmotivationsquälerei bleiben lassen. Dürfen sich mit dem Lustprinzip verbünden und tun, was Ihnen Spaß macht. Dann sind Sie gut und alles läuft mühelos von selbst. Mit Dale Carnegie gesagt: Quäle dich nicht, lebe!

Freitag 8.00 Uhr. Heute, am letzten Tag ihres Urlaubs, kommt mir auf dem Gang die Zimmerkollegin entgegen. Sie sagt: »Was machen Sie hier, ich denke, Sie sind auf Seminar?« Meine Antwort: »Was machen Sie hier, ich denke, Sie sind im Urlaub?« »Das erkläre ich Ihnen nachher, ich muss schnell zum Chef«, sagt sie und ist weg. Warum ist sie vorzeitig aus dem Urlaub zurück? Warum hat sie mir keine Szene gemacht? Muss wohl gut erholt sein. Sonst regt sie sich doch über jede kleine Unordentlichkeit auf. Ich gehe in unser gemeinsames Büro und erlebe die nächste Überraschung: Von wegen Unordnung. Alles aufgeräumt. Auch meine Hälfte. So habe ich meinen Schreibtisch noch nie gesehen. Die Platte ist leer. Keine Stapel. Keine Zettel. Nur um den Monitor hängen noch ein paar Post-it's. Sogar die Stapel auf der Fensterbank und die Kartons auf dem Fußboden sind weg. Was ist passiert? Was ist hier los? Was wird hier gespielt?

Liebe Leserin, lieber Leser, Sie gehören zur Fraktion der Chaoten und jetzt bricht eine neue Zeit für Sie an. Sie werden nicht mehr benachteiligt. Sie werden nicht mehr mit untauglichen Konzepten belästigt, nicht mehr in die falschen Seminare geschickt und brauchen auch keine unpassenden Bücher mehr zu lesen. Fast alles, was zum Zeitmanagement bisher auf dem Markt ist, wurde von Perfektionisten für Perfektionisten entwickelt. Noch schlimmer: Die Ordentlichen haben es geschafft, ihr Weltbild zum Maßstab für die ganze Menschheit zu machen; Schule, Universität, Wirtschaft, Verwaltung, Kirche und Militär sind davon durchdrungen. Chaoten dürfen sich ungestraft nur in einigen Reservaten tummeln, meist schlecht besoldet und existenziell nicht besonders gut abgesichert, als Praktikanten, Taxifahrer, Künstler, Aussteiger.

Warum haben sich die Chaoten das gefallen lassen? Wer sich wehren und etwas durchsetzen will, muss sich organisieren. Das ist Chaoten fremd. Deshalb haben sie keine Lobby. Im Gegensatz zu den Perfektionisten fehlt lässigen Menschen auch jegliches Sendungsbewusstsein. Perfektionisten sind nie mit sich zufrieden. Das äußert sich im Drang, andere zu missionieren. Chaoten ruhen in sich selbst, sie funktionieren, wie sie funktionieren, und lassen ihre Mitmenschen in Ruhe. Ein Chaot schreibt kein Buch und schon gar keines über Zeitmanagement. Er würde nie im Traum ein Seminar entwickeln und Leuten seine Weisheiten ans Herz legen. Wenn es aber nun doch die chaotische Version eines funktionierenden Zeitmanagements gibt? Wenn es diese Version wert ist, aus der Versenkung geholt zu werden, wer kann das schaffen? Nur ein Perfektionist kann diese Aufgabe schultern und jetzt oute ich mich als Autor: Ich bin so einer und übernehme den Job! Wird das funktionieren? Aber ja! Und ich kann Ihnen auch sagen, warum. Fast alles, was zum Zeitmanagement produziert worden ist, stammt von Perfektionisten. Die Betonung liegt auf »fast«, es gibt eine rühmliche Ausnahme. Martin Scott, ein Trainerkollege aus England, hat einen schlauen Ratgeber für das perfekte Zeitmanagement geschrieben.[4] Er meint, »dass wir am besten vermitteln können, was wir selbst am dringendsten lernen müssen« (S. 10). Er kommt, nach eigenem Bekenntnis, aus einer desorganisierten Vergangenheit und sein Buch »Zeitgewinn durch Selbstmanagement« ist wirklich gut, aber nur für Perfektionisten. Und jetzt kommt meine geniale Idee! Ich stamme – als langjähriger Zeitmanagement-Trainer – selbstverständlich aus einer perfekten Vergangenheit und kann Ihnen deshalb bestens vermitteln, was ich selbst unbedingt lernen will: chaotisches Zeitmanagement!

Die Auflösung. Sie wollen wissen, wie das mit der Kollegin und dem papierlosen Büro gelaufen ist? Gestern, am Donnerstag, gab es eine Personalrotation beim Putzgeschwader. Unsere beiden Neuen waren bis vorgestern in einer Firma mit »Clean-Desk-Prinzip« eingesetzt. Diese Vorschrift hat dort ein penibler Geschäftsführer an sein gesamtes Personal ausgegeben. Jeder ist bei Feierabend zu einer leeren Schreibtischplatte verdonnert. Die Unterlagen wandern in Schränke und Schubladen, Abfall in die Rundablage. Und wenn der Papierkorb voll ist? Dann lässt man den Papierschrott einfach auf dem Schreibtisch liegen oder wirft ihn auf den Fußboden und der Reinigungstrupp weiß: Das ist zur Vernichtung freigegeben. Leider hat den neuen Ordnungshütern niemand gesagt, dass bei uns kein penibler Geschäftsführer regiert. Und mir droht die erste Ehekrise. Vier Wochen vor dem geplanten Hochzeitstermin. Der Termin ist geplatzt. Weil sich unsere Geburtsurkunden in der Altpapierpresse vermählt haben.

Die beiden Menschentypen

Warum Chaoten lockerer über
die Runden kommen als Perfektionisten

Ein Perfektionist ist,
auf einen Nenner gebracht,
jemand mit einer gestörten Bilanz
zwischen Anspruch und Leistung.
Perry Buffington

Für Perfektionisten sind Sie erstens ein Außenseiter, man hält Sie zweitens für etwas verwirrt und macht drittens spitze Bemerkungen über Ihr chaotisches Zeitmanagement. Wenn Sie das viertens kränkt und fünftens in die Isolierung treibt und Sie sechstens ein Mann sind, wird es gefährlich. Dann sind Sie eine tickende Zeitbombe. Weil Sie alle sechs Voraussetzungen eines potenziellen Serienmörders erfüllen. Aber keine Angst, für den Profiler fallen Sie aus dem Fahndungsraster. Sie sind kein isolierter Sonderling, sondern ein kontaktfreudiger Zeitgenosse und Ihr sonniges Gemüt schützt Sie vor Kränkungen. Außerdem gibt es zwei Typen von Serienkillern und dieser erste, unorganisierte Typ kommt eher selten vor. Bei den meisten Serienmördern handelt es sich um organisierte Typen, um Perfektionisten. Sie gehen planvoll vor, richten ihr Leben an bestimmten Ritualen aus, an denen sie zwanghaft festhalten, und fahren ausgesprochen saubere Autos. Das ist nicht Ihre Welt und vermutlich ist auch Ihr Auto eher etwas vergammelt. Als Frau sind Sie übrigens über jeden Verdacht erhaben, da können Sie noch so zwanghaft organisiert sein. Serientäterinnen sind selten. Frauen sagt man zwar Multitaskingfähigkeiten nach, sie bringen aber nur ab und zu im Affekt eine Beziehungstat zustande. Das bei der Suche nach Serientätern eingesetzte Profiling steckt noch in den Kinderschuhen. Vielleicht hilft es den Kriminalisten, wenn wir uns die hochverdächtigen Perfektionisten und die unverdächtigen Chaoten etwas genauer vorknöpfen. Sie wiederum erfahren bei der Gelegenheit einiges über Ihre eigene Person und wundern sich nicht mehr, warum sich die Perfektionisten ein zwanghaftes Zeitmanagement antun und warum Sie damit überhaupt nichts am Hut haben.

Für Perfektionisten sind Sie der Chaot und da fängt die Gemeinheit an. Im Wort »Chaot« schwingt die ganze Verachtung der Ordnungsfanatiker mit. Welchen Wohlklang hat dagegen »Perfektionist« in der ordnungsdominierten Welt. Warum meint man mit Perfektionist nicht den Erbsenzähler, den Pedanten, den zwanghaften Menschen? Gegenseitige Beschimpfungen bringen uns nicht weiter. Rücken wir besser die ungleichen Geschwister in ein positives Licht. Erklären wir beide zu Tugendbolden und ergänzen sie mit zwei tatsächlichen schwarzen Schafen zum Geschwisterquartett.

	Perfektionisten	Chaoten
Tugend	geplanter Typ	flexibler Typ
Untugend (zu viel des Guten)	zwanghafter Typ	konfuser Typ

Die Menschheit passt in ein Vierfelderschema. Die beiden linken Quadranten gehören den Perfektionisten, die beiden rechten den Chaoten. Die oberen Felder sind positiv besetzt, die unteren negativ. Wenn es das Leben gut mit Ihnen gemeint hat, sind Sie rechts oben angesiedelt. Dort sitzen *die Flexiblen*, die positiven Chaoten, spontane, lockere, großzügige, ideenreiche Menschen. Sind

Sie so einer, dann kommen Sie bestens mit den Überraschungen des Lebens zurecht, weil Sie sich flexibel und überraschungskompetent darauf einstellen.

Links oben wohnen die perfekten Frauen und Männer. Das sind *die Geplanten*, die Planungsweltmeister, Pünktlichkeitsfanatiker und Organisationstalente. Sie arbeiten gründlich, gewissenhaft und zuverlässig. Bemühen Sie sich, diese Eigenheiten positiv zu sehen, auch wenn es Ihnen schwer fällt. Wir wollen schließlich Vorurteile abbauen. Sie wollen Ihre Flexibilität ja auch ungern als hektische Sprunghaftigkeit bezeichnet wissen. Seien wir uns einig, Sie besitzen die Tugenden des Flexiblen und Ihre perfekten Nachbarn haben die geplanten Geschwistertugenden gepachtet.

Unter den Perfektionisten gibt es schwarze Schafe. Das sind *die Zwanghaften*. Die übertreiben das Gute und das ist zu viel des Guten. Die Tugend wird zur Untugend. Das Perfekte endet in der Erbsenzählerei und im Überperfektionismus. Auch bei den Chaoten gibt es schwarze Schafe. Das sind *die Konfusen*, die gefallenen Flexiblen. Wer es mit der Flexibilität übertreibt, richtet Unheil an, arbeitet schludrig, verzettelt sich, verliert die Übersicht und bringt nichts auf die Reihe.

Jetzt haben wir Chaoten und Perfektionisten auf gleiche Augenhöhe gebracht. Der Chaot ist ein flexibler, anpassungsfähiger Mensch, das genaue Gegenteil des Zwanghaften. Wenn Sie jemand als Chaot tituliert, dürfen Sie sich darüber freuen. Aber passen Sie auf, dass Sie die Grenze zum Konfusen nicht überschreiten. Das genaue Gegenteil des Konfusen ist der ordentliche, geplante Perfektionist. »Perfektionist« dürfen Sie nur dann als Schimpfwort betrachten, wenn Sie es mit einem echt Zwanghaften zu tun haben.

Auf Ihre chaotischen Qualitäten können Sie stolz sein, aber zu viel brauchen Sie sich nicht darauf einbilden. Sie können nichts dafür. Das haben Sie geerbt. Das Schicksal hat Sie mit der passenden Ausstattung auf die Welt befördert. »Die Gene bestimmen zwischen 20 und 50 Prozent der Persönlichkeit eines Menschen. Aber auch das, was eine Frau während der Schwangerschaft erlebt, entscheidet mit über das Temperament eines Kindes. Ob es offen oder ängstlich sein wird, ein stabiles oder ein zaghaftes Ego entwickelt, ob es pedantisch ist oder lässig« (S. 124).[5] Sie sind bereits als halber Chaot auf die Welt gekommen und haben sich dieses Talent bewahrt und ausgebaut. Einige Erziehungsagenten wollten Sie zum ordentlichen Menschen verbiegen. An Ihrer Unängstlichkeit und Ihrem starkes Ego sind alle Versuche abgeprallt und irgendwann hat man die vergeblichen Dressurbemühungen aufgegeben.

Lieber Chaot, jetzt sollen Sie sich genauer kennen lernen. Was sind Sie für ein Mensch? Wie »ticken« Sie? Da kann uns der Psychologie-Professor Steven Reiss von der Universität Ohio auf die Sprünge helfen. Der ist ganz sicher ein Perfektionist, weil er Ordnung in die menschliche Motivstruktur bringen will.[6] Er hat über 8.000 Menschen gefragt, was sie antreibt, worauf sie scharf sind, was sie glücklich und zufrieden macht. Herausgekommen sind 16 Lebensmotive. Sie sind leider durch sein Raster gefallen. Ein Chaosmotiv, das Streben nach Spontaneität und Flexibilität, ist nicht dabei. Dann können wir den Reiss gleich wieder vergessen? Nein, wir können von ihm lernen, aber nur durch die Hintertür. Es ist wieder mal typisch, wie stiefmütterlich das Chaos wegkommt. Eines der 16 Lebensmotive ist die Ordnung, das Streben nach Stabilität, Klarheit und guter Organisation. Die anderen Motive sind Macht, Unabhängigkeit, Neugier, Anerkennung, Sparen, Ehre, Idealismus, Beziehungen, Familie, Status, Rache, Romantik, Ernährung, körperliche Aktivität und Ruhe. Bei jedem von uns sind alle Motive vorhanden, aber in unterschiedlicher Stärke, jeder hat ein Motivprofil, sozusagen einen Motivfingerabdruck. Und wo bleibt das Chaos? Das hat der Psychologe Reiss hinter der Ordnung versteckt. Das schwach ausgeprägte Ordnungsmotiv ist die chaotische Seite des Menschen. Wenn Reiss ein Chaot wäre, hätte er selbstverständlich das Chaosmotiv auf den Sockel gehoben und zu einem der 16 Lebensmotive geadelt. Dann wäre die Ordnung das schwach ausgeprägte Chaosgegenstück. Wie auch immer, für Steven Reiss sind Sie der Mensch mit dem unterbelichteten Ordnungsmotiv. So einer

- ist offen und tolerant gegenüber ungewissen oder vieldeutigen Situationen.
- hasst Ordnungswahn und Regelungswut.
- verabscheut organisieren und planen.
- ist flexibel, großzügig und achtet nicht so auf Details.
- mag keine Vorschriften und schematischen Lösungen.
- lehnt eine »spießige« Ordnung ab.
- ist kein Putzteufel.

Jetzt staunen Sie, wie treffend und wohlwollend Steven Reiss Sie beschreibt! Aber es kommt noch besser. Sie haben sicher schon einmal gesagt:»Es ist zum Verrücktwerden.« Wollen Sie das ernsthaft in die Tat umsetzen, können Sie eine von 13 Möglichkeiten wählen. Das geht ganz einfach. Übertreiben Sie Ihr normales Verhalten deutlich! Schon sind Sie »gestört«. Jede Persönlichkeitsstörung ist die extreme Ausprägung eines ursprünglich normalen Persönlichkeitsstils. Wenn Sie unter einer narzisstischen Persönlichkeitsstörung leiden wollen, brauchen Sie nur ein maßlos übertriebenes Selbstbewusstsein heraushängen lassen. Überziehen Sie Ihre gesunde Aggressivität, dann leiden Ihre Mitmenschen unter Ihrer sadistischen Persönlichkeitsstörung. Sind Sie übertrieben gewissenhaft, droht Ihnen die zwanghafte Persönlichkeitsstörung. Vor dieser letzten Gefahr sind Sie gefeit, schließlich ist Ihre Gewissenhaftigkeit eher schwach ausgeprägt. John M. Oldham, der maßgeblich am Diagnosesystem für Persönlichkeitsstörungen der American Psychiatric Association mitgewirkt hat, hat zu diesem Zweck die 13 Persönlichkeitsstile erforscht und die dazu passenden Störungen gefunden.[7] Im Gegensatz zu Steven Reiss wird Ihr Typ bei Oldham nicht unter den Teppich gekehrt. Für den chaotischen Typen hat Oldham eine eigene Persönlichkeitskategorie vorgesehen, allerdings auch eine eigene Version, verrückt zu werden. Solange Sie nicht übertreiben, sind Sie für Oldham der glückliche Mensch mit dem »lässigen Stil«. Das sind die positiven Eigenheiten lässiger Menschen:

– Sie verfolgen ihr persönliches Glück und lassen sich von niemand daran hindern.
– Sie erfüllen ihre Pflichten, aber lassen sich nicht ausnutzen.
– Sie wehren sich gegen unvernünftige Forderungen.
– Sie verteidigen ihr fundamentales Recht, zu tun, was sie für richtig halten.
– Ihr Motto lautet:»Gut ist gut genug.«
– Sie unterwerfen sich nicht der Tyrannei der Zeit, lassen sich nicht unter Zeit- und Termindruck setzen.
– Sie wissen, dass Eile alles verdirbt und nur unnötige Unruhe schafft.
– Sie sind gelassen und optimistisch und wissen, dass sie alles irgendwie auf die Reihe bekommen.

– Sie können Nein sagen.
– Sie haben keine Angst vor Autoritäten und lassen sich nicht einschüchtern.

Übertreiben Sie das mit der Lässigkeit, dann wartet ein Problem
mit dem verrückten Namen »passiv-aggressive Persönlichkeitsstörung« auf Sie. Was es damit auf sich hat, erfahren Sie im vorletzten Kapitel. Dort geht es um die entwertende Übertreibung
und davor sollten Sie sich hüten.

  Bei Steven Reiss und seinen 16 Motiven finden Sie sich als
»Mensch mit schwach ausgeprägtem Ordnungsmotiv« sympathisch
beschrieben. John M. Oldham hat aus seinen 13 Persönlichkeits-
kategorien den »lässigen Stil« für Sie reserviert und darauf dürfen Sie stolz sein. Bei der Suche nach Ihren chaotischen Wurzeln
kann uns auch Fritz Riemann, ein deutscher Psychoanalytiker, wei-
terhelfen. Der macht es sich etwas einfacher als Reiss und Oldham.
Ihm reichen vier Kategorien für die Beschreibung der mensch-
lichen Persönlichkeit. Für ihn gibt es depressive, schizoide, zwanghafte und hysterische Menschen. Raten Sie mal, in welche Schublade er Sie steckt? Nachdem Sie weder depressiv noch zwanghaft
sind, bleiben nur zwei Typen übrig. »Schizoid« ist für Riemann ein
Mensch, der die Nähe zu anderen Menschen meidet, eher als Ein-
zelgänger durchs Leben geht und sich gegen plötzliche Überraschungen abschirmt. Das trifft auf Sie überhaupt nicht zu und deshalb sind Sie »hysterisch«. Jetzt fragen Sie sich völlig zurecht, ob
alle Menschen krank sind und warum Sie hysterisch sein sollen?
Als Psychoanalytiker hat man es nicht gerade mit dem mensch-
lichen Normalverhalten zu tun. Vielleicht hat Riemann deshalb
nicht der Normalform seiner vier Typen Namen gegeben, sondern der jeweiligen krankhaften Überspitzung. Vermutlich fand
er für die Normalform der Typen keine passende Kurzbezeichnung. Schließlich will er die ganze Menschheit in vier Gruppen
packen und da musste er jedem Typen schon ein breites Verhal-
tensspektrum zuordnen, wie wir am Beispiel des hysterischen Typen sehen werden. Bei »hysterisch« denken Sie vermutlich an ein
überspanntes weibliches Wesen. Wenn wir uns gleich die Normalform der hysterischen Persönlichkeit näher anschauen, wird klar,
dass für gestörte Hysteriker beiderlei Geschlechtes die Bezeich-

nung »konfus« besser gepasst hätte. Den normalen Hysteriker beschreibt Fritz Riemann nämlich so: »Der gesunde Mensch mit hysterischen Strukturanteilen ist risikofreudig, unternehmenslustig, immer bereit, sich Neuem zuzuwenden; er ist elastisch, plastisch, lebendig, oft sprühend und mitreißend, lebhaft und spontan, gern improvisierend-ausprobierend. Er ist ein guter Gesellschafter und nie langweilig, bei ihm ist ›immer etwas los‹; er liebt alle Anfänge und ist voll optimistischer Erwartungsvorstellungen vom Leben. Jeder Anfang scheint ihm alle Chancen zu enthalten, ist erfüllt mit dem Zauber, der allem Anfang inne wohnt […]. Er bringt alles in Bewegung, rüttelt an Traditionen und veralteten, erstarrten Dogmen und hat etwas bezwingend Suggestives, viel Charme, den er bewusst einzusetzen weiß. Er nimmt nichts zu ernst – außer vielleicht sich selbst – weil er um die Relativität der meisten Dinge im Leben weiß; er ist stärker im Impulse setzen und etwas in Gang zu bringen, als in der Ausdauer und geduldigen Durchführung von Geplantem. Aber gerade seine Ungeduld, seine Neugier und Unbeschwertheit von Vergangenheit, lässt ihn manche Chance sehen und ergreifen, die anders Geartete nicht sehen, oder die diesen ein Halt, eine Grenze bedeuten würde. So kann er eigenwillig und wagemutig das Leben wie ein buntes Abenteuer sehen, und der Sinn des Lebens liegt für ihn darin, es möglichst reich, intensiv und füllig zu leben« (S. 198 f.).[8] Möglicherweise setzte sich Fritz Riemann mit dieser Charakterisierung selbst ein Denkmal. Immerhin startete er seine berufliche Karriere mit einer nicht abgeschlossenen kaufmännischen Lehre, setzte sie mit einem abgebrochenen Studium der Psychologie und anderer Geisteswissenschaften fort und ergänzte sie mit vielseitigen Privatstudien. Über ein Studium der Astrologie landete er schließlich bei der Psychoanalyse und wirkte dort erfolgreich. Privat hat er sich auch gern dem Neuem zugewendet. Er war dreimal verheiratet und aus zwei dieser Ehen sind insgesamt fünf Kinder hervorgegangen. Sein bereits 1961 erschienener Klassiker »Grundformen der Angst«, in dem er die vier Typen beschreibt, erreichte hohe Auflagen und ist bis heute aktuell.

Ich fasse die Erkenntnisse von Reiss, Oldham und Riemann zusammen, ergänze sie durch meine eigenen Erfahrungen, und schon können wir Ihre persönlichen Qualitäten sympathisch beschreiben. Ab sofort ist »chaotisch« kein Schimpfwort mehr. Sie sind ein durch sieben Persönlichkeitseigenheiten ausgezeichneter, positiver Chaot:

1. *Überraschungskompetent:* Sie sind offen für Neues und kommen mit überraschenden Situationen gut zurecht. Sie sind kreativ und improvisationsfähig. Reagieren spontan und flexibel auf das Unvorhergesehene.

2. *Unterorganisiert:* Sie halten den Organisationsaufwand klein, verzichten auf übertriebene Planung. Investieren wenig Zeit in schematische Lösungen. Aufgrund Ihrer ausgeprägten Improvisationsfähigkeit können Sie sich das leisten.

3. *Beziehungsorientiert:* Sie sind kontaktfreudig. Pflegen ein dichtes Netzwerk. Zwischenmenschliche Beziehungen haben für Sie einen hohen Stellenwert.

4. *Zeitsouverän:* Sie gehen locker mit der Zeit um und lassen sich von ihr nicht versklaven. Sie sind nicht zwanghaft überpünktlich.

5. *Selbstbestimmt:* Sie gehen Ihren eigenen Weg und lassen sich nicht daran hindern. Können Nein sagen. Sind unangepasst. Haben keine Angst vor Autoritäten.

6. *Lässig:* Sie arbeiten unverkrampft. Lassen es sich gut gehen. Übertriebener Ehrgeiz ist Ihnen fremd. Sie finden eine Balance zwischen Anstrengung und Erholung und bringen Beruf und Privatleben unter einen Hut.

7. *Gegenwartsbezogen:* Sie leben im Hier und Jetzt. Nutzen die Gunst der Stunde. Sind optimistisch. Sie plagen keine Zukunftsängste und über ungelegte Eier machen Sie sich keine Gedanken.

Jetzt wird klar, warum Ihre perfektionistischen Schwestern und Brüder so einen Aufwand mit dem Zeitmanagement treiben und warum Sie das überhaupt nicht nötig haben. Perfektionisten wandeln unter dem Heiligenschein der Vollkommenheit. In Wahrheit sind sie bedauernswerte Mängelwesen. Ihnen fehlt jedes Ihrer herausragenden Talente. Von wegen Überraschungskompetenz. Perfektionisten leiden unter Überraschungsangst. Mit hohem Aufwand planen sie das Planbare und organisieren Notfallpläne für das Unplanbare. Und wenn dann alles ganz anders kommt, haben sie Planungszeit verschwendet und sind hilflos, weil sie das improvisieren verlernt haben. Sie dagegen sind improvisationsgeübt, jeder Planungsverzicht erhöht Ihre Überraschungskompetenz. Die gesparte Zeit investieren Sie in die Beziehungspflege. Ihr berufliches und privates Netzwerk rettet Sie vor dem Absturz, wenn Sie ausnahmsweise mal besser geplant statt improvisiert hätten. Perfektionisten sind im zwischenmenschlichen Bereich weniger kompetent, sie stehen hilflos allein auf weiter Flur, wenn sie Hilfe bräuchten, weil etwas schief gegangen ist. Mit einem strengen Zeitmanagement wollen sie Stress vermeiden und merken nicht, in welchen negativen Teufelskreis sie damit geraten. Ihre mangelnde Lockerheit nötigt sie zu einer übertriebenen Pünktlichkeit. Sie wollen auf keinen Fall zu spät kommen und setzen sich unter Druck. Sie dagegen legen keinen übersteigerten Wert auf Pünktlichkeit, deshalb sind Sie nie unpünktlich und vermeiden den damit verbundenen Stress.

Im nächsten Kapitel testen wir, wie groß Ihr Sicherheitsabstand zu den durch Perfektionismus produzierten Problemen ist. Ab dem übernächsten Kapitel bekommen Sie die Gewissheit, wie Sie weiter auf Ihre Art, ohne Behinderung durch irgendwelche Zeitmanagement-Systeme, gut durchs Leben kommen.

Der Test

Wie chaotisch bin ich und
was soll ich mit Zeitmanagement?

Bitte kreisen Sie die zutreffende Zahl ein:

	trifft nicht zu	trifft etwas zu	trifft voll zu
1. Das Motto »Brauchbar ist besser als perfekt« beschreibt ganz gut meinen unverkrampften Arbeitsstil.	0	1	2
2. Bei der Erledigung von Aufgaben bin ich für die große Linie und habe Mut zur Lücke.	0	1	2
3. Wenn ich nicht will, dass ich es tu, leit ich es einem andern zu: Ich delegiere gern.	0	1	2
4. Manche übertreiben es mit der Pünktlichkeit. Man darf auch mal zu spät kommen.	0	1	2
5. Ich bin ein locker-lässiger Mensch und sehe nicht alles so eng. Man darf auch mal was vergessen.	0	1	2
6. Das Meiste, was zu erledigen ist, merke ich mir im Kopf.	0	1	2
7. Mein Schreibtisch ist meist voll, mein Büro ist eher unaufgeräumt und in den Augen eines Perfektionisten bin ich ziemlich unordentlich.	0	1	2
8. Ich werfe viel weg.	0	1	2
9. Ich improvisiere gern. Irgendwie bekomme ich das Meiste auch ohne große Planung auf die Reihe.	0	1	2
10. Ich kümmere mich um vieles gleichzeitig, ich bin multitasking-fähig.	0	1	2
11. Zwischenmenschliche Beziehungen (Familie, Freunde, Geschäftsfreunde) haben für mich eine hohe Priorität.	0	1	2

	trifft nicht zu	trifft etwas zu	trifft voll zu
12. Die spontane Kontaktpflege ist mir wichtig. Ich lasse mich gern stören, wenn jemand etwas von mir will.	0	1	2
13. Wenn es heißt, ich sei sprunghaft, dann ist das ein positiver Beweis für meine Flexibilität.	0	1	2
14. Man darf sich auch den angenehmen Seiten des Lebens widmen und sein persönliches Glück verfolgen.	0	1	2
15. Ich habe keine Angst vor Autoritäten. Ich kann ganz schön widerspenstig sein, wenn man etwas von mir will, was ich nicht einsehe.	0	1	2
16. Unangenehme Aufgaben lasse ich erst mal liegen. Vieles erledigt sich von selbst.	0	1	2
17. Langfristige Aufgaben packe ich kurz vor dem Fälligkeitstermin an, weil ich dann zur leistungsmäßigen Hochform auflaufe.	0	1	2
18. Mich interessiert das Neue, ich mag Überraschungen und liebe Veränderung.	0	1	2
19. Ich bin ein bewährter Krisenmanager und »Troubleshooter«.	0	1	2
20. Ich bin kreativ und sprühe oft vor Ideen.	0	1	2
21. Ich bin mit den Gedanken manchmal ganz woanders.	0	1	2
22. Man darf auch mal ausflippen und seine Gefühle rauslassen.	0	1	2
23. Manchmal wirft man mir vor, ich sei unvorsichtig und leichtsinnig.	0	1	2
24. Ich bin öfter am Suchen, weil ich Autoschlüssel, Brille, Handy verlegt habe.	0	1	2
25. Wenn ich eine Zeitung gelesen habe, sieht man das am Papierwust, den ich hinterlasse.	0	1	2

Bitte ermitteln Sie die Punktesumme: _____

Vorteile: Sie sind nur gebremst chaotisch und leiden nicht unter den Nachteilen, die ein zu chaotisches Verhalten mit sich bringt. Von der Gefahr des Umkippens ins Schludrige und Konfuse sind Sie weit weg. Das ist aber schon ziemlich alles an Vorteilen.

Nachteile: Die Vorteile des lässig-flexiblen Menschen sind bei Ihnen unterentwickelt. Besonders überraschungskompetent sind Sie nicht, mit Ihrer Improvisationsfähigkeit ist es nicht weit her. Als Krisenmanager gewinnen Sie keinen Blumentopf.

Was heißt das für Ihr Zeitmanagement? Sie können Ihr Verhaltensrepertoire durch Einsatz des chaotischen Zeitmanagements entscheidend bereichern. Die Anlagen dazu besitzen Sie. Seien Sie doch manchmal etwas lockerer. Sagen Sie öfter: »Gut ist gut genug.« Lassen Sie auch mal etwas liegen. Bleiben Sie ab und zu unvorbereitet, dann müssen Sie improvisieren und trainieren Ihre Überraschungskompetenz.

Welche Konsequenzen müssen Sie ziehen? Sie gehören nicht wirklich zum harten Kern der Chaotenfraktion. Sie sind nicht besonders locker und lässig. Haben Sie dieses Buch wirklich richtig in die Hand genommen? Sind Sie in Wahrheit ein ordentlicher Mensch und können mit dem chaotischen Zeitmanagement wenig anfangen? Ich empfehle Ihnen Folgendes: Drehen Sie das Buch um und bearbeiten Sie im anderen Teil den Perfektionistentest. Erreichen Sie dort auch unter 10 Punkte, dann sind Sie ein eher seltener Typ (oder sollte man seltsamer Typ sagen?), weder besonders geplant noch besonders flexibel. Entschuldigung, aber Sie sind dann ein langweiliger Mensch, ohne Ecken und Kanten. Ihr Verhaltensrepertoire ist eingeschränkt. Sie sind nicht besonders situationsflexibel. Weil Sie aber im Leben sowohl mit planbaren als auch mit unplanbaren Ereignissen fertig werden müssen, kann es nicht schaden, wenn Sie Ihr Verhaltensrepertoire sowohl um ordentliche als auch um lässige Anteile erweitern. Beide Teile des Drehbuches liefern Ihnen dazu viele Anregungen. Bearbeiten Sie zuerst den chaotischen Teil. Vermutlich haben Sie das Buch nicht zufällig so in die Hand genommen und bis hierher gelesen. Möglicherweise wurde Ihnen durch geheime Motive signalisiert, dass Sie zuerst die verschüttete chaotische Seite Ihrer Person wiederbeleben sollen. Vielleicht bringt eine erhöhte Lässigkeit auch mehr Spaß in Ihr Leben als eine gesteigerte Gewissenhaftigkeit. Erreichen Sie im Perfektionistentest zwischen 10 und 40 Punkte, dann sind Sie in Wahrheit ein geplanter, gewissenhafter Typ. Dann ist das perfekte Zeitmanagement Ihr Ding. Dort sind Sie gut aufgestellt. Zusätzlich können Sie Ihr Verhaltensrepertoire durch Aspekte des chaotischen Zeitmanagements entscheidend erweitern. Sie werden sich in unterschiedlichen Situationen besser behaupten. Das wird Sie vor dem Abrutschen in zwanghafte Verhaltenweisen bewahren. Erreichen Sie im Perfektionistentest über 40 Punkte, sind Sie eine Person mit zwanghaften Zügen. Sie können mit dem chaotischen Zeitmanagement nichts anfangen, obwohl Sie es am Nötigsten hätten. Lesen Sie unbedingt das vorletzte Kapitel im perfekten Buchteil!

10 bis 40 Punkte: Sie sind normalchaotisch

Vorteile: Sie besitzen die Stärken des flexiblen, lässigen Typs. Sie reagieren überraschungskompetent auf das Unvorhergesehene. Ihre Improvisationsfähigkeit erspart Ihnen eine übertriebene Planung. Ihr dichtes Netzwerk lässt Sie nicht im Stich, wenn Sie auf Unterstützung angewiesen sind. Zeitprobleme sind Ihnen fremd, weil Sie das mit der Zeit und den Aufgaben nicht so eng sehen. Sie behaupten sich, können Nein sagen, und lassen sich von Autoritäten weder beeindrucken noch unterkriegen.

Nachteile: Je näher Sie an die 40 Punkte kommen, desto größer wird die Gefahr der entwertenden Übertreibung. Ihre chaotische Tugend kippt in die konfuse Untugend und Sie handeln sich Ärger mit der ordentlichen Umwelt ein.

Was heißt das für Ihr Zeitmanagement? Bisher hat man Sie mit den falschen Methoden traktiert. Das für Sie untaugliche, perfekte Zeitmanagement ist an Ihnen abgeprallt. Hier bekommen Sie endlich das zu Ihnen passende Methodenrepertoire. Vermutlich praktizieren Sie das Meiste schon. Dann können Sie künftig befreit aufspielen und brauchen sich von den Perfektionisten kein schlechtes Gewissen mehr einreden lassen.

Welche Konsequenzen müssen Sie ziehen? Drehen Sie das Buch um und absolvieren Sie zur Absicherung den Perfektionistentest. Erreichen Sie dort weniger als 10 Punkte, sind Ihre perfekten Persönlichkeitsanteile verschwindend gering. Die Gefahr, dass Sie ins Konfuse umkippen, ist groß. Bekommen Sie im Test über 10 Perfektionspunkte, dann kann ich Ihnen gratulieren! Sie bewegen sich im chaotischen *und* im perfekten Idealbereich. Sie besitzen eine hohe Situationskompetenz und bewältigen flexibel die planbaren und unplanbaren Herausforderungen des Lebens.

Über 40 Punkte werden Sie im Perfektionstest vermutlich nicht bekommen, sonst hätten Sie dieses Buch von Anfang an anders in die Hand genommen.

Über 40 Punkte: Sie sind oberchaotisch

Vorteile: Sie haben mit sich selbst wenig Probleme, weil Sie einfach tun, was Sie wollen. Sie sind ein großer Improvisationskünstler, schließlich planen Sie überhaupt nichts. Sie sind ein autonomer Mensch, andere können keine Macht über Sie ausüben, weil Sie für Ihre Umwelt schlicht nicht kalkulierbar sind.

Nachteile: Ihre Umwelt hat große Probleme mit Ihnen. Sie sind unberechenbar. Tun, was Sie wollen. Halten Absprachen nicht ein, wenn Sie überhaupt welche getroffen haben.

Was heißt das für Ihr Zeitmanagement? Sie haben kein Zeitmanagement.

Welche Konsequenzen müssen Sie ziehen? Wenn Sie nicht reich geboren wurden, sollten Sie reich heiraten. So viele passende Jobs gibt es für Sie nicht. Probieren Sie es als Animateurin oder Animateur in einem Urlaubsclub. Dann könnte es auch mit der reichen

Heirat klappen. Oder in der Gastronomie, aber eher an der Front als im Backoffice. Versuchen könnten Sie es auch im künstlerischen Bereich. In jedem Fall brauchen Sie den richtigen Andockpartner, der Ihnen den organisatorischen Bereich Ihrer Tätigkeit abdeckt, sonst gehen Sie baden. Was »Andocken« bedeutet, steht im letzten Kapitel. Im vorletzten Kapitel können Sie herausfinden, ob Sie hinsichtlich einer entwertenden Übertreibung gefährdet sind oder ob Ihnen gar eine Persönlichkeitsstörung droht. Am besten lassen Sie sich von beiden Teilen dieses Buches zum normalchaotischen Umgang mit der Zeit und der Arbeit anregen, auch wenn es Ihnen schwerfällt.

Das richtige Zeitmanagement

Ordnung ist das halbe Leben:
Lieber ganz chaotisch als halb lebendig

Ordnung ist das halbe Leben.
Ich lebe in der anderen Hälfte.
Unbekannter Chaot

Vergeuden Sie keine Zeit mit Zeitmanagement. Sie kommen auch
ohne zurecht. Machen Sie weiter wie bisher. Seien Sie unterorganisiert, lassen Sie das Planen. Sonst verlernen Sie das Improvisieren
und verlieren Ihre Überraschungskompetenz. Die müssen Sie sich
unbedingt bewahren, weil es immer anders kommt, als Sie denken, und weil Sie täglich alle möglichen unvorhergesehenen Ereignisse bewältigen dürfen. Üben Sie sich in Geduld, vergeuden Sie
keine Zeit mit Aktionismus. Sonst verhindern Sie, dass sich Aufgaben von selbst erledigen. Bleiben Sie lässig und ungestresst, lassen Sie sich weder von der Zeit noch von Ihren Mitmenschen unter
Druck setzen. Erledigt sich etwas nicht von selbst, dann sparen Sie
wieder Zeit. Schließlich bringen Sie es als geübter Deadline-Worker kurz vor knapp meistens schnell noch irgendwie hin. Wird es
zeitlich wirklich eng, hilft jemand aus Ihrem dichten Beziehungsnetz. Die zeitsparende Endterminhektik setzt Sie kurzfristig unter Stress. Das ist nicht der schädliche Dauerstress, sondern die
von der Natur für die Bewältigung von Notfällen vorgesehene, gesunde Kurzvariante. Anschließend fahren Sie Ihren Stresspegel
auf den normalen, entspannten Dauerzustand zurück und ruhen
wieder in sich selbst.

Wenn nur die Perfektionisten nicht wären! Eigentlich haben
Sie nichts gegen die. Aber die haben etwas gegen Sie. Perfektionisten zeichnet eine unangenehme Eigenschaft aus, sie neigen zur
Wertetyrannei. Sie vergiften das zwischenmenschliche Klima. Das
kommt von ihrer Selbstbezogenheit. Sie sind in ihrer Eigenperspek-

tive gefangen und glauben, dass man nur als perfekter Mensch richtig durchs Leben geht. Sie verstehen nicht, dass es Menschen gibt, die anders »ticken«. Dieser Irrglaube könnte Ihnen egal sein. Leider neigen Perfektionisten zum Missionieren. Sie wollen einen anderen Menschen aus Ihnen machen, wollen Sie »hinbiegen«. Sie sollen genau so perfekt werden wie sie, genau so unlocker, unflexibel und pedantisch. Zum Glück beißt sich der Perfektionist am Chaoten die Zähne aus. Der bleibt, wie er ist. Lästig sind diese untauglichen Erziehungsversuche trotzdem und das Anderssein kann für chaotische Typen sogar problematisch werden.

Ob Sie sich richtig oder falsch benehmen, hängt davon ab, was Ihre Mitmenschen als richtig oder falsch ansehen. Wer nicht anecken will, muss geschriebene oder ungeschriebene Regeln beachten. Das soziale System liefert allgemeine Handlungsanweisungen, denen man sich nicht ungestraft entziehen kann. Das soziale System besteht aus Eltern, Lehrern, Pfarrern, Kollegen und Chefs. Die Mehrheit bestimmt, was normal ist. Leider geben bei uns die Perfektionisten den Ton an, sie sind in der Mehrheit. Sie haben es geschafft, ihren krankhaften Ordnungswahn zum Maßstab für das richtige Verhalten hochzujubeln. Plötzlich sind Sie mit Ihrer Lässigkeit der Angehörige einer sozialen Randgruppe. »Ich habe mir gewiss nicht vorgenommen, das deutsche Volk zu ergründen«, sagte der frühere österreichische Bundeskanzler Bruno Kreisky, »aber in seiner Mentalität hat die Ordnung immer eine große Rolle gespielt.« Jawohl, in Deutschland herrscht Ordnung, regiert der Plan. Da haben Gründlichkeit, Fleiß, Disziplin und Pünktlichkeit einen hohen Stellenwert. Die Perfektionisten bestimmen den Lehrplan und die Prüfungsordnung, den Kompetenzrahmen und das Beurteilungssystem. Sie grenzen die Chaoten aus, machen ihnen zumindest das Leben schwer. Jetzt gibt es aber einen Trost für Sie. Sie haben Anlass zur Schadenfreude. Die Perfektionisten stecken ganz schön im Schlamassel. Sie wollen die Chaoten missionieren. Dabei könnten sie von denen mehr lernen als umgekehrt. Um das zu erklären, müssen wir uns mit den perfekten Erziehungsagenten befassen und einen kleinen Ausflug ins Mittelalter unternehmen. Mit hoher Wahrscheinlichkeit wollten Ihre Eltern aus Ihnen keinen Chaoten, sondern einen ordentlichen Menschen machen. Eifrig bemüht an Ihrer Erziehung waren auch die Kirche, die Schule und – falls Sie ein Mann sind – die Schule der Nation, das Militär. Dort sitzen die natürlichen Feinde der Chaoten. Von wegen militärischer Drill und soldatische Ordnung. Die chaotische Lässigkeit, Unangepasstheit, die Abneigung gegen Autoritäten taugt höchstens zur Karriere in einem Partisanenhaufen oder für die Laufbahn eines Deserteurs. Von wegen in der Schule still sitzen, vorgegebenen Stoff auswendig lernen und während der Schulstunde keine Nebengespräche führen. Das schmeckt dem Kontaktfreudigen, Spontanen, Kreativen nicht. Der Manager der organisierten Religion, der Pfarrer, mag die Lässigkeit und ein Leben im Augenblick auch nicht besonders. Er ist der Hüter der kollektiven Zwangsneurose, wie es Sigmund Freud bezeichnet hat. Er möchte, dass sich alle seine Schäfchen, auch die chaotischen, nach allen möglichen Geboten und Verboten richten und es sich nicht schon im Hier und Jetzt gut gehen lassen, sondern erst in der Ewigkeit. Im Mittelalter ist ihm das besser gelungen als heute, da hat die Drohung mit dem Fegefeuer noch gewirkt.

Im Mittelalter liegen übrigens auch die Ursprünge für manche Zwanghaftigkeit im Umgang mit der Arbeit und der Zeit. Dort liegen die Wurzeln des Zeitmanagements, das man Ihnen gern überstülpen würde. Schon deshalb kann es bei Ihnen, dem modernen Chaoten, nie funktionieren. Dem mittelalterlichen Menschen konnte man mit der Angst vor dem Fegefeuer höllisch einheizen. Im Fegefeuer muss der Mensch für seine irdischen Sünden büßen, bevor er die Wonnen des Himmels genießen darf. Je lasterhafter er gelebt hat, desto länger die Qualen im Fegefeuer. Je mehr Zeit auf der Erde träge und nichtsnutzig verschwendet, desto länger die Wartezeit auf das himmlische Glück. Im Fegefeuer sind alle versammelt, die sich selbst, ihren Mitmenschen und dem lieben Gott die Zeit gestohlen haben. Das Fegefeuer ist die Zeitbuße für die irdische Zeitverschwendung. Die Reformatoren, insbesondere Calvin, haben das Fegefeuer gelöscht, abgeschafft. Damit haben sie ihren Schäfchen aber auch die Kompensationsmöglichkeiten für ein irdisches Sündenleben weggenommen. Der reformierte Sünder hat nur eine Chance, wenn er nicht auf ewig zur Hölle fahren will: Er darf im Diesseits keine Punkte für sein Sündenregister sammeln, er muss ein unsündiges, asketisches Leben führen. Soll nicht lasterhaft, sondern fleißig durchs Leben gehen und die von

Gott gegebene Zeit nicht verplempern. Darf kein bequemes Leben führen, sondern muss es sich bereits auf Erden zur Hölle machen. Das ist seine Lebensversicherung, die ihn vor der Hölle im Jenseits rettet.

Das für alle sichtbare Zeichen für ein gottgefälliges Leben ist der fleißig erworbene materielle Wohlstand, verbunden mit einem asketischen, leicht ausgemergelten Gesichtsausdruck. Jetzt verstehen Sie, warum es für die vom pietistischen Umfeld geprägte, zwanghafte schwäbische Hausfrau das höchste Lob ist, wenn man zu ihr sagt: »Sie seha (sehen) aber abgschafft (abgearbeitet) aus!« Diese calvinistisch-protestantische Denk- und Lebenshaltung breitete sich über das nördliche Europa aus und segelte in den Köpfen puritanischer Engländer mit der Mayflower in die Neue Welt. Für den Kraftakt der Inbesitznahme und Besiedelung Nordamerikas war die Mischung aus Fleiß und bescheidener Lebensführung nützlich. Die Leitlinien für ein Gott und den Menschen wohlgefälliges Leben wurden später von Benjamin Franklin, einem der Gründerväter der Vereinigten Staaten, wiederaufbereitet und in seinen Schriften nach Europa zurückgebracht. Dieser fromme Tausendsassa war ein zwanghafter Typ und ein äußerst erfolgreicher Geschäftsmann, Druckereibesitzer, Verleger, Journalist, Politiker, Diplomat und hat nebenbei den Blitzableiter erfunden. Als früher Zeitmanagement-Autor hat er viel gelesene Ratschläge für eine tugendhafte und erfolgreiche Lebensgestaltung unters Volk gebracht und ihre Richtigkeit durch seine eigene Bilderbuchkarriere bewiesen:

– *Fleiß*: Verliere keine Zeit, sei immer mit etwas Nützlichem beschäftigt; entsage aller unnützen Tätigkeit!
– *Ordnung*: Lass jedes Ding seine Stelle und jeden Teil deines Geschäftes seine Zeit haben!
– *Entschlossenheit*: Nimm dir vor, durchzuführen, was du musst, vollführe unfehlbar, was du dir vornimmst!
– *Schweigen*: Sprich nur, was anderen oder dir selbst nützen kann; vermeide unbedeutende Unterhaltung!
– *Reinlichkeit*: Dulde keine Unsauberkeit am Körper, an Kleidern oder in der Wohnung!

Ein aufmerksamer Leser der Schriften Benjamin Franklins war der Ökonom und Soziologe Max Weber. Das brachte ihn auf die

Idee, das richtige Bewusstsein begünstige das wirtschaftlich erfolgreiche Sein. Dies hat er mit Zahlen unterfüttert und nachgewiesen, dass sich die calvinistisch-protestantische Ethik mit wirtschaftlichem Erfolg gut verträgt. Eigentlich logisch, dass ich als Unternehmer wirtschaftlich erfolgreicher bin, wenn ich meine Zeit nicht verschwende, sondern fleißig meinem Gewerbe nachgehe, eine bescheidene Lebensführung an den Tage lege, meine Gewinne lieber ins Geschäft investiere, statt sie mit einem lasterhaften Luxusleben zu verpulvern. Wenn Sie mir bis hierher gefolgt sind, kann ich es kurz machen: Das Zeitmanagement kommt aus dem Mittelalter, entspringt der Hölle und macht Menschen glücklich, die gewissenhaft und streng zu sich selbst sind.

Oder ist das Zeitmanagement die Hölle? Führt es die Perfektionisten in ein modernes Fegefeuer? Werden die Chaoten davor bewahrt? So ist es! Gönnen Sie sich für diese Ironie des Schicksals ein wenig Schadenfreude. Burnout, die heutige Version des Fegefeuers, ist das größte Berufsrisiko des 21. Jahrhunderts. In Deutschland ist nach einer Untersuchung der Krankenkassen bereits jeder vierte Arbeitnehmer vom Ausbrennen betroffen.

Besonders gefährdet sind die besonders Engagierten. Die nehmen willig immer neue Aufgaben an. Akzeptieren ständig noch mehr Termine, reißen alles an sich, wollen alles selber machen, suchen nach Anerkennung und sind bereit, fast alles dafür zu tun. Vernachlässigen ihre zwischenmenschlichen Beziehungen, obwohl gerade die hilfreich gegen den Stress wären. Sie geraten in einen chronischen Zustand des Nicht-im-Einklang-Seins mit ihrer Arbeit. Nach und nach wird ihr Überengagement durch eine sich langsam ausbreitende Erschöpfungsphase ausgebremst, irgendwann rebelliert der ganze Organismus gegen die permanente Überforderung.

Sie haben es besser! Sie leben schon immer die Strategien, mit denen man die Ausgebrannten therapiert. Sie hegen keine überhöhten, unrealistischen Ansprüche an sich selbst. Sie dosieren Ihren Einsatz. Sie müssen nicht immer perfekt sein. Sie nehmen nicht alles so tierisch ernst. Sie kennen Ihre eigenen Bedürfnisse. Sie bewahren sich Ihre Autonomie. Können Nein sagen. Gehen nicht total im Beruf auf (unter!), sondern pflegen Freundschaften und Hobbys. Deshalb gibt es keinen ausgebrannten Chaoten. Der ist höchstens abgebrannt, weil er sich einen neuen Job suchen muss, wenn er seinem pingeligen Chef den Bettel hingeworfen hat.

Neben dem Stress ist die Unzufriedenheit die zweite Hauptursache für Burnout. Beide Faktoren müssen eine bestimmte Intensität überschreiten, damit Burnout entstehen kann. Burnout entsteht nicht, wenn man nur zu viel arbeitet. Das zieht maximal eine kürzere Schwächeperiode nach sich, die wieder vorbei geht. Burnout entsteht auch nicht, wenn man nur unzufrieden ist. Sie sind an beiden Fronten ungefährdet. Stress kennen Sie nicht oder nur kurzzeitig. Deshalb könnten Sie sich sogar leisten, unzufrieden zu sein. Aber das schaffen Sie gar nicht, dazu fehlt Ihnen der übertriebene Ehrgeiz. Bei den Perfektionisten sieht es anders aus, die haben Stress und sind unzufrieden. Dafür sorgt ihr fatales Lebensmotto:»Good, better, best, never let it rest, till your good gets better and your better best!« Würden sie diese mörderische Leitlinie durch das Motto »Gut ist gut genug!« ersetzen, wären sie schlagartig wesentlich zufriedener. Wenn sie dann noch ihr falsches Zeitmanagement über Bord werfen und mit ihrer Arbeit und Zeit auf die entspannte, chaotische Art umgehen würden, hätten sie sofort weniger Stress.

Das chaotische Zeitmanagement braucht keine besonderen Regeln, keine übertriebene Systematik, kaum Ratschläge. Weil Chaoten einfach so funktionieren, wie sie funktionieren. Gäbe es nur flexible Chaoten, könnten wir jetzt aufhören. Wozu eine Methode darstellen, die auf Methodik weitgehend verzichtet? Es gibt Gründe, es doch zu tun. Sie und Ihre lockeren Zeitgenossen besitzen ein stabileres Selbstwertgefühl als die perfekten Gegentypen. Aber die unverkrampfte Arbeitseinstellung ist in der ordnungsdominierten Welt schweren Anfeindungen ausgesetzt. Sie sind seit Ihrer Kindheit dem gnadenlosen deutschen Ordnungswahn ausgeliefert und ich frage mich, wie man das unbeschadet überstehen konnte. Es schadet nicht, wenn Sie nachweisen können, dass Ihr lässiger Arbeitsstil Methode hat und dass schriftlich festgehalten ist, wie das geht. So gesehen ist das chaotische Zeitmanagement für Sie und Ihre lässigen Schwestern und Brüder erstens eine Art »Therapie für Gesunde«. Zweitens können Sie sich mit diesem Text gegen zwanghafte Autoritätspersonen verteidigen. Ich stehe Ihnen sozusagen bei, wenn Sie Ihren besorgten Eltern, einer pingeligen

Lehrerin oder einem strengen Chef die passenden Passagen unter die Nase reiben. Drittens will ich Ihre pedantischen Geschwister auf den Pfad der Tugend zurückführen, sie von ihrem schädlichen Überperfektionismus kurieren und ihnen verraten, dass es ein Leben vor dem Tode gibt. Wenn sich beide Fraktionen ähnlicher werden, haben Sie auch etwas davon. Schließlich ziehen sich Gegensätze nicht immer an.

Nachdem ich Ihnen so viel Gutes tue, können Sie sich gern revanchieren und mich bei meinem segensreichen Wirken unterstützen. Das fällt Ihnen gar nicht schwer. Lassen Sie einfach das Buch irgendwo herumliegen. Der Zufallsleser wird es Ihnen danken. Sie können es auch gezielt an Oberchaoten oder Überperfektionisten verschenken. Mit Hintergedanken und trotzdem völlig gefahrlos. Dafür habe ich mit meiner genialen Drehbuch-Idee gesorgt. Der Beschenkte wird zwar über Ihre Motive rätseln, Ihnen aber in jedem Falle dankbar sein, weil er neue Einsichten gewinnt und dazulernt. Da kann er noch so konfus oder pedantisch sein.

Wie das chaotische Zeitmanagement funktioniert

Das chaotische Zeitmanagement funktioniert nach dem KISS-Prinzip:»Keep it simple and stupid.« Mach's so einfach wie möglich! Also genau so, wie Sie es schon immer praktizieren. Jetzt verrate ich Ihnen, welches Geheimnis hinter diesem Erfolgsrezept steckt: Man muss warten und verzichten können. Warten Sie ab, bis sich etwas von selbst erledig hat. Wenn nicht, laufen Sie zur persönlichen Hochform auf und bekommen es schnell noch hin. Warten Sie, bis es ein Anderer erledigt hat. Die Arbeit geht schließlich dorthin, wo sie getan wird. Verzichten Sie möglichst darauf, dort zu sein. Verzichten Sie auf Planung, es kommt immer anders, als man denkt. Warten Sie lieber, wie es tatsächlich kommt. Dann improvisieren Sie, und garantiert werden Sie es irgendwie hinbekommen. So trainieren Sie gleichzeitig Ihre Überraschungskompetenz und bald kann Sie gar nichts mehr erschrecken. Bleiben Sie unterorganisiert und verzichten Sie auf so sinnlose Aktivitäten wie Schreibtisch aufräumen und Ablegen. Sie haben mehr Zeit gespart, als Sie jemals für das Suchen benötigen. Verzichten Sie auf den Unfug, Wichtiges künstlich dringend zu machen, wie es die Geplanten tun. Warten Sie besser ab, bis eine Aufgabe dringend ist. Vielleicht bleibt sie wichtig und Sie haben Zeit und Arbeit gespart. »Keep it simple, stupid!«, können Sie zum Perfektionisten sagen, wenn er wieder einmal unnötigen Aufwand treibt: Halte es einfach, Dummkopf!

Die Prioritäten
Warum man das Dringende wichtig nehmen soll

Ich bin eher wie ein Moskito im Nudistencamp.
Ich weiß, was ich tun will,
aber ich weiß nicht, wo ich anfangen soll.

Stephen Bayne

»Sagen Sie mal, wie machen Sie das eigentlich? Sie haben immer Zeit, wenn man etwas von Ihnen will. Sie sind immer freundlich und nie gestresst. Können Sie mir mal verraten, wie Sie das hinbekommen?« »Mit dem richtigen Zeitmanagement geht das ganz einfach.« »Und wie funktioniert das?« »Das Wichtigste sind die richtigen Prioritäten.« »Und wie setzen Sie die?« »Das habe ich von Eisenhower gelernt.« An der Reaktion auf den Namen »Eisenhower« erkennen Sie sofort, ob Sie es mit einem Perfektionisten zu tun haben. Der bekommt, wenn er »Eisenhower« hört, leuchtende Augen und meint: »Ach ja, das Eisenhower-Prinzip.« Dann setzen Sie zum K.o.-Schlag an und sagen: »Genau! Das Eisenhower-Prinzip. Der größte Blödsinn aller Zeiten. Dieses Prinzip hat Generationen von Zeitmanagement-Schülern in die Irre geführt. Sie sind vermutlich auch darauf reingefallen und liegen als Opfer auf dem Eisenhower'schen Soldatenfriedhof. Ich habe von Eisenhower gelernt, wie man es nicht machen soll. Das unterscheidet mich von Ihnen. Deshalb habe ich Zeit und Sie nicht.« Das sitzt! Anschließend bieten Sie Ihrem verwirrten Gegenüber einen Waffenstillstand an: »General Eisenhower hat nicht nur Unheil angerichtet. Von ihm stammt sogar mein wichtigstes Lebensmotto.« Jetzt verschränkt der Perfektionist die Arme, weil er glaubt, Sie wollen ihn noch einmal veralbern. Dann will er das Motto doch wissen und Sie sagen es ihm: »Wenn du gefragt wirst, ob du etwas kannst, sage ja, und dann schau zu, wie du's hinbekommst.« Seine Körpersprache bleibt in Abwehrhaltung, weil er mit diesem Spruch überhaupt nichts anfangen kann. Der passt nicht in sein ordentliches Weltbild. Für den Perfektionisten sind Sie spätestens jetzt ein unseriöser Hochstapler, der dummes Zeug verzapft. Möglicherweise ist das Gespräch damit zu Ende. Wenn nicht, sollten Sie für die weitere Diskussion wissen, was mit dem Eisenhower-Prinzip gemeint ist. Sonst sind Sie tatsächlich ein Hochstapler.

Tue ich etwas gleich oder später oder überhaupt nicht? Das ist die entscheidende Ausgangsfrage für das Setzen von Prioritäten. Fällt das Wort »Prioritäten«, dann sagt jeder Perfektionist: »Eisenhower-Prinzip!« Das ist eine geniale Methode, mit der man entscheiden kann, ob und wann man etwas tut. Der alliierte Oberbefehlshaber des Zweiten Weltkriegs, der US-amerikanische General Dwight D. Eisenhower, soll darauf gekommen sein, sagt die Legende. Die Perfektionisten erklärten dieses Prinzip sofort zur Leitlinie ihres Handelns und rennen damit geradewegs ins Unglück, weil sie es falsch verstanden haben. Zum Glück haben Sie sich um Methoden im Allgemeinen und um das Eisenhower-Prinzip im Besonderen nie geschert, machen aber nach Eisenhower instinktiv alles richtig. Das muss ich Ihnen erklären.

Zuerst das Prinzip. Das ist ganz einfach. Leute, die freiwillig den Soldatenberuf ergreifen, mögen es nicht so kompliziert. Bei den Prioritäten geht es um Wichtigkeit und um Dringlichkeit. Ein Problem, das man lösen soll, kann wichtig sein oder unwichtig und es muss entweder sofort erledigt werden oder es kann bis später warten. Aus diesen vier Möglichkeiten hat Eisenhower sein Schema mit den vier Quadranten gebastelt. Am besten erklärt uns der Vertriebsassistent Jan Frühdran, wie es bei ihm funktioniert.

Das Eisenhower-Prinzip: Gut gemeint und falsch verstanden

»In fünf Wochen tagt die Geschäftsleitung. Auf der Agenda steht die Entscheidung, ob wir in den albanischen Markt gehen sollen oder nicht. Für meine Präsentation brauche ich von Ihnen in vier Wochen eine wasserdichte Geschäftsfeldanalyse.« Das war der Auftrag von meinem Chef, dem Vertriebsleiter. Eine klare Q1-Aufgabe. Die albanische Geschäftsfeldanalyse ist wichtig und hochgradig karriererelevant. Mit hoher Wahrscheinlichkeit nimmt mich der Chef sogar mit zur Sitzung und ich darf dort meine Studie

	Es ist wichtig, aber (noch) nicht dringend: Das sind strategische Überlegungen und langfristige Aufgaben. Die soll man frühzeitig anpacken und erledigen. Dazu muss man möglichst viel Zeit in den Quadranten 1 investieren.	Es ist wichtig und dringend: Das sind Aufgaben, die von Q1 »rübergerutscht« sind, weil man sie nicht rechtzeitig angepackt hat. Jetzt muss man sie in einer selbstverschuldeten Hektik »retten«. Wer zu viel Zeit für Q2 einsetzen muss, hat zu wenig Zeit in Q1 investiert.
Wichtig!		
	Q1	Q2
	Q4	Q3
Nicht so wichtig.	Es ist weder wichtig noch dringend: Das sind Lieblingstätigkeiten und Ablenkungen. Dafür darf man keine Zeit verschwenden.	Es ist dringend, aber nicht wichtig: Das ist das banale Tagesgeschäft mit seinen vielen unliebsamen Störungen. Diesen Zeitdiebstahl muss man möglichst unterbinden, der Q3 soll möglichst klein gehalten werden.

Wichtigkeit (left vertical axis)

Nicht so dringend.   Dringend!

Dringlichkeit

selbst erläutern, wenn Zwischenfragen kommen und er nicht mehr weiter weiß. Dann komme ich vor dem erlauchten Kreis groß raus. Dringend ist die Aufgabe nicht, ich habe vier Wochen Zeit. Früher bin ich bei langfristigen Aufgaben manchmal ins Schleudern geraten, weil es am Ende zeitlich eng wurde. Das soll mir diesmal nicht passieren. Nach dem Eisenhower-Prinzip muss man das Wichtige rechtzeitig dringend machen. In der ersten Woche erstelle ich das Grobkonzept. In der zweiten Woche sammle ich die relevanten Daten. Am Ende der dritten Woche soll meine Präsentation stehen. Die vierte Woche reserviere ich als Pufferzeit, falls etwas Unvorhergesehenes dazwischenkommt und ich in Zeitverzug gerate. In der dritten Woche, am Dienstagvormittag um 9.00 Uhr, sage ich zu meiner Kollegin: »Darf ich für die nächsten drei Stunden mein Telefon auf dich umstellen? Ende nächster Woche ist die Stunde der Wahrheit und ich will mit meiner Analyse rechtzeitig fertig werden.« In einer ungestörten Stunde erledigt man das Doppelte von dem, was man in einer »gestörten« Stunde vom Tisch bringt. Die

Kollegin übernimmt für drei Stunden mein Telefon. Das beruht auf Gegenseitigkeit. Wenn sie ungestört arbeiten will, übernehme ich ihr Telefon. Ich setzte mich in ein leeres Besprechungszimmer und um 11.45 Uhr steht die Geschäftsfeldanalyse. Ich melde mich bei der Kollegin zurück. Sie drückt mir die Telefonliste in die Hand. Dort steht, wer in der Zwischenzeit angerufen hat, wen ich zurückrufen soll. »Melde dich gleich mal bei Frau Hix, die hat kurz nach 9.00 Uhr angerufen und wollte dich sprechen, sie hat es ganz wichtig gehabt!« Frau Hix, die Vertriebsleitersekretärin, sagt: »Herr Frühdran, gut, dass Sie zurückrufen. Hoffentlich haben Sie mit der albanischen Geschäftsfeldanalyse noch nicht angefangen. Albanien ist gestorben. Der Tagesordnungspunkt ist gestrichen.« Zweieinhalb Wochen umsonst gearbeitet! Anschließend habe ich, Jan Frühdran, Eisenhower verflucht und nicht nur die fertige Studie in den Papierkorb geworfen, sondern auch die falschen Ratschläge, wie man angeblich Prioritäten richtig setzen soll.

Jan Frühdran, der umsichtige Vertriebsassistent, wollte alles richtig machen, leider hat er sich am falschen Wegweiser orientiert. Jetzt erläutere ich Ihnen kurz, wie die Ordentlichen mit Hilfe von Eisenhower ordentlich auf die Nase fallen, damit Ihnen das nicht passiert. Bei den Perfektionisten hat das Wichtige Vorrang. Das tatsächlich Dringende mögen sie nicht so, das lassen Sie nicht so gern an sich ran. Sie machen lieber das Wichtige künstlich dringend. Geplante Menschen mögen keine Überraschungen. Sie suchen nach Rezepten, wie sie das Unvorhergesehene vermeiden oder in den Griff bekommen. Die Wichtigkeits-Dringlichkeits-Matrix wurde schnell zu ihrer wichtigsten Prioritäten-Leitlinie. Ein Geplanter ist glücklich, wenn er sich intensiv mit Q1-Aufgaben beschäftigen darf, das ist seine Welt. Mit den Unwägbarkeiten der Praxis hat er es nicht so. Lieber schwelgt er in der Zukunft. Aufgaben erledigt er lange vor dem Fälligkeitstermin, weil er mit der Endterminhektik, und dem damit verbundenen Finalstress, nicht so gut zurechtkommt. Sein Motto lautet: »Krisen meistert man am besten, indem man ihnen zuvorkommt.« Die Analyse potenzieller Probleme ist eine seiner Lieblingsbeschäftigungen. Er investiert viel Zeit in Q1, weil er Q2 klein halten will. Vor Q2-Aktivitäten hat er Angst. Da muss er unvorbereitet Probleme lösen und Krisen bewältigen. Q2-Aufgaben bereiten ihm ein schlechtes Gefühl. Wenn er in Zeitdruck gerät, bildet er sich ein, er hätte im Vorfeld etwas falsch gemacht. Muss er eine Krise meistern, dann war seine Analyse potenzieller Probleme nicht sorgfältig genug. Besonders leidet er unter dem banalen Tagesgeschäft von Q3, weil es ihn von seinen Q1-Lieblingsbeschäftigungen abhält. Q4 ist für den gewissenhaften Arbeiter reine Zeitverschwendung, das gönnt er sich nicht oder nur mit schlechtem Gewissen. Irgendwann ist er dann ausgebrannt, weil er es versäumt hat, sich regelmäßig zu regenerieren. Auch die Pflege eines Netzwerkes ist für ihn weder wichtig noch dringend. Wenn er Freunde brauchen könnte, die ihm aus der Patsche helfen, hat er keine.

Die Q1-Lastigkeit und Q2-Aversion des Perfektionisten haben fatale Auswirkungen. Die Zeitverschwendung durch die sinnlose Beschäftigung mit der unsicheren Zukunft ist ja noch das kleinere Übel. Schlimmer ist, dass der Geplante dauernd Krisen zuvorkommen will. Vorhersehbare Krisen sind unproblematisch. Die bewältigen Sie spontan auch ohne Vorbeuge- und Alternativmaßnahmen und trainieren jedes Mal Ihre Überraschungskompetenz. Ganz anders der Geplante, der geht sogar Pseudokrisen aus dem Weg, ist irgendwann total krisenungeübt. Echte Krisen kommen unvorhergesehen, sie sind plötzlich da und treffen den Perfektionisten mit voller Wucht. Er reagiert hilflos, weil er nur Krisenvermeidung drauf hat. Wilhelm Busch kennt noch ein Problem: »In Ängsten findet manches statt, was sonst nicht stattgefunden hat.« Der Perfektionist macht sich dauernd einen Kopf, was alles passieren könnte. Er lebt in ständiger Angst vor Ereignissen, die nie eintreten. Da geht es Ihnen besser. Sie marschieren unbekümmert durchs Leben. Sie beunruhigt selten etwas. Sie plagen keine Hirngespinste. Sie wissen: »Es sind nicht die Dinge, die uns beunruhigen, sondern die Vorstellungen von den Dingen.«

Das Eisenhower-Prinzip für Chaoten

Sie haben schon immer nach dem richtig verstandenen Eisenhower-Prinzip funktioniert, obwohl Sie es möglicherweise überhaupt nicht kannten. Eigentlich brauchen Sie deshalb gar nicht weiterlesen, aber vielleicht interessiert es Sie doch.

	Der Helmut-Schmidt-Quadrant: Wer Visionen hat, sollte zum Arzt gehen. Q1 ist blanke Theorie und hat mit der Praxis nichts zu tun. Hier geht es um ungelegte Eier und Sie sind dumm und verschwenden Zeit, wenn Sie sich damit beschäftigen. Zerstören Sie sich die Chancen zum Training der Überraschungskompetenz nicht. Q1	Der Red-Adair-Quadrant: Hier werden Brände gelöscht und Krisen bewältigt. Hier zeigen Sie Ihre Fähigkeiten als Krisenmanager. Hier bringen Sie in der Endterminhektik Höchstleistungen. Hier macht Sie (Zeit-)Not erfinderisch. Hier trainieren Sie Ihre Überraschungskompetenz. Q2
Wichtigkeit — Wichtig!		
Wichtigkeit — Nicht so wichtig.	Q4 Der Goethe-Quadrant: Hier bist du Mensch, hier darfst du's sein. Hier schützen Sie sich vor dem Ausbrennen. Hier tun Sie etwas für Ihre Work-Life-Balance. Hier trainieren Sie Ihre Ablenkungsbereitschaft und Ihren Neugierinstinkt.	Q3 Der Dittsche-Quadrant: Hier spielt das wirklich wahre Leben. Hier wird das Geld verdient. Hier werden Kontakte geknüpft. Hier schlachten Sie Ihre Informationschancen aus. Hier findet die tägliche Praxis statt.
	Nicht so dringend.	Dringend!
	Dringlichkeit	

Q1: Der Helmut-Schmidt-Quadrant

Ihr erstes Idol für das Setzen von Prioritäten ist kein General aus dem Zweiten Weltkrieg, der es später zum amerikanischen Präsidenten gebracht hat, sondern ein Leutnant, der nach dem Krieg erst Verteidigungsminister und dann deutscher Bundeskanzler wurde. Mit Helmut Schmidt verbinden Sie die Abneigung gegen den ersten Quadranten. Vergessen Sie Q1. Warum sollen Sie so dumm sein und das Wichtige künstlich dringend machen? Entweder es wird von allein dringend, und dann geht es los, oder es bleibt bis zum Sankt-Nimmerleins-Tag wichtig, und Sie haben zum Glück weder Gedanken noch Zeit dafür verschwendet. Lassen Sie langfristige Aufgaben erst mal liegen. Langfristig heißt, Ihnen bleibt eine lange zeitliche Schonfrist, bis es los geht. Während dieser Zeit wird sich vieles ändern und manches von selbst erledigen. Vergeuden Sie keine Zeit für die Analyse potenzieller Probleme. Zermartern Sie sich nicht Ihr Hirn mit eingebildeten Krisen, sondern meistern Sie lieber tatsächliche Krisen, aber erst, wenn sie da sind. Den Helmut-Schmidt-Quadranten können Sie einfach ignorieren und es wird keine negativen Konsequenzen für Sie haben.

Q2: Der Red-Adair-Quadrant

Q2 ist Ihr Quadrant! Da fühlen Sie sich wie Red Adair, Ihr zweites Prioritätenidol. Paul Neal Adair, bekannt als Red Adair, war der berühmteste Feuerwehrmann der Welt. »Gebt mir genügend Dynamit und ich blase euch das Höllenfeuer aus«, sagte der Texaner mit den feuerroten Haaren, der sich weltweit durch das Eindämmen katastrophaler Großfeuer einen Namen gemacht hatte. Noch mit 76 Jahren war er in seinem roten Overall in Kuwait im Einsatz und löschte mit seinen Männern 117 Ölquellen, die während des Golfkrieges in Brand gesteckt worden waren. Im Alter von 89 Jahren starb er in seiner texanischen Heimatstadt Houston eines natürlichen Todes. Im Red-Adair-Quadrant wird es interessant. Hier warten zwei Aufgaben-Gruppen auf Sie. Erstens krisenhafte Ereignisse mit Katastrophen-Charakter: Die Steuerfahndung steht vor der Tür. Der Just-in-time-Lkw liegt im Graben und beim Kunden droht ein Bandstillstand. Das EDV-Netzwerk ist abgestürzt und Sie müssen es wieder zum Laufen bringen. Eine Baustelle säuft ab. In der Produktion passiert ein Unfall. Zweitens müssen Sie im Q2 schnell Aufgaben anpacken, die sich nicht von selbst erledigt haben, bei denen der Termin »heiß« ist. Jetzt erleben Sie eine Leistungsexplosion, bewältigen Krisen und erledigen Aufgaben in einem Rutsch. Die ganze Energie steht Ihnen zur Verfügung, die haben Sie schließlich nicht für die frühzeitige Erledigung unnötiger Aufgaben verbraucht und nicht für eine sinnlose Analyse potenzieller Probleme verschwendet. Sie spielen Ihre Überraschungskompetenz und Ihre Improvisationsfähigkeit aus und trainieren beides für den nächsten Einsatz.

Q3: Der Dittsche-Quadrant

Wenn Sie der Q2 in Ruhe lässt, haben Sie ein Entscheidungsproblem: Wollen Sie sich dem normalen Wahnsinn von Q3 ausliefern oder sich im Q4 etwas Gutes tun? Im Q3 findet das wirklich wahre Leben statt. Da brauchen Sie weder planen noch arbeiten, da werden Sie gearbeitet, da müssen Sie nur reagieren. Das Telefon läutet. Ein Kollege fragt. Der Chef ruft zu einer Ad-hoc-Besprechung. Ein unangemeldeter Besucher steht in der Tür. Eine neue Mail im Eingangskorb. Ein Kunde am Telefon. Die Bürokollegin erzählt von ihrem Urlaub. Sie sollen in die Werkstatt kommen. Den Personalchef zurückrufen. Der Einkauf hat ein Problem. Der Trainee will etwas loswerden. Alles sofort! Alles dringend! Alles gleichzeitig! Geplante Typen verzweifeln, weil sie sich etwas anderes vorgenommen hatten, weil ihr schöner Tagesplan von der Realität niedergemacht wird. Da sind Sie realistischer. Sie nehmen sich gar nichts vor. Dann kann auch nichts dazwischenkommen. Ihr Plan ist die Realität. Ihr Motto lautet: »Mal sehen, was der Tag Schönes bringt.« Für Sie ist das Dringende wichtig. Im Q3 wird das Geld verdient. Das soll man nicht behindern. Auch darf man Leute, die Informationen brauchen, nicht blockieren, sonst können sie nicht weiter arbeiten. Die Perfektionisten fühlen sich gestört, sie schotten sich ab und halten den ganzen Betrieb auf. Chaoten betrachten Störungen als Informationschancen. Jedes Mal, wenn man gestört wird, erfährt man etwas Neues. Ihre Kunden und Kollegen schätzen Sie, weil Sie immer ansprechbar sind und man Sie jederzeit unterbrechen darf. Ganz im Gegensatz zu den unflexiblen Bürokratenkollegen, bei denen man sich immer einen Termin geben lassen muss, wenn man eine kurze Auskunft braucht, um weiterarbeiten zu können. Sie knüpfen Kontakte und erweitern Ihr Netzwerk. Sie reagieren auf das, was man von Ihnen will, und entscheiden, ob Sie wollen oder nicht. Wenn Sie nicht wollen, flüchten Sie nach Q4. Diese zeitweilige Q3-Verweigerung steht Ihnen zu, normalerweise sind Sie ja für alle jederzeit da.

Q4: Der Goethe-Quadrant

Im Q4 dürfen Sie Mensch sein. Gönnen Sie sich kleine Fluchten. Surfen Sie im Internet. Gehen Sie auf bezahlten Betriebsrundgang. Schwätzer sucht Schwätzer, suchen Sie sich geeignete Opfer, und lassen Sie sich auch von den Suchenden finden. Schauen Sie am modernen Dorfbrunnen vorbei, am Kaffeeautomaten stehen nette Kolleginnen und Kollegen. Dort versorgt man Sie mit den neuesten Nachrichten, die nicht in den offiziellen Rundschreiben stehen, aber für Ihre Arbeit trotzdem wichtig sind. Gönnen Sie sich eine größere Flucht, wenn Ihnen die Bürodecke auf den Kopf fällt. Besuchen Sie Ihren Lieblingskunden, auch wenn es keinen Anlass gibt und Sie erst vor kurzem bei ihm waren.

Q4 ist das Podium für den Informationsaustausch und die Kontaktpflege. Das so gepflegte Netzwerk hilft beim erfolgreichen Deadline-Working im Katastrophen-Quadranten. Wird es zeitlich eng, brauchen Sie schnell die richtigen Informationen und tatkräftige Unterstützung. Q4 schützt Sie vor dem Ausbrennen. Q4 ist eine Insel für die Regeneration und eine Quelle der Inspiration.

Fassen wir die erste Lektion für das chaotische Zeitmanagement zusammen. Die Wichtigkeit hat mit Zielen zu tun. Die sind unbestimmt, liegen in der Zukunft, ändern sich und werden nicht selten ganz aufgegeben. Das Wichtige ist eine untaugliche Leitlinie für das Setzen von Prioritäten, machen Sie es nicht künstlich dringend. Im englischsprachigen Raum hat man das schon immer gewusst. Das englische »priority« hat eine eindeutige Nähe zum Dringenden und wird nie im Zusammenhang mit dem Wichtigen benutzt. Die Dringlichkeit hat etwas mit der Zeit zu tun. Zeitmanagement richtig verstanden heißt: Lassen Sie sich von der Dringlichkeit managen, nehmen Sie das Dringende wichtig. Kümmern Sie sich nicht um das Wichtige. Das erledigt sich entweder von selbst oder es wird von selbst dringend. Im ersten Fall haben Sie Zeit gespart und im zweiten Fall sparen Sie Zeit, weil Sie es schnell hinbekommen müssen.

Die Zusammenarbeit

Wie man im perfekten Umfeld überlebt und
pedantische Chefs in den Wahnsinn treibt

Die Arbeit geht dorthin, wo sie gemacht wird.
Lebensweisheit

Können Sie mit Ihrer lässigen Art und Ihrem chaotischen Zeitmanagement in der durchorganisierten Welt überhaupt einen Blumentopf gewinnen? Schließlich wursteln Sie ja nicht als Einzelkämpfer im stillen Kämmerlein vor sich hin. Sie sind in eine Organisation eingebunden, arbeiten in einer Firma, Behörde, Schule oder in einem Krankenhaus. Als beziehungsorientierter Typ sind Sie gern unter Menschen und brauchen den Austausch mit Kolleginnen und Kollegen. Kann das gut gehen? Als flexibler Chaot in einem organisierten Umfeld mit klaren Strukturen. Als unterorganisierter Mitarbeiter eines bestens organisierten, strategisch denkenden Vorgesetzten. Lassen Sie perfekte Kollegen oder penible Chefs gegen eine Wand laufen? Keine Angst, wenn einer ideal in diese Welt passt, dann sind Sie es. Das perfekte Umfeld ist eine Illusion. Die effektive Organisation ist ein Mythos. Und wer denkt, Führungskräfte seien rationale Planer und Entscheider und hätten alles im Griff, glaubt an Märchen.

Es herrscht ein großer Irrglaube über das, was in Organisationen wirklich abläuft und wie das Management in Wahrheit funktioniert. Schuld sind Ihre Gegner vom Militär. Gegen die haben Sie eine berechtigte Abneigung. Das beruht auf Gegenseitigkeit. Ihre lässige Art passt nicht in die militärische Zwangswelt. Dort würde man Sie gern schleifen und drillen und Ihnen Zucht und Ordnung beibringen. Aber schweifen wir nicht ab, ich will auf etwas anderes hinaus. Die sogenannte »Militärmetapher« vernebelt, was in Organisationen wirklich abläuft. Die Organisationssprache stammt zum großen Teil aus dem Militärischen: Da geht es um Hierarchie, um Stab und Linie, um Kommandoketten, um Strategie und Taktik, um Kampagnen. Die betriebswirtschaftlichen Organisationstheoretiker haben diese Begriffe übernommen und die Manager reden sie nach. Das erspart ihnen die Mühe, nach ergiebigeren Wegen zum Verständnis und zur Führung ihrer Geschäfte zu suchen: »Die ständige Verwendung militärischer Metaphern verstellt uns den Blick für eine andere Art der Organisation, für Unternehmen nämlich, in denen Improvisation höher im Kurs steht als Vorausplanung, die Gelegenheiten nutzen, statt sich von Sachzwängen einengen zu lassen, die neue Handlungsmöglichkeiten aufspüren, statt alte Handlungsweisen zu rechtfertigen, die Auseinandersetzungen höher bewerten als Ruhe und die Zweifel und Widerspruch fördern, statt kritisches Festhalten an traditionellen Vorstellungen zu verlangen.« Karl Weick, ein Querdenker unter den Organisationstheoretikern, setzt noch eins drauf: »Die Menschen haben nicht gern mit Ungewissheit zu tun; deshalb setzen sie militärische Drapierungen wie Hierarchien und Kontrollspannen ein, um die Unordnung zu verbergen« (S. 76).[9] Und so zeigen die vom Militär abgekupferten Organisationsdiagramme ein falsches Bild der Wirklichkeit. Sie suggerieren monokausale Beziehungen: Der Hauptabteilungsleiter führt vier Abteilungsleiter und jeder von denen führt drei Teamleiter, die wiederum zwischen drei und sechs Mitarbeiter führen. Alle tun so, als ob Vorgesetzte führen und alles richtig machen. Das haben Sie längst durchschaut. Sie wissen, dass man den Prozess der Mitarbeiterführung wörtlich verstehen muss. »Mitarbeiter führen« heißt: Mitarbeiter führen … den Chef! Das Einzige, was wirklich funktioniert, ist die »Führung nach oben«. Darin sind Sie Meister:

- Sie modifizieren die vom Chef am grünen Tisch ausgeheckten Vorgaben so, dass sie in der Praxis funktionieren. Schließlich sind Sie näher am praktischen Geschehen und können vor Ort entscheiden, was geht und was nicht geht.
- Sie ignorieren es, wenn der Chef Unsinniges anordnet, tun das Gegenteil oder überhaupt nichts und finden genug Möglichkeiten, die Befehlsverweigerung zu verschleiern.
- Sie frisieren bereits im Vorfeld Informationen, auf denen die nachfolgenden Entscheidungen basieren. Sie kennen die Vorlieben des Chefs. Sie wissen, dass die Übermittlung schlechter

Nachrichten nicht belohnt wird, auch wenn sie zutreffen. So erhält der Chef die Informationen, die er erwartet und für die er empfänglich ist. Und er glaubt, er treffe Entscheidungen, und merkt nicht, dass er Entscheidungen bestätigt, die Sie für ihn getroffen haben.

– Ausnahmsweise tun Sie, was der Chef will, weil Sie seine Anweisungen sinnvoll finden oder weil Sie Angst vor den Folgen einer Befehlsverweigerung haben.

Gewissenhafte und angepasste Mitarbeiter beherrschen nur die Kunst des Nachgebens und tun, was der Chef vorgibt, und das ist nicht selten falsch. Nur durch Ihre beherzten und kreativen Eingriffe ist mindestens jede zweite der von oben kommenden Entscheidungen richtig. Das ist Ihr Erfolgsbeitrag und keiner redet darüber. Es geht also nicht um Ihr Überleben im perfekten Umfeld. Das angeblich perfekte Umfeld überlebt nur durch Ihre chaotische Führungsintelligenz.

Die schwedischen Organisationswissenschaftler Westerlund und Sjöstrand[10] sehen es ähnlich und bezeichnen es als Illusion zu glauben, dass der Manager seine Ressourcen auf bewusste und wohl durchdachte Weise sammelt, organisiert, aktiviert und sie am Bild eines künftigen Zustandes ausrichtet, in dem die wünschenswerten Ziele der Organisation voll erreicht worden sind. Tatsächlich reitet der Manager auf einer Woge von Ereignissen und versucht, erfolgreiche Verhaltensweisen herauszufinden. Er hat kaum eine wirkliche Chance, die Entwicklung zu beherrschen und zu kontrollieren. Seine Strategie besteht in Wahrheit aus Improvisation. Er tastet sich mittels Versuch und Irrtum vorwärts, beobachtet, was geschieht, wenn er einmal so und einmal anders handelt. Geht es gut und hört er beifällige Kommentare aus der Umgebung, hat er richtig gehandelt. Er macht so weiter, weil er glaubt, seine gewählte Handlungsweise hätte den Erfolg gebracht. Er macht so lange weiter, sein Handeln folgt den bewährten Bahnen, bis die Dinge plötzlich schief laufen. Dann muss er andere Verhaltensweisen ausprobieren. In Wahrheit weiß er nicht, was er tut, sondern versucht ständig, sich und andere von der Richtigkeit und der Bedeutung des eigenen Handelns zu überzeugen. So gesehen ist Missmanagement ein Versuch, der im Irrtum stecken geblieben ist. Erfolg in Wirtschaft und Politik ist ein Mix aus Zufall und Glück und wird im Sinne einer rückblickenden Sinngebung nachträglich zur Fortune geadelt und zur Strategie erklärt. Zielsetzungsprozesse in Organisationen versteht man am besten als nachträgliche Zusammenfassung dessen, was Chefs und Mitarbeiter gemeinsam zufällig wirklich erreicht haben. In diesem erfolgreichen Chaos sind Sie in der Einschätzung des Umfeldes ein unangepasster Außenseiter. In Wahrheit spielen Sie durch die geniale Führung nach oben die Hauptrolle.

Diese überlebenswichtige Selbststeuerung funktioniert am besten, wenn Ihr Chef selber eine chaotische Grundstruktur aufweist und die Dinge großzügig laufen lässt oder wenn er viel auf Reisen ist. Ist Ihr Chef ein flugängstlicher Perfektionist, wird es schwierig. Aber irgendwie schaffen Sie den auch. Den Hebel setzen Sie am besten an seinem Identitätskonflikt an. Den hat er garantiert, wenn er nicht Manager gelernt hat, sondern aus einer Fachlaufbahn in die Führungsrolle hineingerutscht ist. In seiner ersten Stelle nach seinem Ingenieurstudium konnte er zeigen, was er gelernt hat. Hat erfolgreich sein Fachwissen eingesetzt und daraus seine Selbstbestätigung, seine Identität bezogen. Motto: »Ich habe etwas Vernünftiges gelernt und setze es jeden Tag erfolgreich ein!« Aufgrund seiner fachlichen Erfolge befördert man ihn zur Führungskraft. Plötzlich ist er kein Fachmann mehr, sondern ein Schreibtischtäter. Woher soll er sich jetzt seine Selbstbestätigung holen? Aus dem Bewältigen von Papierbergen? Aus dem Herumsitzen in Meetings? Aus dem Herumschlagen mit Mitarbeiterproblemen? Der Schreibtischtäter bekommt einen Identitätskonflikt, weil er sich von seinem geliebten Fachgebiet immer weiter entfernt. Jetzt kommen Sie und helfen ihm bei der Konfliktreduzierung: »Chef, darf ich Ihnen mal was zeigen, da ist ein Problem, wo Ihr Sachverstand gefragt ist.« So führen Sie ihn zurück auf seine fachliche Spielwiese, auf der er sich wohl fühlt, und das hält ihn von seinen eigentlichen Führungsaufgaben ab, die er sowieso nicht schätzt. Dieses Vakuum können Sie zum Wohle der Firma mit Ihren eigenen Ideen ausfüllen.

Perfektionistische Chefs können alles selbst am besten. Deshalb sind sie potenzielle Rückdelegationsopfer. Das ist eine weitere Strategie, wie Sie sich Ihre Handlungsfreiräume bewahren und delegierte Aufgaben wieder loswerden. »Chef, mit der Aufgabe komme ich nicht so recht klar. Und bevor ich anfange und möglicherweise falsch liege – das ist ja auch nicht in Ihrem Interesse –, wollte ich mit Ihnen noch einmal darüber reden. Sie haben auch den größeren Durchblick und am besten wäre, wenn Sie es sich selber noch einmal anschauen würden.« Sie haben gewonnen, wenn er sagt: »Lassen Sie es da, Sie hören wieder von mir.« Dann fragen Sie noch: »Bis wann höre ich wieder von Ihnen?« Sie hatten eine Aufgabe, und jetzt hat sie der Chef wieder, mit Termin. Das ist die vollendete Rückdelegation.

Perfekte Chefs sind verhinderte Oberlehrer. Sie sind mit keiner Ausarbeitung zufrieden und müssen alles nachbessern. So einem brauchen Sie keine druckreifen Texte liefern. Er ändert sie ja doch. Erstellen Sie deshalb nur noch grobe Konzepte, die er dann perfektionieren darf. Das spart Ihnen Zeit und er hat zu tun. Irgendwann ist Ihr Ruf bei ihm ruiniert und Sie leben künftig völlig ungeniert. Haben genügend Zeit für die Kontaktpflege. Machen einen souveränen, ungestressten Eindruck. In Besprechungen sind Sie immer für kreative Ideen gut. In Krisensituationen, wenn die planungsstarken Kollegen in der Hilflosigkeit versinken, laufen Sie zu Ihrer wahren Größe auf und ziehen den Karren aus dem Dreck. Das spricht sich nach oben weiter. Ihr Chef kommt inzwischen seinen Führungsaufgaben kaum noch nach, zu sehr ist er mit den eigentlich nicht in seinen Bereich fallenden Aufgaben beschäftigt, er kann seinen und den wachsenden Ansprüchen von außen nicht mehr gerecht werden – das Burnout-Syndrom schlägt zu. Die Lebensweisheit »Es kommt nicht darauf an, was du kannst, sondern wen du kennst« spitzt sich nun zum Nachteil des Chefs und zu Ihren Gunsten brisant zu: »Es kommt darauf an, dass du nicht zu viel kannst, aber die richtigen Leute kennst.« Sie werden zwangsläufig sein Nachfolger und können zeigen, warum Chaoten die besseren Chefs sind. Dazu sollten Sie einige Spielregeln beachten, und das fällt Ihnen überhaupt nicht schwer:[11]

1. Stehen Sie der Selbststeuerung der Organisation nicht im Weg. Die Organisation ist klüger als Sie.
2. Behindern Sie Ihre Mitarbeiter bei der »Führung nach oben« nicht. Lassen Sie zu, was sowieso passiert. Ihre Mitarbeiter sind näher am Geschehen.

3. Gehen Sie oft auf Dienstreisen. Dann behindern Sie Ihre Mitarbeiter bei der Führung nach oben nicht und stehen der Selbststeuerung der Organisation nicht im Weg.
4. Surfen Sie auf der Woge der Gegebenheiten. Verabschieden Sie sich von der Illusion, komplexe Entwicklungen beherrschen zu können.
5. Geraten Sie angesichts von Unordnung nicht in Panik. Bei diesem Punkt sind Sie ohnehin wenig gefährdet.
6. Vertrauen Sie auf die korrigierende Kraft des Nichtstuns. Auch hier leitet Sie ein jahrelanger Erfahrungsschatz.
7. Wenn Sie Erfolg haben wollen, müssen Sie gegen althergebrachte Weisheiten verstoßen. Sonst operieren Sie mit alten Rezepten in einem Umfeld, das sich gewandelt hat, ohne dass Sie es gemerkt haben.
8. Tun Sie das Gegenteil. Dann liegen Sie in jedem zweiten Fall richtig.
9. Sehen Sie zu, dass Sie genug Fehler machen. Das ist die schnellste Möglichkeit, um festzustellen, wie es nicht funktioniert. Damit kommen Sie mit dem Ausschlussverfahren der richtigen Lösung näher.
10. Sehen Sie zu, dass Sie nicht zu lange in einer Stelle bleiben. Bevor sich herausstellt, für welche Fehlentwicklungen Sie verantwortlich sind, sollten Sie woanders neue Fehler machen.

Mit Strategien haben Sie es ja nicht so. Aber wenn Sie langfristig Erfolg haben und oben bleiben wollen, kann ich Ihnen noch zwei strategische Ratschläge mit auf den Weg geben. Achten Sie erstens darauf, dass Sie möglichst schnell die erste Karrierestufe hinter sich lassen und sich in eine mittlere Führungsebene retten. Auf der unteren Führungsebene haben Sie nämlich ein Sandwich-Problem. Sie bekommen von zwei Seiten Druck. Druck von oben, weil Sie mit Ihrem Team Vorgaben umsetzen und Ergebnisse vorweisen sollen. Druck von unten, weil Sie nah an der Realität sind und zu wenig Ahnung haben. Schließlich sind Sie gerade deshalb aufgestiegen, weil Sie nicht zu viel können. Jetzt müssen Sie Aufgaben an Mitarbeiter durchreichen. Die machen Ihnen klar, dass es so, wie es sich die da oben am grünen Tisch ausgedacht haben, in der Praxis nicht geht, und schon stehen Sie zwischen den

Fronten. Jetzt müssen Sie sich mit Hilfe der zehn Spielregeln irgendwie durchmogeln, möglichst schnell den Abstand zur Praxis vergrößern, ins mittlere Management durchmarschieren und selbst am grünen Tisch sitzen. Dort angekommen, haben Sie ein Luxusproblem. Aus Statusgründen steht Ihnen ein Assistent zu und Sie wissen nicht, was Sie mit ihm anfangen sollen, weil Sie bisher als chaotischer Einzelkämpfer allein vor sich »hingewurstelt« haben. Da greift mein zweiter Ratschlag. Lassen Sie sich bei der Personalentscheidung nicht vom naheliegenden Motto »Gleich und gleich gesellt sich gern« leiten. Sie würden zwar gut zusammen passen, aber zwei Chaoten wären einer zu viel. Suchen Sie sich einen perfekten Assistenten und Sie müssen nicht mehr überlegen, wie Sie ihn beschäftigen sollen. Das weiß er selbst am besten und übernimmt sofort das Kommando. Das wird anfangs lästig sein, aber etwas Besseres kann Ihnen gar nicht passieren. Endlich können Sie Ihre Lässigkeit ohne negative Konsequenzen ausleben.

Zuerst wird der Assistent einen ordentlichen Menschen aus Ihnen machen wollen. Verweigern Sie nicht alle Umerziehungsversuche. Akzeptieren Sie einige seiner Vorschläge für die Gestaltung der Zusammenarbeit, sonst müssen Sie bald einen Nachfolger suchen und alles geht wieder von vorn los. Als Erstes wird er sagen: »Wir müssen eine ›Morgenlage‹ installieren!« Das dürfen Sie nicht mit der »Lüttje Lage« verwechseln. Er möchte morgens nicht einen mit Ihnen trinken, sondern zu Beginn des Arbeitstages in einer kurzen Lagebesprechung herausfinden, was Sie heute vorhaben, welche Termine anstehen, was er vorbereiten soll, wann Sie da oder weg sind. Sie nehmen sich ja normalerweise nichts vor, sondern nehmen den Tag, wie er kommt. Deshalb werden Sie den Assistenten schnell von der Sinnlosigkeit dieser Veranstaltung überzeugen. Bald wird er die »Morgenlage« zu einer Art »Befehlsausgabe« umfunktionieren und Ihnen sagen, was Sie seiner Ansicht nach an diesem Tag mindestens auf die Reihe bringen müssen. Das sollten Sie akzeptieren. Es schützt Sie vor zu großen Abstürzen und vor vermeidbaren Krisen. Ihre gefürchteten Last-Minute-Aufträge werden von der Regel zur Ausnahme. Das macht vor allem Ihre unchaotischen Mitarbeiter glücklich, weil die ja mit unvorhergesehenen Ereignissen und Zeitdruck nicht so gut klarkommen.

»Jetzt ist Schluss mit dem Terminchaos! Ich bekomme erstens die Terminhoheit, Sie bekommen zweitens ein Smartphone und Ihre Termine verwalten wir drittens künftig nicht mehr in Ihrem Kopf, sondern per Outlook!«, wird der Assistent irgendwann verfügen, wenn es zu viele Terminkollisionen und zu großen Ärger wegen vergessener Termine gegeben hat. Jetzt müssen Sie aufpassen, sonst ist leider auch Schluss mit Ihrer geliebten Zeitsouveränität. Die Terminhoheit können Sie an Ihren Assistenten abgeben. Dann dürfen Sie selbst keine Termine mehr vereinbaren und sparen sich die mit Terminabsprachen verbundene Mühe. Wollen Sie einen Termin vergeben, muss er das genehmigen und es gibt keine Doppelbuchungen mehr. Läuft Ihnen ein Mitarbeiter über den Weg, der Sie sprechen will, sagen Sie zu ihm: »Lassen Sie sich einen Termin geben«, und er wird sein Problem selber lösen, statt sich beim Assistenten um einen Termin zu bemühen. Das stabilisiert Ihre Rolle als Vorgesetzter und erzieht die Mitarbeiter zur Selbständigkeit. Termine brauchen Sie sich nicht mehr zu merken, da werden Sie von Ihrem Assistenten per Smartphone ferngesteuert. Jetzt müssen Sie dem Assistenten nur noch ein Zugeständnis abtrotzen, sonst sind Sie sein Zeitsklave: Er hat nur an geraden Tagen Terminhoheit. Ungerade Tage bleiben terminfrei, die gehören Ihnen. Will er für einen ungeraden Tag einen Termin für Sie vereinbaren, muss er Ihnen am darauffolgenden geraden Tag frei geben.

Mit der Unterstützung durch einen perfekten Assistenten decken Sie den organisatorischen Teil Ihrer Führungsfunktion ganz gut ab. Die ordentlichen Mitarbeiter Ihres Teams kommen dadurch mit Ihnen als Chef einigermaßen klar. Lediglich chaotische Mitarbeiter sind etwas irritiert, weil sie nicht mehr jederzeit bei Ihnen hereinplatzen dürfen. Wenn Sie aus dem Vorzimmer hören, dass Ihr Assistent zu einem Mitarbeiter, der spontan für ein Schwätzchen bei Ihnen vorbeischauen will, sagt »Wir haben jetzt keine Zeit!«, müssen Sie ihm sagen, er solle das Cheffing nicht übertreiben.

Der richtige Zeitpunkt
Wer zu früh anfängt,
den bestraft die gecancelte Aufgabe

Ich komme eigentlich nie zu spät,
die anderen haben es immer nur so eilig.
Marilyn Monroe

»Deadline-Junkie!« nennt Sie der Chef beim Jahresgespräch. Sie
bedanken sich für diese Auszeichnung und er wirft Sie raus, weil
er meint, Sie wollen ihn veralbern. Er hatte erwartet, dass Sie
zerknirscht sind und Besserung geloben. Ihre Philosophie vom
richtigen Zeitpunkt können Sie ihm dann leider nicht mehr erklären. Pech für ihn, dass er diese Chance zur persönlichen Weiterentwicklung auslässt. Etwas mehr Gelassenheit könnte ihm
nicht schaden. Er ist ein ängstlicher Frühvollender. Beschäftigt
sich mit Aufgaben, die sich später von selbst erledigen. Das passiert Ihnen nicht. Sie sind stolz auf Ihre termingenauen Punkt-
landungen. Die Erziehungsversuche von Eltern, Lehrern, Aus-
bildern, Chefs und Zeitmanagement-Trainern konnten Sie nicht
verbiegen. Diese weltfremden Botschaften, die man Ihnen um
die Ohren gehauen hat, sind an Ihnen abgeprallt: »Fang rechtzeitig an! Lerne frühzeitig auf Prüfungen! Tu's gleich! Schiebe
unangenehme Aufgaben nicht vor dir her! Motiviere dich selbst!
Was du heute kannst besorgen, das verschiebe nicht auf morgen!«
Ihre ängstlichen Schulkameraden haben sich zu planversklav-
ten Frühstartern dressieren lassen. Die bekommen ein schlechtes Gewissen, wenn sie etwas auf die lange Bank schieben. Die
glauben, etwas sei falsch gelaufen, wenn es zeitlich eng wird.
Zum Glück gehören Sie zu den standhaften Deadline-Workern,
den charakterstarken und stressresistenten Menschen, an denen
die geballten Dressurbemühungen der Erziehungsagenten abgeprallt sind.

Das Deadline-Working ist die hohe Kunst des Zeitmanagements. Mehr Zeit lässt sich nicht sparen. Riesige Vorteile belohnen geduldiges Abwarten:

– Solange Aufgaben dem spätestmöglichen Erledigungstermin entgegenschlummern, bleibt Ihnen alle Zeit der Welt für andere Dinge.

– Vieles erledigt sich von selbst, wenn Sie nur lange genug warten. Zu früh anfangen ist die dümmste Form der Zeitverschwendung.

– Starten Sie zu früh, müssen Sie das Ergebnis bis zum Ablieferungstermin bei jeder Änderung überarbeiten, damit vergeuden Sie jedes Mal Zeit.

– Je länger Sie warten, desto aktueller ist der Informationsstand. Sie haben keine Zeit mit nutzloser oder veralteter Information verschwendet.

– Not macht erfinderisch. Wenn Sie zu viel Zeit haben, sind Sie auf rettende Ideen gar nicht angewiesen und haben dann auch keine.

– Sie dürfen erst kurz vor der Präsentation fertig sein, dann sind Sie voll im Thema drin und beantworten Zwischenfragen schlagfertig. Ihr ängstlicher Kollege kommt bei Fragen regelmäßig ins Schleudern, weil er seine Präsentation seit drei Wochen fertig in der Schublade liegen hatte. Diese Typen haben auch immer viel zu früh auf Prüfungen gelernt. Vor dem Termin war das Meiste schon wieder vergessen und sie mussten mühsam wiederholen. Das haben Sie sich erspart und erst kurz vor knapp mit dem Lernen begonnen. Die Prüfung schafften Sie trotzdem.

– Beschäftigen Sie sich zu früh mit einem Thema, dann haben Sie zu viel Zeit und können unnötige Gedanken an alle möglichen Erledigungsvarianten verschwenden. Tun Sie es nicht. Warten Sie ab, bis der Zeitablauf alle Handlungsalternativen »gekillt« hat. Wenn Ihnen eine letzte Chance bleibt, die Aufgabe, die Prüfung, die Präsentation gerade noch hinzubekommen, sollten Sie loslegen.

So klare Verhältnisse wie beim Deadline-Working bekommen Sie sonst nie im Leben. Kurz vor Schluss ist alles eindeutig:

1. *Eindeutige Alternativen*: Keine!
2. *Eindeutige Motivation*: Der Terminzwang übersteuert das Lustprinzip. Sie brauchen sich nicht mehr überlegen, ob Sie wollen oder nicht. Sie müssen!
3. *Eindeutige Priorisierung*: Sie wechseln in einen streng monochronen Arbeitsstil und konzentrieren sich total auf das zu lösende Problem. Alles andere bleibt liegen. Sie gehen nicht mehr ans Telefon und werfen jeden raus, der etwas von Ihnen will.
4. *Eindeutiges Arbeitstempo*: Höchste Eisenbahn. Schnellstmöglichst. Parforcemäßig. Sie bringen Höchstleistung und vertrödeln keine Minute. Wenn das kein konsequentes Zeitmanagement ist, dann weiß ich auch nicht.
5. *Eindeutige Vorgehensweise*: Normalerweise steht hinter der Planung die Idee, dass man zuerst seine Gedanken sortiert und danach seine Handlungen ordnet. Diesen Luxus können Sie sich jetzt nicht mehr leisten. So viel Zeit ist nicht. Jetzt heißt es Gehirn abschalten. Augen zu und durch. Sie müssen improvisieren und das heißt auftreten, während Sie das Instrument lernen.
6. *Eindeutiges Anspruchsniveau*: Die perfekten Frühstarter verschwenden Zeit für endlose Verbesserungsschleifen. Sie dagegen fahren Ihr Anspruchsniveau herunter auf den niedrigstmöglichen Level, auf Unterperfektionismus. Das fällt Ihnen überhaupt nicht schwer. Schlaumeier würden von Satisficing-Strategie sprechen. Sie akzeptieren jede einigermaßen brauchbare Lösungsidee nach dem Motto »Gut ist gut genug«.
7. *Eindeutiges Beurteilungskriterium für das Endergebnis*: Das Ergebnis steht, wenn die Zeit abgelaufen ist. Es besteht aus dem, was Sie bis dahin geschafft haben. Ihnen bleibt keine Zeit für Nachbesserungen. Sie zeigen Mut zur Lücke, weil die Zeit fehlt, sie zu schließen.
8. *Eindeutiger Aufhörzeitpunkt*: Sie hören auf, wenn Ihnen nichts anderes mehr übrig bleibt.

Irgendwie grenzt es schon an ein Wunder, wie Sie es als Deadline-Worker immer wieder hinbekommen! Haben Sie sich schon einmal gefragt, ob da jemand die schützende Hand über Sie hält? Ich kann es Ihnen sagen: Ihr Schutzheiliger heißt Vilfredo Pareto und

Sie könnten aus Dankbarkeit im Vatikan einen Heiligsprechungsprozess anregen. Die Chancen stehen nicht schlecht, er war Italiener, ist lange genug tot (er hat von 1848 bis 1923 gelebt) und Sie und Ihre chaotischen Kollegen können viele Wunder bezeugen. Als Volkswirt ist ihm Anfang des 20. Jahrhunderts etwas Entscheidendes aufgefallen: 20 Prozent der italienischen Familien besitzen 80 Prozent des italienischen Volksvermögens. Die restlichen 80 Prozent Familien teilen sich die restlichen 20 Prozent des Vermögens. Diese 20:80-Regel gilt für viele Lebensbereiche:

- Mit 20 Prozent Ihrer größten Kunden realisieren Sie 80 Prozent des Umsatzes.
- 20 Prozent Ihrer Klamotten ziehen Sie häufig an, 80 Prozent hängen nutzlos im Kleiderschrank. Das ist nicht nur bei Frauen so, sondern auch bei Männern.
- 20 Prozent der Mitarbeiter stehen für 80 Prozent der Fehltage.
- 20 Prozent der Lagerartikel verursachen 80 Prozent der Lagerbewegungen.
- Bei den meisten Aufgaben schaffen Sie in 20 Prozent der Zeit 80 Prozent des Ergebnisses. Wollen Sie ein hundertprozentiges Ergebnis erreichen, müssen Sie zusätzlich 80 Prozent Zeit einsetzen.

Das Pareto-Prinzip ist der Hebel, mit dem Sie bei geringstem Kraftaufwand einen hohen Druck erzeugen. Pareto adelt den späten Start zur sinnvollen, weil wirksamen Strategie. Bei den meisten Aufgaben reicht die 80-Prozent-Lösung. Eine Verbesserung auf 100 Prozent ist unnötig. Um die 80-Prozent-Lösung zu schaffen, können Sie erst einmal 80 Prozent der Zeit verstreichen lassen und anderen, schöneren Beschäftigungen nachgehen. In den letzten 20 Prozent der für die Aufgabe verfügbaren Zeit stellen Sie dann das geforderte Ergebnis auf die Beine und der heilige Sankt Pareto hält seine schützende Hand über Sie.

Das hat mir eine junge Managerin erzählt: »Da habe ich drei Wochen an einer Präsentation gearbeitet, mich reingehängt, alles mehrfach überarbeitet und tolle Charts produziert. Bei der Vorstellung bin ich auf keine besondere Resonanz gestoßen, ich war total enttäuscht. Ein anderes Mal hat mir der Chef einen Last-Minute-Auftrag aufs Auge gedrückt. In zwei Stunden musste ich eine

Sache ausarbeiten und präsentieren, eigentlich unmöglich, aber ich habe es hinbekommen. Schnell noch mit farbigen Filzstiften ein paar Folien produziert und auf einen alten Tageslichtprojektor gelegt. Riesiger Beifall. Und der Geschäftsführer hat gemeint, endlich mal knapp und kurz, nicht so langatmig, und ohne diesen üblichen PowerPoint-Terror!«

Mit Methoden und Prinzipien haben Sie ja nicht so viel am Hut. Aber vielleicht plagt Sie manchmal die Angst, Sie könnten zu früh mit Aufgaben oder Prüfungsvorbereitungen beginnen. Wann ist der richtige, der letzte Drücker? Da kann ich Ihnen einen Tipp geben. Auf den bin ich stolz, weil ich selber darauf gekommen bin: Den optimalen Startzeitpunkt finden Sie mit dem Oterap-Prinzip! Das ist der umgedrehte Pareto: Legen Sie los, wenn 80 Prozent der vorgesehenen Zeit verstrichen sind. In zehn Wochen blüht Ihnen die Prüfung. Widmen Sie sich acht Wochen mit gutem Gewissen den schönen Dingen des Lebens. Beginnen Sie zwei Wochen vor dem Termin mit dem Lernen. Sie schaffen dann noch locker 80 Prozent des Prüfungsstoffes und das reicht. Sie sind doch kein Streber.

Sie vermeiden jede sinnlose Energievergeudung, wenn der letzte Drücker nicht mehr die abzulehnende Ausnahme, sondern Ihr arbeitsökonomisches Ideal ist:

– Wenn Ihnen keine Alternative bleibt, können Sie auch keine Energie für die Suche und Abwägung von Alternativen verschwenden.

– Wenn frühes Anfangen unnötig ist, brauchen Sie sich nicht mehr mit untauglichen Selbstmotivationsversuchen quälen. Und ehrlich, die bisherigen Duelle mit dem Lustprinzip haben Sie doch alle verloren.

– Wenn es keine Aufschieberitis mehr gibt, weil Sie nichts mehr aufschieben, sondern immer zum spätoptimalen Zeitpunkt anfangen, plagt Sie kein schlechtes Gewissen mehr. Damit entfällt auch die vom schlechten Gewissen verursachte Stimmungsbeeinträchtigung und die daraus resultierende Motivationsblockade.

– Wenn Sie am Schluss mit der erstbesten Lösung zufrieden sind, weil keine Zeit für Nachbesserungen bleibt, sparen Sie sich die dafür erforderliche Zusatzenergie.

Lassen Sie ausdrücklich zu, was sowieso passiert. Starten Sie pünktlich am Oterap-Tag. Schaffen Sie mit geballter Energie, mit Hilfe der acht Eindeutigkeiten und ohne jede Zeitverschwendung das Brauchbar-ist-besser-als-perfekt-Ergebnis. Genießen Sie den Nervenkitzel und das anschließende Erfolgserlebnis, wenn Sie es auf den letzten Drücker wieder einmal geschafft haben. Sehen Sie mitleidig auf die zum Deadline-Working unfähigen Perfektionisten mit ihrer vorzeitigen Aufgabenerledigung. Vermutlich hat Northcote Parkinson deren umständliche Arbeitsweise beobachtet und sein Gesetz abgeleitet: »Jede Arbeit lässt sich, entsprechend der Zeit, die einem zur Verfügung steht, ausdehnen.« In Ihren Worten heißt das: Für eine Arbeit braucht man so viel Zeit, wie man hat, und das ist manchmal verdammt wenig.

Die ungeliebte Aufgabe

Warum man unangenehmen Verpflichtungen
besser aus dem Weg geht

Liegt es in unserer Macht, etwas zu tun,
liegt es auch in unserer Macht, etwas zu unterlassen.
Aristoteles

Die Sankt-Nimmerleins-Strategie

Das Leben ist zu kurz, um sich mit unangenehmen Aufgaben
herumzuquälen. Seien Sie konsequent und lassen Sie es bleiben.
Verschwenden Sie keine Zeit für untaugliche Selbstmotivations-
klimmzüge. Die gehen sowieso schief, Sie haben Energie vergeudet und Ihre Stimmung ist im Eimer. Verschieben Sie das Unangenehme auf später und kassieren Sie den sofortigen Vorteil.
Der besteht aus dem befreienden Gefühl, eine ungeliebte Aufgabe
fürs Erste los zu haben. Nutzen Sie diese Hochstimmung für die
Erledigung angenehmer Aufgaben. Erstens müssen die auch sein
und zweitens bleibt Ihre Stimmung im grünen Bereich. Hat sich
drittens die unangenehme Aufgabe am Sankt-Nimmerleins-Tag
von selbst erledigt, steigert sich Ihre gute Laune zum Glücksgefühl. Der spätere Nachteil, etwas Aufgeschobenes doch noch tun
zu müssen, ist ausgeblieben. Ihre konsequente Vermeidungsstrate-
gie ist von Anfang bis Ende vorteilhaft.

	Der konsequente Chaot	Der inkonsequente Perfektionist
Vorteil	sofort	später
Nachteil	später	sofort

Und wenn sich die Aufgabe doch nicht von selbst erledigt? Ist das nachteilig? Von wegen! Dann bleibt Ihnen nichts anderes übrig, dann ersetzt der Termindruck die nicht vorhandene Selbstmotivation. Gase und Menschen funktionieren nun einmal am besten unter Druck. Sie bringen Höchstleistung und erledigen das Unangenehme in kurzer Zeit, mit zeitlich begrenztem Stimmungseinbruch. Sagen Sie mir, wo der Nachteil ist?

Die inkonsequenten Perfektionisten schieben keine Aufgaben vor sich her, sondern ihr ganzes Leben. Sie mühen sich jetzt mit dem Unangenehmen ab, sind unfähig, den Augenblick zu genießen, und hoffen, dass sie später dafür belohnt werden. Dabei ist nur eines sicher: Den Nachteil haben sie sofort. Der erhoffte spätere Lohn steht in den Sternen. Es ist die vage Hoffnung auf den vermiedenen späteren Termindruck. Warum verhalten sich Perfektionisten so unsinnig? Sie sind zu gewissenhaft und leiden unter einer zu großen Zukunftsangst und einer zu geringen Stressstabilität. Sie haben es besser, und das liegt an Ihrer Motivstruktur. Um das zu erklären, brauchen wir noch einmal den Psychologie-Professor Steven Reiss aus dem zweiten Kapitel. Der weiß, was Menschen antreibt, worauf sie scharf sind. »Nur diejenigen erfahren ein überdauerndes, tiefes und erfülltes Glück, die ihre wahren Motive und Lebensgründe kennen und sich von ihnen durchs Leben tragen lassen« (S. 40).[12]

Das ist sein Katalog der 16 Lebensmotive:

- *Macht*: Streben nach Erfolg, Leistung, Führung und Einfluss.
- *Unabhängigkeit*: Streben nach Freiheit, Selbstgenügsamkeit und Autarkie.
- *Neugier*: Streben nach Wissen, Wahrheit, Erkenntnis.
- *Anerkennung*: Streben nach sozialer Akzeptanz, Zugehörigkeit, positivem Selbstwert.
- *Ordnung*: Streben nach Struktur, Stabilität, Klarheit und guter Organisation.
- *Sparen*: Streben nach Besitz und Anhäufung materieller Güter.
- *Ehre*: Streben nach Loyalität und moralischer, charakterlicher Integrität.
- *Idealismus*: Streben nach sozialer Gerechtigkeit und Fairness.
- *Beziehungen*: Streben nach Freundschaft, Nähe zu anderen, Humor und Spaß.

- *Familie*: Streben nach Familienleben und der Erziehung eigener Kinder.
- *Status*: Streben nach Prestige, Reichtum, Titeln und öffentlicher Aufmerksamkeit.
- *Rache*: Streben nach Konkurrenz, Kampf, Aggressivität und Vergeltung.
- *Eros*: Streben nach einem erotischen Leben, Sexualität und Schönheit.
- *Essen*: Streben nach Nahrung, Freude am Essen.
- *Körperliche Aktivität*: Streben nach Fitness und Bewegung.
- *Ruhe*: Streben nach Entspannung und emotionaler Sicherheit.

Welche Unterschiede in der Motivstruktur sind dafür verantwortlich, dass Sie lockerer als die Perfektionisten über die Runden kommen und sich von unangenehmen Aufgaben nicht quälen lassen? Das sind vier Motive aus dem Reiss-Katalog und der für Sie wichtigste Antrieb ist das Streben nach *Ordnung*. Wenn Sie das überrascht, haben Sie das zweite Kapitel nicht gründlich genug gelesen. Ich erkläre es Ihnen noch einmal, dann brauchen Sie nicht zurückblättern: Motive können stark oder schwach ausgeprägt sein. Wäre das Ordnungsmotiv bei Ihnen stark ausgeprägt, dann wären Sie ein Perfektionist. Zum Glück sind Sie ein außerordentlicher Mensch, in Sachen Ordnung total zurückhaltend. Haben null Bock auf Planen und Organisieren, sind flexibel, offen und tolerant gegenüber ungewissen oder vieldeutigen Situationen. Fühlen sich unbehaglich und kontrolliert, wenn die Umgebung zu sehr geordnet und von Regeln bestimmt ist. Sie halten sich widerwillig an Vorschriften, füllen ungern Formulare aus und mögen es nicht, wenn Dinge stets nach dem gleichen Schema zu erledigen sind. Auf Details kommt es Ihnen nicht so an. Übertriebene Ordnung und Sauberkeit sind nur für Spießer wichtig. Perfektionisten haben von der Ordnung zu viel abbekommen. Sie mögen keine ungewissen Situationen. Aus Angst vor den unsicheren Konsequenzen des Aufschiebens erledigen sie alle Aufgaben sofort.

Perfektionisten sind auch beim zweiten Hauptmotiv überbelichtet und das ist fatal. *Anerkennung* braucht, wer nicht in sich selbst ruht, sondern vom Urteil anderer Menschen abhängig ist.

So einer ist überempfindlich gegenüber Kritik, hat Angst vor Versagen. Setzt sich deshalb nur leicht erreichbare Ziele, um ein Scheitern von vornherein möglichst zu vermeiden. Und das zeugt nicht von einem großen Selbstbewusstsein. Auch beim zweiten Motiv schwimmen Sie im »Werteglück«. Sie machen sich nicht viel aus Anerkennung und sind damit das genaue Gegenteil des armen Perfektionisten: Sie sind selbstbewusst und behaupten sich. Sie lassen sich nichts gefallen und bringen Ihren Ärger zum Ausdruck, wenn es sein muss. Sie trauen sich fast alles zu. Sie besitzen das wichtigste Karriere-Gen: ein sicheres Auftreten bei absoluter Ahnungslosigkeit. Wenn es schief geht, nehmen Sie Kritik entweder nicht wahr oder nicht persönlich.

Das Motiv *Beziehungen* ist bei Ihnen zum Glück stark ausgeprägt. Sie sind ein beziehungsorientierter Netzwerker. Knüpfen und pflegen gern Kontakte. Nehmen Anteil am Leben anderer. Sie besitzen Humor, lieben Spaß und Freude, sind meist gut gelaunt. Lassen sich Ihre gute Laune nicht durch die Beschäftigung mit ungeliebten Aufgaben verderben. Ganz anders der eher ernste, zurückgezogene, eigenbrötlerische Perfektionist. Bei diesem aufgabenorientierten Menschen kommt erst die Arbeit und dann das Vergnügen. Er erledigt das Unangenehme zuerst und vernachlässigt seine Lieblingsaufgaben. Irgendwann fehlt ihm die Arbeitsfreude und Freunde hat er auch keine mehr.

Beim Motiv *Ruhe* sind Sie zum Glück unter den Schwachen. Der stark ausgeprägte Ruhe-Typ ist stressempfindlich und häufig von Sorgen bedrückt. Das ist der Ordentliche, der für seinen Seelenfrieden Struktur und Stabilität braucht. Er ist ängstlich und übervorsichtig. Schiebt nur mit schlechtem Gewissen Dinge vor sich her. Findet das Leben anstrengend und beunruhigend. Sie haben es besser! Sie sind unerschrocken, robust, stressstabil und unängstlich. Unter Druck blühen Sie auf, lieben das Risiko, sind unternehmungs- und abenteuerlustig. Kurz, Sie passen perfekt in die unsichere und unplanbare Welt!

Jetzt wissen Sie, welche wunderbaren inneren Kräfte Sie antreiben! Vermutlich können Sie Ihre aus dieser Erkenntnis resultierende, gehobene Gefühlslage gar nicht so gut ausdrücken, wie es dem französischen Philosophen Michael Onfray gelingt: »Ich weiß, dass ich Anarchist bin, seit meiner frühesten Kindheit, instinktiv, etwas verwirrt und bedrängt, ich konnte diesem Gefühl keinen Namen geben, aber es kam aus den Eingeweiden und aus der Seele« (S. 13). So beginnt sein Buch »Der Rebell«. Es trägt den Untertitel »Plädoyer für Widerstand und Lebenslust«.[13] Das könnte auch ein Motto für die folgenden Ratschläge sein.

Lassen Sie das Unangenehme sein, es gefährdet Ihre Gesundheit!

Gehen Sie unangenehmen Aufgaben aus dem Weg. Vieles erledigt sich von selbst und Sie hätten sich umsonst gequält. Lassen Sie es bleiben, es schädigt Ihre seelische Gesundheit. Dazu erkläre ich Ihnen Sigmund Freud in einer Minute: Unsere gesamte Seelentätigkeit ist darauf gerichtet, Lust zu erwerben und Unlust zu vermeiden. Das Streben nach Lust ist der Hauptantrieb des seelischen Geschehens, ist wichtig für die seelische Gesundheit. Wenn Sie sich mit unangenehmen Aufgaben herumquälen, werden Sie seelisch krank. Lassen Sie ungeliebte Aufgaben im Interesse Ihres Seelenheils liegen und gönnen Sie sich Lieblingstätigkeiten. Aber wenn sich liegengebliebene Aufgaben nicht von selbst erledigen und Sie später einholen? Dann herrscht Zeitdruck. Dann sind Sie der Seelenqual nur kurz ausgesetzt und der Schmerz lässt bald nach.

Jede unangenehme Aufgabe, die Sie liegen lassen, bewahrt Sie vor dem Burnout. Packen Sie nämlich alle Aufgaben an, sind Sie in kurzer Zeit total überlastet. Sie geraten in eine gefährliche Schieflage, weil die Anforderungen Ihre Fähigkeiten übersteigen. Anhaltende Diskrepanzen zwischen Anforderungen und Fähigkeiten sind die Hauptursache für das Ausbrennen. Das ist das Problem der gewissenhaften Perfektionisten. Die nehmen das Überlastungswarnsignal nicht ernst und erledigen auch das Unangenehme. Auch aus diesem Grund gibt es nur ausgebrannte Perfektionisten, aber keine ausgebrannten Chaoten!

Lassen Sie es bleiben,
sonst werden Sie vereinnahmt!

Lässig-chaotische Menschen haben einen Ruf zu verteidigen. Sie
sind auch einmal widerspenstig, können Nein sagen, lassen sich
nicht ausnutzen, lassen sich nicht alles gefallen und haben keine
Angst vor Autoritäten. Im Gegenteil: Der Chef überlegt sich zwei-
mal, ob er unangenehme Arbeiten an störrische, diskutierfreu-
dige Mitarbeiter delegiert. Würde der Lässige jede Arbeit akzeptieren und erledigen, wäre sein Widerspenstigkeitsstatus schnell
ruiniert, plötzlich wäre er ein ganz normaler pflegeleichter Mitarbeiter. Würde sofort in die Messlattenfalle rennen: Nach jeder erfolgreich erledigten Aufgabe wird die Messlatte höher gelegt. Er
bekommt immer schwierigere Aufgaben. Bis er zwangsläufig irgendwann scheitern muss. Das ist das Schicksal des Perfektionisten. Daher rührt seine berechtigte Angst vor dem Scheitern. Da
zeigen Sie als Lässiger doch lieber eine gesunde Angst vor dem Erfolg. Je weniger Sie fertig bringen, desto weniger wird von Ihnen
erwartet. Auf niedrigem Niveau scheitert es sich leichter. Und auf
die Beurteilung anderer pfeifen Sie sowieso in den meisten Fällen.
Das hat Ihr Selbstvertrauen nicht nötig. Welche Belohnung gibt es
für eine gut erledigte Aufgabe? Richtig! Eine neue Aufgabe. Eine
schwierigere. Diesen Automatismus haben Sie durchschaut.

Flüchten Sie und profitieren
Sie von wertvollen Nebeneffekten!

Das Signal »unangenehme Aufgabe« löst einen Fluchtreflex aus:
»Nichts wie weg!« Zwei Fluchtziele bieten sich an: andere Menschen oder andere Aufgaben. Bei Gefahr suchen wir nach mit-
menschlichem Beistand. Sie werden zum Bürotouristen und
besuchen Ihre Freundinnen und Freunde im Betrieb. Jede unangenehme Aufgabe fördert das Networking. Ein dichtes Beziehungsnetz hilft, wenn Sie die Aufgaben, vor denen Sie geflüchtet sind,
am Ende unter Zeitdruck doch noch erledigen müssen. Dann
zahlt sich die zeitliche Investition in zwischenmenschliche Kontakte aus.

Vor üblen Aufgaben flüchten wir nicht nur zu anderen Menschen, sondern steuern das kleinere Übel an. Plötzlich erledigen Sie Dinge, die Sie schon lange vor sich herschieben. Eine Unlusthierarchie entsteht. Je hässlicher die neue Aufgabe, desto motivierter flüchten Sie in Tätigkeiten geringerer Hässlichkeit. Fensterputzen ist nicht so schlimm wie die Prüfungsvorbereitung. Garage aufräumen ist besser als sich um die Steuererklärung kümmern. Ablegen ist besser als einen unangenehmen Brief formulieren. Das ist die »Relativitätstheorie des Unangenehmen«, Ihre wichtigste Motivationshilfe. Freuen Sie sich über jede schlimme Aufgabe! Die unangenehmere Aufgabe erledigt die unangenehme.

Seien Sie faul, das fördert die Kreativität!

Der gewissenhafte Fleißige geht ohne langes Überlegen auf unangenehme Aufgaben los. »No et domm, liabor recht faul!«, hat meine Großmutter gesagt, »Sei lieber faul als dumm!« Nur wenn Sie ein kreativer Fauler sind, fordert Sie das Unangenehme heraus. Sie sind nirgends so kreativ wie beim Erfinden von Ausreden für das weitere Liegenlassen. Oder Sie forschen nach einem Weg, wie Sie das Unangenehme wieder loswerden. Oder suchen und finden jemanden, dem Sie den Job übertragen können. Ihnen und Ihren pfiffigen Zeitgenossen hat man sogar ein Denkmal gesetzt. Es steht in der Böttcherstraße in Bremen und ist den »Sieben Faulen« gewidmet. Die bauten einen Brunnen, weil sie zu faul waren, jeden Tag Wasser aus dem Fluss heranzuschleppen. Die pflasterten die Straße, weil sie zu bequem waren, ständig die voll beladenen Karren aus dem Dreck zu ziehen.

Ergründen Sie das Unangenehme!

Unlust kommt nicht von ungefähr. Da stimmt irgendetwas nicht. Erforschen Sie die Ursachen der Unlust. Vielleicht ist heute nicht Ihr Tag, und morgen »flutscht« es von allein. Vielleicht ist die Aufgabe noch nicht reif. Die richtigen Informationen sind noch nicht da. Unlust kann auch ein Wink Ihrer Intuition sein, ein versteckter Hinweis, dass irgendetwas nicht stimmt. »Stinkt« Ihnen die Aufgabe, weil etwas an der Aufgabe »stinkt«? Vielleicht sind Sie neu in einer Arbeitsgruppe und Ihre Kollegen haben Angst vor Ihnen, weil Sie frisch von der Uni kommen und auf dem neuesten Wissensstand sind. Dann zeigt man Ihnen Ihre Grenzen auf. Macht Ihnen klar, dass Sie auch nicht mehr Ahnung haben als die, die schon länger in der Praxis sind. Gibt Ihnen als Erstes eine unlösbare Aufgabe, an der sich andere auch schon die Zähne ausgebissen haben. Solche Verunsicherungsspielchen sind in der Organisationsliteratur unter dem Stichwort »Reduzierung neuer Kollegen« beschrieben. Seien Sie kein Spielverderber. Nehmen Sie die Aufgabe ernst und geben Sie nach einer Anstandsfrist zu, dass Sie es auch nicht schaffen. Die Kollegen danken es Ihnen. Da ist noch eine mögliche Ursache für Ihre Unlustgefühle: Der Chef gibt Ihnen eine Aufgabe. Aber die zur erfolgreichen Bewältigung nötigen Informationen hält er zurück, obwohl er sie hat. Er erwartet gar keine Lösung. Er muss Ihnen eine Gehaltserhöhung verweigern und braucht Argumente für eine mittelmäßige Beurteilung. Tun Sie ihm den Gefallen, sparen Sie sich die Arbeit, scheitern Sie an der Aufgabe.

Hören Sie auf das Unangenehme!

Unangenehmes hat Mitteilungscharakter, es will Ihnen etwas sagen. Überhören Sie es nicht. Die quälende Vorbereitung auf das Vordiplom kann heißen: »Du studierst das falsche Fach, schmeiß das Studium!« Langfristig setzt sich nicht das Unangenehme durch, sondern das Wahre. So drückt es der Apple-Vorstandschef Steve Jobs in einer Rede vor Absolventen der Stanford-Universität aus: »Ihr müsst herausfinden, was ihr liebt. Eure Arbeit macht einen großen Teil eures Lebens aus, und der einzige Weg, wirklich zufrieden zu sein, ist das zu tun, was ihr für großartige Arbeit haltet. Der einzige Weg, großartige Arbeit abzuliefern, ist, das zu lieben, was man tut. Eure Zeit ist begrenzt, lebt nicht das Leben eines anderen. Habt den Mut, eurem Herzen und eurem Gefühl zu folgen. Denn die wissen schon, was ihr wirklich werden wollt. Alles andere ist nebensächlich. Bleibt hungrig. Bleibt töricht.« Steve Jobs hätte auch sagen können: Ersetzen Sie Selbstdisziplin durch Leidenschaft. Dann können Sie sich alle mühsamen Motivationsklimmzüge schenken.

Ich weiß nicht, wie die Rede von Steve Jobs für seinen Auftritt vor den Stanford-Absolventen entstanden ist. Hat er sie langfristig vorbereitet oder ist sie in der Nacht vor seinem Auftritt »auf den letzten Drücker« zustande gekommen? Seine Formulierungen hören sich wie eine Umschreibung eines Mottos an, das sein erfolgreicher Landsmann, der Möbeldesigner Charles Eames, in die Welt gesetzt hat: »Nimm ernst, was dir Freude bereitet!« Fahren Sie mal nach Weil am Rhein, legen sich im Showroom der Firma Vitra auf seinen legendären »Lounge Chair« und denken Sie darüber nach, inwieweit Sie dieses Motto in Ihrem Leben verwirklicht haben.

Der persönliche Arbeitsstil

Lieber richtig improvisiert als falsch geplant

Chaotische Tätigkeit ist geordneter Untätigkeit vorzuziehen.
Karl Weick

»Du glaubst es nicht. Du hast Vorfahrt. Und der kommt von rechts aus der Seitenstraße und lässt sein Auto einfach in deine Fahrbahn hineinrollen. Und wenn du bremst, hast du verloren. Einfach draufhalten, sage ich dir. Dann haut der im letzten Moment auf die Bremse. Und du hast gewonnen.« Seit einer halben Stunde erzählt mir mein Lieblingskunde von seinem Sizilienurlaub und wie man in Palermo Auto fährt. Ich überlege mir, ob das gefährlich ist. Nicht der sizilianische Fahrstil, sondern meine Art zu telefonieren. Ob man davon einen Schiefhals bekommen kann? Seit einem halben Jahr will ich mir ein Headset besorgen. Seit einer halben Stunde habe ich den Telefonhörer zwischen linkem Ohr und linker Schulter eingeklemmt, weil ich nebenbei eine E-Mail beantworte. Zusätzlich zum Telefonieren und Mailen entsteht gleichzeitig der Bericht, den ich dem Chef für vorgestern versprochen hatte. Das passiert in einer optimalen Zusammenarbeit mit der sprachbegabten Auszubildenden. Die feilt an den Formulierungen. Immer wenn sie einen Abschnitt fertig hat, dreht sie den Monitor in meine Richtung und ich nicke mit dem Kopf oder verdrehe die Augen und sie formuliert um, bis zum Abnicken. Wenn das kein perfekter Arbeitsstil ist, dann weiß ich auch nicht. Haben Sie schon mal was von Multitasking gehört? Jetzt wissen Sie, wie das geht. Gleichzeitig vier Menschen glücklich machen: Der Kunde mag mich, weil ich zuhöre, ohne ihn zu unterbrechen. Der Mail-Empfänger freut sich über meine Antwort. Die Auszubildende darf selbständig arbeiten, ohne dass ich ihr dauernd hineinquatsche. Und der Chef wundert sich, warum mein Bericht schon zwei Tage nach dem vereinbarten Termin auf seinem Tisch liegt.

Bei mir hat der Mensch Vorfahrt. Wenn Sie mich heute brauchen, haben Sie nichts davon, wenn ich Ihnen einen Termin für die nächste Woche anbiete, weil es mein starrer Zeitplan nicht anders erlaubt. Sie wollen mir spontan von Ihrem Urlaub erzählen und keinen Telefontermin mit mir vereinbaren. Da hätte ich Sie als Kunde schnell los. Bei mir hat die Realität Vorfahrt, das wissen Sie bereits aus dem Prioritätenkapitel. Ich nehme es, wie es kommt. Ich reagiere auf das, was tatsächlich passiert. Bei mir gibt es keine Störungen. Nur der fühlt sich gestört, der immer etwas anderes tun will, als tatsächlich gefragt ist.

Beim Perfektionisten haben Termine Vorrang. Sein Motto lautet: Alles zur geplanten Zeit, hübsch der Reihe nach und alles andere muss warten. Er will die natürlichen, chaotischen Abläufe des Lebens in eine künstliche Uhrzeitkultur zwingen und rennt mit diesem unsinnigen System geradewegs ins Unglück. »Zwischen dem Menschen und der Zeit besteht ein unlösbarer Konflikt, der immer mit der Niederlage des Menschen endet – die Zeit zerstört ihn« (S. 20).[14] Ohne Zeitplan läuft beim Perfektionisten nichts. Und wenn er ihn erstellt hat, geht gar nichts mehr. Sie kommen nicht mehr an ihn ran, wenn Sie ihn brauchen, weil er über seine eigene Zeit nicht mehr verfügen kann. Seine Termine sind heilig. Jede Unpünktlichkeit bringt den Plan durcheinander. Alles Unvorhergesehene stört. Deshalb kapselt er sich von der Umwelt ab. Wird unnahbar. Leute, die etwas von ihm wollen, lässt er auflaufen. Der Kollege, der eine kurze Auskunft braucht, um weiterarbeiten zu können, hat keine Chance. Er muss warten, bis der egoistische Monotasker Zeit für ihn hat. Kann sein Thema nicht zu Ende bringen. Ist gezwungen, etwas anderes anzufangen. Der Kontaktverweigerer drängt seinen Mitmenschen den Arbeitsstil auf, den er selbst am Nötigsten lernen müsste. Irgendwann hat er alle verprellt. Erfährt nichts mehr. Der Informationsfluss geht an ihm vorbei. Wenn er Freunde in der Not bräuchte, weil sein Plan abgestürzt ist, hat er keine.

Die beiden Arbeitsstile stammen aus unterschiedlichen Kulturen. Der perfekte Stil mit seiner gnadenlosen Uhrzeitkultur ist »typisch deutsch«. Das deutsche Arbeitsmotto lautet »alles zu seiner Zeit« und »alles hübsch der Reihe nach«. Perfektionisten arbeiten »monochron«. Im Gegensatz dazu funktioniert der chaotische

Typ »polychron«, schafft mehrere Dinge gleichzeitig. Sie sind zum Glück kein typisch deutscher Pedant, der lebt, um zu arbeiten. Der mit seinem unflexiblen Arbeitsstil den ganzen Laden aufhält. Der sich durch jeden Kontaktwunsch gestört fühlt, weil er stur seine Arbeit zu Ende bringen will. Die Wurzeln Ihrer flexiblen Arbeitshaltung und Ihres ungezwungenen Zeitmanagements liegen im Mittelmeerraum, in Italien, Spanien und in abgeschwächter Form in Frankreich. Irgendwie »ticken« Sie ganz schön italienisch. Nehmen nicht alles so tierisch ernst und gehen locker mit der Arbeit und der Zeit um.

Der monochrone Arbeitsstil des Planungsweltmeisters	Der polychrone Arbeitsstil des Improvisationsweltmeisters
aufgabenorientiert	beziehungsorientiert
eins nach dem anderen	vieles gleichzeitig
Alles wird geplant und Pläne werden ernst genommen und umgesetzt.	Wenn überhaupt geplant wird, werden Pläne schnell umgestoßen.
Man geht in der Arbeit auf.	Zwischenmenschliche Beziehungen (Familie, Freunde, Geschäftsfreunde) haben hohe Priorität.
Man legt großen Wert auf Pünktlichkeit, zeitliche Verpflichtungen sind heilig.	Die spontane Kontaktpflege ist wichtiger als die Einhaltung von Zeitplänen.
Man will ungestört arbeiten und ist bemüht, andere nicht zu stören.	Man lässt sich leicht und gern ablenken, Aufgaben werden häufig unterbrochen.
Die Abkapselung von der Umwelt bedeutet oft einen Informationsverlust.	Man ist gut informiert und weiß über alles und über jeden das Neueste.
Man arbeitet methodisch und effektiv.	Die Arbeit macht oft nur kleine Fortschritte, wird aber flexibel dem aktuellen Informationsstand angepasst.

Sie sind multitaskingfähig, bringen vieles gleichzeitig auf die Reihe. Haben kein Problem damit, einen Plan umzustoßen, wenn Sie überhaupt einen erstellt hatten. Sie sind der kontaktfreudige Kommunikator und deshalb immer auf dem Laufenden. Vom Uhrzeiger lassen Sie sich nicht versklaven. Wenn etwas schief geht, bekommen Sie es trotzdem irgendwie hin. Da helfen die Überraschungskompetenz und das dichte Beziehungsnetz.

Improvisation als Notarzt für den verunglückten Plan des Perfektionisten

Beim beziehungsschwachen Perfektionisten geht es gnadenlos um die Aufgabe. Bei Ihnen steht der Mensch im Mittelpunkt. Der Perfekte schaut dauernd auf die Uhr. Sie haben Zeit. Aber jetzt kommt der entscheidende Unterschied zwischen den beiden Arbeitsstilen, leider mit fatalen Auswirkungen für den Perfektionisten: Bei dem geht nichts ohne Plan. Sie konzentrieren sich auf das, was tatsächlich passiert. Deshalb sind Sie Improvisationsweltmeister und der Perfektionist sitzt in der Planungsfalle. Bei ihm läuft es von Anfang an falsch. Dafür sorgen seine Planfixierung und sein gestörtes Verhältnis zur Improvisation. Hätte er besser auf Goethe gehört: »Wer das erste Knopfloch verfehlt, kommt mit dem Zuknöpfen nicht zu Rande.« Erst geht viel Zeit für die Planung drauf. Motto: »Die beste Überraschung ist keine Überraschung!« Weil Plan A nicht laufen könnte, gibt es einen Plan B, einen Notfallplan. Mit einer aufwändigen Analyse potenzieller Probleme werden alle vorhersehbaren Störungen des geplanten Verlaufes ausgelotet und mit Vorbeuge- und Alternativmaßnahmen abgesichert. Und dann kommt der unvorhergesehene Blitz aus heiterem Himmel, das Planungskunstwerk ist im Eimer, und der Planungsweltmeister mit seinem Latein am Ende. Hätte er besser auf Thommy Franks gehört: »Kein Plan überlebt den Aufprall auf den Feind«, weiß der US-General und Ex-Manager des Irak-Krieges aus leidvoller Erfahrung. Diese Lektion wurde ihm bereits zu Beginn seiner Karriere in Vietnam erteilt, aber er hat nichts daraus gelernt. Ist der Plan an der Realität gescheitert, wäre improvisieren angesagt, aber das kann der Planer nicht.

80

Das Improvisationsmodell

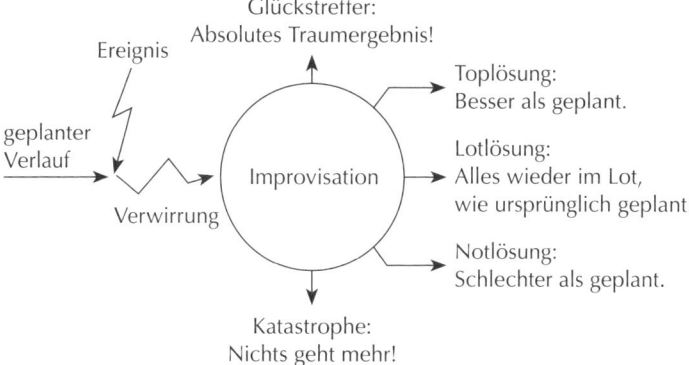

Der Wechsel vom geplanten Normalzustand in den planlosen Ausnahmezustand stürzt ihn in eine intensive Verwirrungsphase. Der Gedanke an die drohende Katastrophe vernebelt sein Denken. Schließlich ist er in Sachen Improvisation unterbelichtet, für den Notfall weder ausgebildet noch geübt. Sein ganzes Trachten zielt darauf, den ursprünglich geplanten Verlauf wieder herzustellen. Die berechtigte Angst, dass ihm das nicht gelingen könnte, sitzt ihm im Nacken und lähmt seine Kreativität. Jetzt, wo er viele Lösungsideen brauchen könnte, blockiert ihn sein durch den Plan erzeugter Tunnelblick. Sein Denken ist auf die Reparatur des abgestürzten Plans fixiert. Kein Gedanke wird an die Idee verschwendet, dass es sogar besser kommen könnte als ursprünglich geplant.[15]

Improvisation als Lebenshaltung

Das läuft bei Ihnen alles ganz anders. Sie sind durch ein realistisches, chaotisches Improvisationsmodell gesteuert. Ihr Lebensgefühl besteht nicht aus Risikoangst, sondern aus Überraschungslust. Ihr Motto lautet: Die beste Überraschung sind viele Überraschungen! Der weitgehende Planungsverzicht eröffnet jede Menge Chancen zum Improvisieren.[16] Für Sie heißt Improvisieren, auf tatsächliche Herausforderungen flexibel reagieren. Für Sie ist das der Normalzustand, kein Ausnahmezustand. Improvisieren ist eine Lebenshaltung und damit ein wesentlicher Bestandteil des Zeitmanagements. Bei Ihnen kann es nicht anders kommen als geplant, weil Sie gar nicht planen. Deshalb gibt es auch keine Verwirrungsphase wie beim Perfektionisten. Weil man improvisieren nur durch improvisieren lernt, sind Sie in Übung.

Improvisation als Lebenshaltung beim chaotischen Arbeitsstil

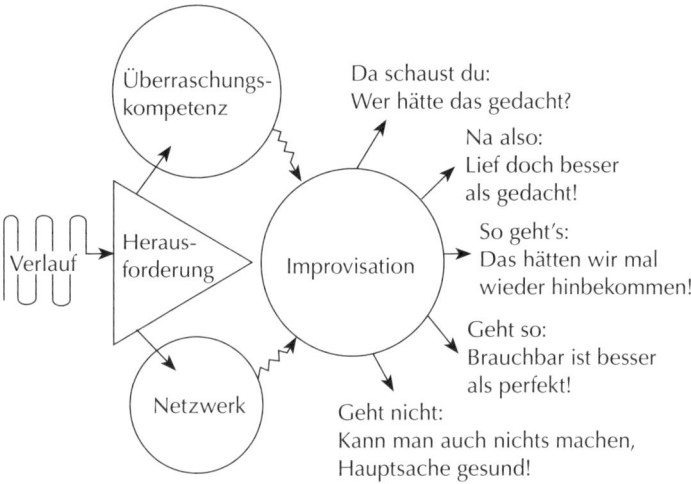

Da, wo der Perfektionist erst aufwändig plant und anschließend ängstlich hofft, dass der Plan auch funktioniert, widmen Sie sich den vielfältigen Ereignissen den Tages, sind ansprechbar, kümmern sich um dies und jenes. Tritt eine Herausforderung, eine Situation, ein Ereignis ein, und kommen Sie zur Überzeugung, dass es Sie etwas angeht, oder können Sie sich einer Sache nicht länger entziehen, geschieht dreierlei: Erstens fokussieren Sie Ihr Verhalten von polychron auf monochron, das Verhalten bekommt eine eindeutige Richtung. Sie kümmern sich nur noch um dies und nicht mehr um jenes. Zweitens aktivieren Sie Ihre Überraschungskompetenz, die steht sofort zur Verfügung und verhindert jegliche

Verwirrung. Sie brechen Ihre Erfahrungen aus der erfolgreichen Bewältigung ungewöhnlicher Situationen auf den aktuellen Improvisationsvorgang herunter, wandeln Ihre Überraschungskompetenz in Lösungsideen um. Drittens mobilisieren Sie, wenn nötig, das unterstützende Netzwerk. Durch den Verzicht auf Planungsaktivitäten standen Ihnen zu dessen Aufbau und Pflege viel Zeit zur Verfügung und das zahlt sich jetzt aus. Der Planungsverzicht hat jetzt noch einen Vorteil. Das Verhalten ist offen, nicht durch einen Plan eingeengt. Kein Tunnelblick blockiert. Keine selektive Wahrnehmung behindert. Das divergente Denken kann unbeschwert Handlungsalternativen produzieren und darauf kommt es jetzt an. Viele Versuch-Irrtum-Sequenzen sind nötig und Ihnen fallen genügend Versuchsmöglichkeiten ein. Sie lähmt keine Angst vor dem Scheitern, weil Sie es bisher meist irgendwie hinbekommen haben. Weil Sie die Erfahrung lehrt, dass es oft sogar besser gelaufen ist, als Sie gedacht haben oder hätten planen können. Ihr Unterperfektionismus erspart unnötigen Druck. Zur Not sind Sie auch mit einer Notlösung zufrieden.

Die Rolle des Selbstwertgefühls

Jetzt kommen wir noch einmal zum Anerkennungsmotiv, auf das Sie nicht besonders erpicht sind, weil Sie genügend Selbstbewusstsein besitzen. Das erklärt, warum Sie chaotisch und nicht perfekt sind, und warum Sie eher zum Improvisieren als zum Planen neigen. Das hat etwas mit der Risikobereitschaft zu tun, und die hängt wiederum vom Selbstwertgefühl ab. Perfektionisten scheuen das Risiko. Sie mögen keine Überraschungen. Das Unvorhergesehene macht ihnen Angst. Da könnten sie eine schlechte Figur abgeben und das wollen sie vermeiden. Die Ursache für diese Risikoscheu liegt in einem schwach ausgeprägten Selbstbewusstsein, und das labile Selbstwertgefühl fördert perfektionistische Tendenzen. Sie dagegen lieben das Risiko. Sie haben keine Angst davor, sich auch mal zu blamieren. Das hält Ihr Selbstwertgefühl aus. Sie lassen sich auf das Unvorhergesehene ein. Das trainiert die Überraschungskompetenz. Weil man improvisieren nur durch improvisieren lernt, sind Sie im Dauertraining. Das ist die Tragödie perfekter Typen: Ihr schwach ausgeprägtes Selbstwertgefühl lässt sie das erste Knopfloch verfehlen. Das passiert Ihnen nicht. Und zu allem Überfluss leben Sie auch noch länger.

Multitasker leben länger

Die italienische Lebenserwartung ist höher als die deutsche. Die Italienerin wird gut 85 Jahre alt und der Italiener knapp 79. Die deutsche Frau bringt es auf knapp 83 Jahre, der deutsche Mann stirbt mit 78. Bisher hatte man geglaubt, die mediterrane Kost mit viel Fisch, Olivenöl und Gemüse sei dafür verantwortlich. Spätestens jetzt ist klar, dass die lebensverlängernde Ursache der entspannte, ungestresste, improvisierte italienische Arbeitsstil ist. Das ist Ihr Stil und deshalb leben Sie länger als die sturen Perfektionisten.

Sie profitieren von einem zweiten lebensverlängernden Mechanismus! Das verbreitete Wehklagen über die angebliche Beschleunigung des Lebens ist falsch. Monotasker sind selbst daran schuld, dass die Zeit so schnell läuft. Die von ihnen so geliebte ungestörte tägliche Routine lässt die Zeit schneller vergehen. Das Gehirn schaltet beim Absolvieren gewohnter Handlungen auf Autopilot. Unser Erinnerungsvermögen behandelt die mit Routine ausgeführten Taten wie Untätigkeit und ignoriert sie. Fährt man mit dem Auto eine neue Strecke, kommt einem der Hinweg länger vor als der Rückweg. Auf der Rückfahrt ist die Strecke bekannt, man schaltet geistig herunter. Das erklärt auch, warum ältere Menschen das Gefühl haben, die zweite Lebenshälfte verfliege wesentlich schneller als die erste. Es gibt nicht mehr so viel Neues, das Meiste kennt man, alles wird zur Routine. Abwechslung dagegen verlangsamt das Zeiterleben. Multitasker leben länger, zumindest empfinden sie das so. Der polychrone französischen Schriftsteller Francois Lelord drückt es so aus: »Das intensive Leben lässt die Zeit kurz erscheinen und die Jahre lang – ja, aber der Satz hat auch seine Kehrseite: Je stärker sich Ihre Arbeit Tag für Tag gleicht, desto mehr riskieren Sie sich zu langweilen, und gleichzeitig rauschen die Jahre schnell vorbei« (S. 101).[17]

Die Tagesplanung
Warum heute planen,
was morgen von der Realität erledigt wird?

Sie wollen Ihren Arbeitstag erfolgreich hinter sich bringen und gut über die Runden kommen. Da helfen Ihnen zwei Ratschläge: Ignorieren Sie erstens alle Ratschläge zur Tagesplanung, wie sie in den gängigen Zeitmanagement-Büchern stehen. Orientieren Sie sich zweitens am Arbeitsstil erfolgreicher Manager. Das Schönste an beiden Ratschlägen: Die praktizieren Sie bereits. Das ist wieder ein Beweis für die absolute Praxistauglichkeit des chaotischen Zeitmanagements. Verbringen Sie also Ihre Arbeitstage weiterhin so locker und ungeplant wie möglich. Hat jemand etwas dagegen, dann sagen Sie ihm, dass Sie bei einem kanadischen Wirtschaftswissenschaftler in die Lehre gegangen sind. Der heißt Henry Mintzberg und hat herausgefunden, wie erfolgreiche Manager arbeiten und wie sie ihren Arbeitstag gestalten:[18]

– Ein Manager, der einen akribisch erarbeiteten Plan unbeirrt ausführt, kommt nur in der Managementtheorie vor, aber kaum in der Realität. Er steht mit beiden Beinen im aktuellen Tagesgeschehen, ist hellwach und reaktionsschnell und beherrscht die Kunst des Durchwurstelns. Wenn er planen muss, macht er das im Zusammenhang mit seiner täglichen Arbeit und nicht in einem abstrakten Prozess. Er ist ein Improvisierer und kein Planer.

– Der Arbeitstag ist uneinheitlich und enthält viele ungeplante Elemente. Der erfolgreiche Manager reagiert schnell auf unvorhergesehene Entwicklungen und springt umstellfähig von Problem zu Problem.

– Manager sind mit vielen kurzen Arbeitsakten ausgelastet. Haben einen zerstückelten Arbeitstag. Sie sind aktionsorientiert und hegen eine Abneigung gegen reflektierende Tätigkeiten. Wegen der häufigen Unterbrechungen können sie sich meist nicht auf ein Problem konzentrieren und es endgültig lösen. Für gründliche Überlegungen bleibt keine Zeit. Sie verzichten auf tiefschürfende Analysen, haben mit akribischen Planungen nichts am Hut und beißen sich nicht an Problemen fest. Sie neigen zu holzschnittartigen Vereinfachungen. Der Job ist die Reduktion von Komplexität, oft auf das Niveau von Daumenregeln.

– Der erfolgreiche Manager lebt von sozialen Kontakten. Er ist nicht nur an harten Fakten und gesicherten Informationen interessiert, sondern reagiert in hohem Maße auf Gerüchte, Klatsch, Spekulationen, Andeutungen, Hörensagen. Er muss zu den Insidern gehören, Frühwarnsignale empfangen. Dazu braucht er ein gutes Netzwerk. Was heute ein Gerücht ist, kann morgen schon Tatsache sein, und dann ist es für die passende Reaktion zu spät.

– Der erfolgreiche Manager ist kein rationaler Informationsverarbeiter. Er stützt sich nicht auf ein formales Management-Informations-System, sondern bevorzugt die mündliche Kommunikation. Holt sich seine Informationen aus persönlichen Gesprächen.

Sie befinden sich in bester Gesellschaft. Erfolgreiche Manager arbeiten genauso wie Sie. Einer der bedeutendsten Managementtheoretiker hat Ihnen ein glänzendes Arbeitszeugnis ausgestellt. Die Zeitmanagement-Gurus hätten Ihnen aber gern einen ganz anderen Arbeitsstil verpasst. Zum Glück sind Sie denen nicht auf den Leim gegangen. Der von ihnen erdachte Unsinn, den sie Methode nennen, hat zwei Namen: ALPEN und MENÜ.

Die ALPEN-Methode ist der Gipfel der Realitätsferne:

– Sie sollen alle *Aufgaben* für den nächsten Tag zusammenstellen.

– Die *Länge* der Tätigkeiten schätzen.

– *Pufferzeiten* reservieren, maximal 60 Prozent der Zeit verplanen und 40 Prozent als Pufferzeit für unerwartete und spontane Eventualitäten freihalten.

– *Entscheidungen* über Prioritäten, Kürzungen und Delegation treffen: »Haben Sie mehr als 60 Prozent Ihrer verfügbaren Arbeitszeit verplant, müssen Sie Ihren Aufgabenkatalog rigoros auf dieses Maß zusammenstreichen, indem Sie Prioritäten setzen, reduzieren und delegieren! Der Rest muss verschoben, gestrichen oder in Überstunden abgearbeitet werden.«

– Eine *Nachkontrolle* am Ende des Tages durchführen und das Unerledigte auf den nächsten Tag übertragen.

Die Bezeichnung MENÜ ist eine ähnliche Anleitung zur Erstellung sinnloser Tagespläne:

– In den letzten 10 bis 15 Minuten des Arbeitstages sollen Sie alle *Maßnahmen*, Tätigkeiten, Aufgaben sammeln, die Sie am nächsten Tag erledigen wollen.

– Sie treffen eine *Entscheidung* über die Dringlichkeit. Priorisieren die Liste, bringen die Aufgaben in eine Reihenfolge. Greifen die Aufgaben heraus, die Sie am nächsten Tag unter allen Umständen erledigen müssen.

– Dann wird der *notwendige Zeitbedarf* für jede einzelne Aufgabe geschätzt und zur Gesamtdauer addiert. Originalton: »Die Praxis zeigt, dass man sich im Regelfall zu viel vorgenommen hat. Die theoretisch erforderliche Zeit beträgt oft 12 bis 14 Stunden. Dabei ist das für den nächsten Tag noch nicht zu überblickende Geschehen unberücksichtigt.« Deshalb sollen Sie sich anschließend fragen, was Sie streichen, delegieren, verschieben oder in kürzerer Zeit erledigen können.

– Mit der *Übertragung in den Tagesplan* ist der Planungsprozess abgeschlossen. Sie dürfen nur 70 Prozent des Tages verplanen und den Rest für das nicht steuerbare Tagesgeschehen freihalten.

Wollen Sie wissen, warum ordentliche Leute unter Zeitdruck leiden und sich zu Tode arbeiten, brauchen Sie nur die Ratschläge der beiden Methoden zusammenfassen. Dann erhalten Sie eine komplette Liste aller Fehler, die bei der Tagesplanung möglich sind.

1. Fehler: Eine Aufgabenliste erstellen

Das ist ein sinnloser Aufwand von Zeit und Mühe, eine unrealistische Luftnummer. Im Kopf des Planers entsteht die Theorie des nächsten Tages und die Praxis freut sich heute schon darauf, wie sie diesen Luftballon morgen in den ersten zehn Minuten des Arbeitstages platzen lassen wird. Wer eine Aufgabenliste schreibt, verschwendet heute Zeit und legt die Basis für die morgige Zeitnot. Außerdem wird man schon heute gedanklich vom morgen zu bewältigenden Arbeitsberg erschlagen. Leider sind es nicht die tatsächlichen Dinge, die uns Menschen beunruhigen, sondern die Vorstellungen von den Dingen. Der heute im Kopf produzierte Stress wirkt sich genau so schlimm aus wie der tatsächliche Stress von morgen.

Sie haben es besser: Sie sparen sich heute die Zeit für die Liste und nehmen es morgen, wie es kommt. Sie stresst heute kein gedanklicher Arbeitsberg. Sie wissen, dass man heute denken kann, was man will, und dass es morgen sowieso anders kommt.

2. Fehler: Prioritäten setzen

Noch so eine sinnlose Aktion. Die priorisierte Aufgabenliste ist bereits vor Arbeitsbeginn Makulatur. Trotzdem wird Energie verschwendet, weil man die gesetzten Prioritäten gegen die Realität durchboxen will. Nicht nur der Planungsaufwand war umsonst, auch die Umsetzungsbemühungen sind vergebens.

Sie haben es besser: Sie delegieren das Setzen von Prioritäten an die Praxis. Da können Sie überhaupt nichts falsch machen. Kommt die erste Aufgabe angerauscht, brauchen Sie nur zu überlegen, ob Sie das etwas angeht oder nicht. Dann geht es los oder auch nicht.

3. Fehler: Zeitbedarf schätzen

Sich jeden Tag klar machen, was man alles tun könnte und wie lange das alles dauert. Dann kommt man auf 14 Stunden, will aber nur acht Stunden arbeiten. Das erzeugt Stress! Außerdem ist jede Zeitschätzung falsch. Die meisten Leute überschätzen ihre Fähigkeiten und meinen, es geht schnell. Es dauert immer länger. Der zweite Schätzfehler: Nie wird berücksichtigt, dass dauernd etwas dazwischenkommt, dass man unterbrochen und aus der laufenden Arbeit herausgerissen wird. Dass man irgendwann den roten Faden verloren hat und neue Rüstzeiten benötigt, wenn man wieder in die unterbrochene Arbeit einsteigt. Spätestens wenn Vilfredo Pareto (aus dem Kapitel vom richtigen Zeitpunkt) ins Spiel kommt, wird jede Zeitschätzung als Illusion entlarvt. Für eine Aufgabe braucht man die Zeit, die einem tatsächlich bleibt, und nicht die, die man geschätzt hat.

Sie haben es besser: Sie widmen sich spontan der Aufgabe, die Sie für sinnvoll erachten, und geben ihr soviel Zeit, wie Sie gerade haben. Weil Sie kein Überperfektionist sind, reicht Ihnen oft die 80-prozentige »Brauchbar-ist-besser-als-perfekt«-Lösung. Die haben Sie mit 20 Prozent Zeiteinsatz hinbekommen. Zu dieser zeitsparenden Arbeitsweise neigen Sie automatisch, aber das haben wir schon im Pareto-Kapitel besprochen.

4. Fehler: Komprimieren

Erst verschwendet man Zeit, um sich zu viel vorzunehmen. Und dann braucht es Zeit, um dieses künstliche Problem wieder zu lösen. »Streichen« und »verschieben« wird als geniale Strategie angeboten. Warum hat man es dann überhaupt auf die Liste geschrieben? Anderes soll man in kürzerer Zeit tun. Das beweist, dass die ursprüngliche Zeitschätzung Quatsch war.

Sie haben es besser: Das Komprimieren von Aufgaben ist schon immer Ihr Ding. Sie tun, was Sie können, und mehr geht einfach nicht. Deshalb nehmen Sie manche Aufgaben gar nicht an. »Streichen« und »verschieben« geschieht bei Ihnen automatisch. Schließlich beherrschen Sie die Kunst des Abwartens und packen Aufgaben erst an, wenn sie sich nicht von selbst erledigt haben. Das mit den Terminen sehen Sie auch realistisch. Manche werden vereinbart, damit man sie später platzen lassen kann. Das merken Sie normalerweise überhaupt nicht, weil Sie Termine ohne Erinnerung sowieso vergessen. Lassen Sie den mit einem Perfektionisten vereinbarten Termin platzen, ist Ihnen dieser Mensch für die gewonnene Zeit dankbar, weil sein viel zu enger Plan plötzlich Luft bekommt. Ihr großzügiger Umgang mit der Pünktlichkeit ist ein weiteres Instrument zur Komprimierung von Aufgaben und Zeit. Meist hat eine Besprechung nicht richtig angefangen, wenn Sie verspätet einlaufen. Zusätzlich festigen Sie Ihren Ruf als souveräner, lässiger Typ. Sie zeigen, dass Sie sich vom Sekundenzeiger nicht versklaven lassen. Mit dem Delegieren haben Sie auch kein Problem. Auf das Motto »Wenn ich nicht will, dass ich es tu, leit ich es einem anderen zu« greifen Sie bei Bedarf zurück. Kurz ausgedrückt: Sie sind ein Komprimierungsweltmeister!

5. Fehler: Pufferzeiten freihalten

Gerade mal 30 Prozent Zeit soll man für das Unvorhergesehene freihalten, dabei läuft der ganze Tag unvorhergesehen. Sie haben es besser: Sie sind totaler Realist. Ihnen stehen 100 Prozent Zeit für die Unwägbarkeiten des Tages zur Verfügung.

6. Fehler: Unerledigtes übertragen

Der unrealistische Tagesplaner hat sich zu viel vorgenommen, der Praxis zu wenig Zeit und Gelegenheit gelassen, und das büßt er mehrfach. Erstens durch seinen täglichen Frust zu Arbeitsende: »Was habe ich heute eigentlich geschafft? Ich habe viel getan, nur das nicht, was ich mir vorgenommen hatte!« Zu der nie ganz abgearbeiteten Aufgabenliste kommt zweitens die unerledigte Rückrufliste. Wer sich vor der Realität versteckt, blockiert Kontaktwünsche. Die sammeln sich auf der Telefonliste. Die wird nie kleiner, weil jeder Zweite, der um einen Rückruf gebeten hat, nicht da ist, wenn man ihn zurückruft. Drittens verstärkt die bewusste Beschäftigung mit dem Unerledigten den heutigen Frust. Zusätzlich sorgt das heutige Verschieben für den unrealistischen Arbeitsberg von morgen und alles geht wieder von vorn los.

Sie haben es besser: Eine Rückrufliste brauchen Sie nicht, Sie sind immer erreichbar. Eine Aufgabenliste sparen Sie sich. Sie nehmen sich nichts Unrealistisches vor, sondern erledigen die Aufgaben, wie sie kommen. Sie wissen, Unmögliches ist nicht möglich. Deshalb lassen Sie mehr, als Sie erledigen können, gar nicht an sich herankommen. So können Sie unmöglich Unerledigtes vor sich her schieben oder auf den nächsten Tag übertragen.

Serendipity: Planen ist sinnlos, aber es lohnt sich

Warum hat Christopher Kolumbus Amerika entdeckt? Weil er Indien gesucht hat. Warum hat Alexander Fleming das Penicillin gefunden? Weil ihn Bakterienkulturen interessiert haben. Warum kam Wilhelm Conrad Röntgen auf die nach ihm benannten Strahlen? Weil er sich mit Kathodenstrahlversuchen herumschlug. Alle drei machten zufällige Entdeckungen, als sie eigentlich etwas ganz anderes vorhatten, und das nennt man Serendipity: Auf der Suche nach einer bestimmten Sache findet man per Zufall etwas ganz anderes. Das passiert Ihnen auch, wenn Sie sich auf die Suche nach dem Ursprung der Serendipität begeben. Den Begriff hat der englische Autor Horace Walpole aus einem alten persischen Märchen abgeleitet, obwohl dessen Inhalt überhaupt nichts mit dem zu tun hat, was wir unter Serendipity verstehen sollen. Die drei schlauen »Prinzen von Serendip« waren unterwegs und trafen einen Kameltreiber, der auf der Suche nach einem entlaufenen Kamel war. Sie hatten sein gesuchtes Tier zwar nicht gesehen, fragten ihn aber: »Ist es auf dem rechten Auge blind? Lahmt es? Fehlt ihm ein Zahn?« So war es und prompt wurden sie des Diebstahls verdächtigt. Dabei hatten sie nur scharf beobachtet und die richtigen Schlüsse aus ihren Beobachtungen gezogen. Das Kamel hatte nur auf der linken Seite des Wegs gefressen, obwohl dort schlechteres Gras wuchs als rechts. Außerdem gab es drei starke Hufabdrücke und einen schwachen. Und auf dem Weg lagen zerkaute Grasklumpen, in der durch eine Zahnlücke passenden Größe. Serendipity müsste also für die Kunst des genauen Beobachtens und Schlussfolgerns stehen, bedeutet aber, etwas zu suchen und etwas ganz anderes zu finden. Und so hat Horace Walpole aus dem Märchen einen schönen Begriff abgeleitet, der mit dem Inhalt des Märchens überhaupt nichts zu tun hat.

Was hat Serendipity mit der Tagesplanung zu tun? Ganz einfach: Egal was Sie planen, wichtig ist nicht, was Sie vorhatten, sondern das, was tatsächlich dabei herauskommt. Es kommt nicht auf das gewollte Ergebnis an, sondern auf die unbeabsichtigte Nebenwirkung. Das ist wie bei einem Medikament. Ob das etwas nützt, weiß man nie so recht. Sicher sind nur die unerfreulichen Nebenwirkungen. Achten Sie also bei Ihren Planungen nicht auf das angestrebte Ergebnis, sondern auf die Randerscheinungen. Dort finden Sie überraschendere Lösungen, als wenn Sie nur auf das erhoffte Ergebnis geachtet hätten. Als Spezialist für sparsames Zeitmanagement fragen Sie sich jetzt, ob es überhaupt einer sinnlosen Planung bedarf, um etwas Sinnvolles zu finden. Ob das auch ohne einen Zeit und Mühe kostenden Planungsumweg möglich wäre. Ob sich der Zufall direkt planen lässt?

Den Zufall planen

Die monochronen Perfektionisten mit ihrem Eins-nach-dem-anderen-Prinzip zügeln ihre Neugier und bekämpfen die dem Menschen von der Natur mitgegebene Ablenkungsbereitschaft. Sie dagegen leben beides aus, befinden sich im Einklang mit den Urinstinkten. Die Perfektionisten behindern mit ihrer Planung den Zufall. Chaoten mit ihrer Offenheit für Neues planen sozusagen den Zufall. Das bestätigt auch die in der Management-Wissenschaft sogenannte »planned happenstance theory«. Diese Theorie der geplanten Zufallsereignisse bejaht die ausgeprägte Existenz von Zufällen und Chancen auf dem Berufsweg und rät, in positiver Form damit umzugehen. Das Unerwartete wird umbewertet, das Krisenhafte mutiert zu neuen Lernchancen. Überraschende Situationen und Möglichkeiten sollen geradezu herbeigeführt, dann ausgeschlachtet und für die eigene Karriere genutzt werden. Ihnen ist schon lange klar, dass nicht nur Managerkarrieren, sondern das ganze Leben geplant zufällig verläuft. Dass man nicht nur zulassen soll, was sowieso passiert, sondern Zufallsereignisse aktiv ansteuern kann. Die dafür vorgeschlagenen Strategien praktizieren Sie schon immer:

1. Neugier: Neue Erfahrungs- und damit Lernmöglichkeiten suchen.
2. Flexibilität: Die eigenen Einstellungen überprüfen und ändern. Den Betrachtungsrahmen wechseln.

3. Optimismus: Neue Gelegenheiten als möglich und erreichbar bewerten.
4. Risikoübernahme: Trotz eines unsicheren Ausgangs handeln.

Jetzt bleiben Ihnen zwei Strategien: erstens die mit dem planerischen Umweg. Planen Sie weiter, auch wenn es sinnlos ist, aber achten Sie auf das, was wirklich herauskommt. Lassen Sie sich durch das Motto von John Lennon leiten: »Leben ist das, was passiert, während du eifrig dabei bist, andere Pläne zu machen.« Zweitens wieder eine Erkenntnis ganz im Sinne des chaotischen Zeitmanagements: Verzichten Sie auf das herkömmliche Planen, planen Sie lieber den Zufall. Das passiert automatisch, dazu müssen Sie nur neugierig bleiben und sich Ihre ausgeprägte Ablenkungsbereitschaft erhalten.

Der Schreibtisch

Lieber ein begnadeter Volltischler
als ein überorganisierter Leertischler

Wenn ein unordentlicher Schreibtisch
auf einen unordentlichen Geist hinweist,
worauf deutet dann ein leerer Schreibtisch hin?

Albert Einstein

Da stimmt etwas nicht, wenn ein Mensch hinter einem leeren Schreibtisch sitzt. Da fragt man sich: Hat der nichts zu tun? Läuft sein Geschäft nicht? Ist er zwangskrank? Ganz sicher ist der Leertischler ein schlechter Manager. Ein guter Manager kann keinen leeren Schreibtisch haben, sagt Harold S. Geneen, und der muss es wissen.[19] Für ihn gibt es zwei Arten von Managern, die mit dem aufgeräumten und die mit dem angeräumten Schreibtisch. »Immer wenn ich einen Mann hinter einer polierten, sauberen und leeren Schreibtischplatte erblicke, habe ich den Eindruck, dass er von der Realität des Geschäftes so weit entfernt ist, dass es sicherlich ein anderer für ihn führt, obwohl er selbst der letzte ist, dem das bewusst wird. Ich weiß, dass viele da anderer Ansicht sind. Sie sagen, dass ein aufgeräumter Schreibtisch ein Beweis für gute Organisation sei und dass der Betreffende ein ordentlicher und disziplinierter Mensch ist. Alle seine Arbeitsunterlagen sind feinsäuberlich abgelegt und auf Knopfdruck schwebt eine Sekretärin herbei und legt ihm innerhalb einer Minute das Gewünschte auf den Tisch. Ich kann da nur sagen: kompletter Mumpitz. Im Spitzenmanagement, ja sogar im mittleren Management, ist es faktisch unmöglich, einen wohlaufgeräumten Schreibtisch zu haben, wenn man seine Arbeit gewissenhaft erledigen will« (S. 155).

Harold S. Geneen hat alle Arbeitsunterlagen für das hektische Geschäft in Reichweite, die wichtigsten auf dem Schreibtisch, einige auf dem Boden, auf der Fensterbank, auf dem Sideboard, im Regal und einige in mehreren großen Aktenkoffern. Er weiß immer, wo alles ist, weil er es selbst dort hingelegt hat. Am Ende des Arbeitstages steckt er die Unterlagen in einige der 15 oder 20 Aktentaschen, die er immer auf den Fensterbänken oder Beistelltischen im Büro stehen hat. Geht er nach Hause oder auf Reisen, nimmt er immer mindestens vier oder mehr Aktenkoffer mit und hat sein Büro dabei. Kann übers Wochenende Akten studieren und überall auf der Welt telefonische Anfragen zum laufenden Geschäft beantworten.

Der bekennende Volltischler Harold S. Geneen kann eine erfolgreiche Managerbilanz vorweisen. Er hat 18 Jahre lang ITT geführt und in dieser Zeit den Umsatz von 765 Millionen auf 16,7 Milliarden US-Dollar gesteigert. Lernen wir noch einmal von ihm: »Unter den Managern mit dem aufgeräumten Schreibtisch gibt es nur einen Typus, den ich bewundere, und das ist der Mann, der sich tief in seine Arbeit versenkt und die Papierberge, die er dazu benötigt, nur wenn ein Besucher kommt, schnell in seine mittlere Schreibtischlade wirft und den Besucher lächelnd und scheinbar ganz entspannt hinter seinem wohlaufgeräumten Schreibtisch sitzend empfängt, und sowie der Besucher weg ist, den ganzen Kram wieder hervorholt und weiterarbeitet. Manchmal war ich schon selbst versucht, das zu tun – aber ich hatte nie Zeit dazu« (S. 155).

Halten wir als Zwischenergebnis fest: Hinter einem leeren Schreibtisch sitzt ein unfähiger Manager! Aber es kommt noch schlimmer. Leertischler begehen gravierende Fehler. Sie führen einen vergeblichen Dauerkampf gegen Naturgesetze, vergeuden sinnlos Energie, stören den harmonischen Lauf der Dinge und verhindern, dass sich Prioritäten von allein richtig setzen. In unserer gesamten belebten und unbelebten Welt herrscht Krieg. Zwei mächtige Kräfte ringen miteinander. Der langfristige Sieger steht allerdings bereits fest und mit dem müssen Sie sich verbünden, sonst gehören Sie am Ende zu den Verlierern. Die Kriegsparteien heißen »Syntropie« und »Entropie«, und letztere wird als Sieger vom Schlachtfeld gehen. Unter Syntropie verstehen wir die konstruktive Kraft, die Tendenz zum Aufbau, zu mehr Ordnung. Entropie ist die Tendenz zur Unordnung, zum Zerfall, Niedergang, Anarchie, Chaos. Und jetzt kommt das Entscheidende: Die Entropie funktioniert von allein, der Syntropie muss man nachhelfen.

Es sind schon viele Ziegel vom Dach gefallen und am Boden zerbrochen (Entropie), aber es wurde noch nie ein Dachziegel beobachtet, der sich wieder zusammengesetzt hat und vom Boden an seinen ursprünglichen Platz auf dem Dach zurückgesegelt ist (das wäre Syntropie). Ohne syntropischen Erhaltungsaufwand regnet es auf lange Sicht durch jedes Dach. Die Suppe wird kalt, sie entropiert, aber von allein wird sie nicht wieder warm, das geht nur, wenn man syntropische Energie zuführt.

Auf Ihrem Schreibtisch herrscht Krieg zwischen Entropie und Syntropie. Das Chaos breitet sich ohne Ihr Zutun von allein aus. Das Durcheinander gedeiht von selbst. Wollen Sie Ordnung schaffen, müssen Sie sich einen Ruck geben und Energie aufwenden für das Sichten, Sortieren, Ordnen und Ablegen. Diesen mühsamen Kampf gegen das Chaos können Sie sich schenken. Verbünden Sie sich besser mit dem entropischen Naturgesetz. Dann sind Sie wieder ganz nah am Grundprinzip des chaotischen Zeitmanagements: »Keep it simple and stupid.« Sie brauchen überhaupt nichts tun, alles funktioniert von selbst.

Der erste Eindruck ist falsch. Das Chaos ist kein Chaos. Wer einen vollen Schreibtisch mit Chaos verwechselt, hat noch nie etwas von der verborgenen Ordnung gehört, die hinter dem vordergründigen Chaos steckt. Ihre scheinbar wahllos auf dem Schreibtisch verstreuten Unterlagen, Utensilien, Zettel, Papiere, Vorgänge, Stapel unterliegen einer inneren Ordnung. Sie sind nach einer zeitsparenden Ökonomie prioritätenmäßig strukturiert.

– *Je aktueller, desto präsenter*: Das Neue, Aktuelle liegt oben und deckt das ältere Material zu. Das ist der Alterseffekt.
– *Je öfter, desto näher*: Was oft gebraucht wird, liegt in nächster Reichweite, was selten gebraucht wird, wandert in die Randzonen. Das ist der Distanzeffekt.
– *Je weiter unten, desto eher erledigt*: Je mehr Papier auf einem Vorgang liegt, desto weiter er nach unten wandert, desto eher hat er sich von selbst erledigt. Das ist der Komposteffekt.

Jeder bewusste Eingriff stört das sich selbst organisierende Chaos und den entropischen Prioritätenautomatismus. Perfektionisten neigen zu solchen sinnlosen Ordnungsversuchen, sie unternehmen unnötige, ja schädliche syntropische Anstrengungen. Zum Glück vermeiden Sie diesen Fehler und verzichten auf jede Störung der harmonischen Abläufe. Ihr chaotischer Schreibtisch funktioniert nicht nur von allein, er generiert eine ganze Reihe wertvoller Nebeneffekte.

Der Schreibtisch hat Mitteilungscharakter

Eine leere Schreibtischplatte signalisiert ein Defizit. Da fehlt etwas. Läuft das Geschäft nicht? Ist jemand nicht ausgelastet? Krank? Im Urlaub? Sitzt da ein fauler Mensch, der die Arbeit an andere abgibt? Der volle Schreibtisch sagt: Das Geschäft brummt! Hier wird gearbeitet! Hier geht's rund! Wo gehobelt wird, fallen Späne! Das vom vollen Schreibtisch ausgehende Auslastungssignal ist besonders wichtig, wenn Ihr Chef keinen realistischen Beurteilungsmaßstab für die Leistung seiner Mitarbeiter hat, wenn er nicht so recht weiß, was Sie den ganzen Tag treiben. Eine leere Schreibtischplatte könnte ihn auf dumme Gedanken bringen.

Der volle Schreibtisch hat eine Schutzfunktion

Der volle Schreibtisch hat eine doppelte Schutzfunktion. Er schützt Sie vor unüberlegten Spontanreaktionen. Sie können am Telefon nie vorschnelle, unüberlegte Auskünfte geben, weil Sie immer sagen: »Da muss ich mal nachschauen. Ich rufe Sie dann zurück.« Sie gewinnen wertvolle Bedenkzeit für das Suchen von Ausreden. Arbeitsberge bewahren Sie vor neuen Arbeitspaketen. Niemand kann Ihnen Arbeit andrehen, wenn auf Ihrem Schreibtisch nichts mehr Platz hat. Dagegen schreit eine leere Schreibtischplatte geradezu nach Arbeit.

Der volle Schreibtisch erspart ein Wiedervorlagesystem

Es ist unglaublich, was manche Bürokraten für einen Aufwand mit der sogenannten »Wiedervorlage« treiben. Alles, was später fällig ist, was nicht vergessen werden darf, was zu einem bestimmten Termin erledigt sein muss, wird aufwändig in Outlook eingespeist. Assistentinnen stopfen Terminsachen in einen Pultordner mit 31 Fächern. Die Anhänger des amerikanischen Bürokratie-Papstes David Allen installieren das 43-Folder-System. Die deutschen Jünger rätseln, wie das funktionieren soll. In dem einen schlecht übersetzten Buch wird von 43 Karteikarten gesprochen, in einem anderen Text vom 43-Ordner-System. Brauche ich 43 Leitz-Ordner? Was soll ich mit 43 Karteikarten? In Wirklichkeit geht es um 43 Stehsammler oder Hängemappen. Eine Mappe für jeden Tag des Monats und zwölf zusätzliche für die Monate des Jahres. Die Terminsachen für bestimmte Tage des laufenden Monats kommen in die 31 Tagesmappen. Der aktuelle Tag steht vorn und wird bearbeitet. Am Monatsanfang wird die Monatsmappe in die 31 Tagesmappen einsortiert. Was für ein sinnloser Aufwand! Den schenken Sie sich. Ihr Wiedervorlagesystem funktioniert nach dem Motto »Aus den Augen, aus dem Sinn«. Alles, was später fällig ist, lassen Sie einfach auf dem Schreibtisch liegen. Täglich schweift Ihr Blick über die Erinnerungszettel und die noch zu erledigenden Vorgänge und Stapel. Sie haben alles im Auge und verlieren bis zur Fälligkeit nichts aus dem Sinn. Ab und zu schlägt der Alterseffekt zu. Sie sehen einen unerledigten Vorgang nicht mehr, weil er durch anderes, aktuelleres Material zugedeckt wurde, und versäumen die termingerechte Erledigung. Werden Sie nicht gemahnt, kann es auch nicht so wichtig gewesen sein, und Sie haben Mühe und Zeit gespart. Da gibt es auch Leute, die später zu erledigende E-Mails in einen Termin umwandeln und in den Outlookkalender ziehen. Verzichten Sie auf diesen Unfug. Lassen Sie Mails einfach im Eingangskorb stehen und Sie sehen jeden Tag, was Sie noch alles tun müssten, wenn Sie Lust dazu hätten. Mit dieser Arbeitstechnik behindern Sie auch den Komposteffekt nicht. Je mehr neue E-Mails dazukommen, desto älter werden die früher eingegangenen. Und je älter, desto mehr hat sich von selbst erledigt.

Der volle Schreibtisch spart Zeit

Perfektionisten investieren viel Zeit in die Ablage. Erst installieren sie mühsam ein Ablagesystem und dann füttern sie es jeden Tag. Die abgelegten Unterlagen brauchen sie nie wieder. Zum Glück verzichten Sie auf ein Ablagesystem und werfen alles auf den großen Haufen. Damit sind Sie auf der sicheren Seite, verschwenden keine Zeit für die Ablage. Benötigen Sie ausnahmsweise einen Vorgang, dann liegt der in chronologischer Ordnung im Stapel, je älter, desto weiter unten (Komposteffekt). Das bisschen Suchzeit können Sie sich leisten, schließlich haben Sie jede Menge Zeit für das Ablegen gespart.

Das chaotische Ablagesystem nach Noguchi

Na ja, ein kleines Ablagesystem könnte vielleicht doch nicht schaden. Den Kfz-Brief müssen Sie spätestens dann hervorzaubern, wenn Sie Ihr Auto verkaufen wollen. Für die Steuererklärung brauchen Sie die im Laufe des Jahres angefallenen Belege. Für eine Bewerbung wäre das eine oder andere Zeugnis oder die Diplomurkunde nützlich. Vielleicht müssen Sie mal in die Teilungserklärung Ihrer Eigentumswohnung schauen. Irgendwann benötigen Sie den Reisepass oder das Sparbuch. Ich schlage Ihnen eine ganz einfache Speichermethode vor, die Ihre Organisationsallergie nicht überstrapaziert, das Noguchi-Filing-System. Entwickelt hat es der Japaner Yukio Noguchi und es ist so einfach, dass Sie sich gleich ärgern werden, weil Sie nicht selber darauf gekommen sind. Aus zwei Gründen beschreibe ich das Ablagesystem nicht hier, sondern im Schreibtisch-Kapitel des perfekten Buchteils: Erstens sollen Leute mit Hang zur Überorganisation erfahren, dass sich Ordnung auch mit einfachen Mitteln und geringem Aufwand schaffen lässt. Zweitens fordert das genial einfache System doch ein geringes Maß an geordneter Vorgehensweise und ich möchte die Leser des chaotischen Drehbuchs nicht mit zu viel Methodik belästigen.

Der volle Schreibtisch steigert die Kreativität

Die Kreativität entsteht phasenweise. Zuerst kommt die Präparation. Man beschäftigt sich mit dem ungelösten Problem, recherchiert Informationen, erstellt Problemskizzen. Dann merkt man, dass man keine Ahnung hat und gibt auf. Später kommt plötzlich ein Geistesblitz, und das ist die Lösung. Obwohl man sich mit dem Problem nicht mehr bewusst beschäftigt hat, ist irgendwann die Lösung da. Es scheint wohl zwischen der Präparation und der Illumination eine Phase zu geben, die Inkubation genannt wird. Das Unbewusste beschäftigt sich weiter mit dem ungelösten Problem. Jedes Mal, wenn der Blick über das kreative Schreibtischchaos schweift, wird die Inkubation gefüttert und irgendwann ist die Lösung reif. Fragen Sie mal einen Perfektionisten, welche Eingebungen er von seiner leeren Schreibtischoberfläche bekommt?

Der leere Schreibtisch behindert
den Serendipity-Effekt

Wenn Sie in Ihrem Schreibtischchaos wieder einmal erfolglos etwas suchen, aber bei der Gelegenheit zufällig eine Unterlage finden, die Sie vor kurzem erfolglos gesucht hatten, sind wir wieder bei der Serendipität. Das Gleiche erleben Sie jeden Tag beim Surfen im Internet, auch dort finden Sie, wonach Sie gar nicht gesucht hatten. Nicht nur Amerika, die Röntgenstrahlung und das Penicillin wurden so entdeckt, sondern auch Viagra, der Sekundenkleber und Ihr wichtigstes Organisationshilfsmittel, der gelbe Post-it-Zettel. Nur wenn Sie suchen und nicht das Gesuchte, sondern etwas ganz anderes finden, wahren Sie Ihre Chance als künftiger Nobelpreisträger oder Patentweltmeister. Bewahren Sie sich um Himmels willen Ihr Schreibtischchaos. Es wäre tragisch, wenn Sie nur finden würden, was Sie suchen. Im letzten Kapitel haben wir den Serendipity-Begriff aus einem persischen Märchen abgeleitet. Zu Ihren Erfahrungen mit der Schreibtischsucherei passt noch besser das folgende Wortspiel aus dem englischen »serene«, also heiter, und »pity«, das Pech. Sie haben das Pech, nicht zu finden, was Sie suchen. Werden aber heiter gestimmt, weil Sie bei der Gelegenheit etwas anderes gefunden haben.

Der volle Schreibtisch sichert den Arbeitsplatz

Nur Sie selbst kennen sich in Ihren Papierbergen und Ablagestapeln aus. Keine Kollegin, kein Kollege kann Sie vertreten, wenn Sie krank oder im Urlaub sind. So werden Sie unersetzlich. Dazu kommt ein schöner Nebeneffekt. Keiner will, dass Sie für ihn bei Krankheit oder Urlaub einspringen. Alle lehnen Ihr freundliches Angebot dankend ab, weil sie die berechtigte Angst umtreibt, dass Sie ihren Arbeitsplatz vertretungsweise in ein Chaos verwandeln.

Der volle Schreibtisch schützt vor Vertreibung

Mit dem Unfug des nonterritorialen Büros will man in manchen Organisationen Büroflächen verkleinern und Mietkosten reduzieren. Sie brauchen nur einen Teil Ihrer Arbeitszeit im Außendienst verbringen, dann haben Sie plötzlich keinen Schreibtisch mehr. Man vertreibt Sie aus Ihrer vertrauten Umgebung, verwandelt Sie in einen Büronomaden. An Bürotagen holen Sie Ihren Rollcontainer aus dem Depot, bekommen einen Arbeitsplatz zugewiesen und sollen an diesem fremden Ort heimisch werden. Voraussetzung ist das papierlose Büro und eine papierlose Arbeitsweise. Davon sind Sie mit Ihren Papierstapeln zum Glück Lichtjahre entfernt. An Ihren Papierbergen wird sich jeder Büroplaner, der Sie aus dem Paradies vertreiben will, die Zähne ausbeißen.

Wer sein Leben in Ordnung bringen will, muss erst einmal sein Haus aufräumen

Das chinesische Sprichwort will Ihnen sagen: Es ist unsinnig, sein Leben in Ordnung bringen zu wollen. Dem chaotischen Leben lässt sich keine Struktur aufzwingen. Vom vergeblichen Versuch, sein Leben in Ordnung bringen zu wollen, wird am wirkungs-vollsten abgehalten, wer anfängt, sein Büro aufzuräumen. Noch wichtiger ist, was das Sprichwort dem Ordnungsfanatiker um die Ohren haut: Wer mit sich im Reinen ist, kann sich ein unordent-liches Haus, Zimmer, Büro leisten. »Wenn Ihr Leben in Ordnung wäre, hätten Sie keinen aufgeräumten Schreibtisch«, können Sie zum Perfektionisten sagen.

Das Termin- und Merksystem

Je weniger man sich merkt,
desto mehr erledigt sich von selbst

Der erfahrenste Planer ist Ihr Gehirn.
David Allen

Dass er die größte Sehenswürdigkeit der Welt auf diese Weise kennen lernen würde, war ungeplant. Der Termin 9.20 Uhr steht ausnahmsweise nicht in seinem Zeitplanbuch, aber genau der kostet ihn das Leben. Normalerweise plant er jeden Morgen den Tagesablauf auf die Minute und hält ihn pünktlich ein, den ehelichen Sex inbegriffen. »9.10–10.25 Uhr: Besichtigung Grand Canyon« steht an diesem Vormittag im Filofax des 32-jährigen Universitätsprofessors aus Kalifornien. Diesen Termin hat er pünktlich begonnen, kann ihn aber nicht mehr abhaken. Um 9.20 Uhr steht er mit seiner Ehefrau am Abgrund. Sie gibt ihm den trennenden Schubs, weil sie seine manische Pünktlichkeit, die er sogar im Urlaub an den Tag legt, nicht mehr aushält.

Zeitplansysteme sind gefährlich, vor allem, wenn sie in Gestalt eines Ringbuches daherkommen. Ein Chaot wird sofort misstrauisch, wenn er etwas über die Entstehungsgeschichte dieser Planungsinstrumente erfährt. Filofax ist das Synonym für die perfekte Zeitplanung. Viele Menschen weltweit benutzen dieses System zur Organisation ihrer beruflichen und privaten Aktivitäten. Der Vater des Gedankens ist Colonel Disney, ein britischer Offizier. Wenn das Militär ins Spiel kommt, stellen sich beim autonomen und flexiblen Menschen die Nackenhaare auf. Lesen Sie aber trotzdem weiter. Viele Erfindungen kommen nach dem Motto »Klau, schau, wem« zustande und so lernte Oberst Disney während des Ersten Weltkriegs in den USA einen Erfinder kennen, der speziell für Ingenieure und Wissenschaftler einen kleinen Ringordner mit vorgedruckten Einzelblättern entwickelt hatte. Disney griff dieses

Prinzip der Loseblattsammlung auf und entwickelte 1921, zurück in London, ein Lederringbuch, eine flexible Kombination aus Kalender, Notiz- und Adressbuch. Aus dem ursprünglichen Produktnamen »File of Facts« wurde später die griffige Kurzbezeichnung »Filofax«, die weltweite Nr. 1 für perfekte Zeitplanung. Die ersten Nutzer dieser Systeme waren Offiziere, Pfarrer und Lehrer und da klingelt es bei Ihnen schon wieder. Die größten Chaotenfresser fahren auf Filofax ab! Das Militär mit dem zwanghaften Drill und der Gleichmacherei. Die Priester und ihr Regelwerk aus Geboten und Verboten, mit dem sie lässigen Typen ein schlechtes Gewissen installieren wollen. Die Lehrer, unter ihnen genügend Chaoten, aber wehe, ein Schüler tanzt aus der Reihe und hat kreative Ideen, die im Lehrplan nicht vorgesehen sind.

Es gibt einen weiteren Grund, warum Sie einen Bogen um Ringbuchsysteme machen sollen.

Ein wesentliches Element dieser Systeme ist die »To-do-Liste«. Man muss alles aufschreiben, was zu erledigen ist, sich sozusagen ein Sündenregister erstellen. Sich jeden Tag klar machen, was noch zu tun ist, und sei es noch so unwichtig. Das ist das perfekte Instrument zur Schaffung und Pflege eines schlechten Gewissens, aber das haben wir bereits bei der Tagesplanung festgestellt. Sie haben diesen Zeitplanern schon immer ein gesundes Misstrauen entgegengebracht und nicht damit gearbeitet. Sie bedauern Ihre zwanghaften Kollegen, die Sklaven ihres eigenen Systems sind. Vor allem beobachten Sie, wie viel Zeit für die Verwaltung dieser Instrumente draufgeht. Manche Typen kommen vor lauter akribischer Kalenderverwaltung überhaupt nicht mehr zum Arbeiten. Und schon gar nicht mehr zur Pflege zwischenmenschlicher Beziehungen, weil ihnen lange To-do-Listen im Nacken sitzen.

Als chaotischer Typ könnten Sie diese Selbstversklavung und Selbstkasteiung der Ringbuchnutzer milde belächeln. Aber die Elektronik macht das Termin- und Merkwesen zum kollektiven Zwangssystem. Diese Entwicklung kann Ihnen gefährlich werden und zwingt Sie zum Einsatz von Abwehrstrategien. Die Gefahr hat einen Namen und heißt Outlook! Plötzlich haben Sie einen Terminkalender, obwohl Sie gar keinen haben wollen und bisher auch ohne ganz gut zurechtkamen. Plötzlich stehen im Kalender

Termine und Sie sollen auf Meetings erscheinen oder begründen, warum Sie ferngeblieben sind. Die Ausrede »Ich war drei Tage unterwegs und konnte meine Termine nicht checken« geht spätestens dann nicht mehr, wenn Ihnen Ihr Chef eine Schwarzbeere in die Hand drückt. Jetzt sind Sie ein Freigänger mit elektronischer Fußfessel, man kann Ihnen an jedem Ort der Welt und zu jeder Zeit einen Termin aufs Auge drücken. Ihr Chef schickt Ihnen am Sonntag um 21.30 Uhr eine E-Mail und erwartet innerhalb von zehn Minuten eine Antwort.

Wehret den Anfängen! Lassen Sie sich von der Elektronik nicht versklaven. Machen Sie Ihrem Chef klar, dass Sie ein Privatleben haben. Lassen Sie Ihr Smartphone übers Wochenende im Büro liegen. Erwartet der Chef, dass Sie übers Wochenende online sind, dann fragen Sie ihn, an welchen zwei Tage der Woche Sie dafür blau machen können. Blockieren Sie Ihren Outlook-Kalender, tragen Sie kräftig Eigentermine ein. Man soll Sie gefälligst fragen, ob Sie können und wollen, wenn man mit Ihnen einen Termin vereinbaren will. Tanzen Sie nicht nach der Pfeife anderer Menschen, bewahren Sie sich Ihren eigenen Kopf. Der reicht übrigens als persönliches Termin- und Merksystem völlig aus. Ihren Kopf haben Sie immer dabei, Ihr Gedächtnis hat eine ausreichende Speicherkapazität, einen blitzschnellen Zugriff, keine umständliche Eingabe, keinen lahmenden Akku und den Virenschutz können Sie sich auch sparen. Ihr Kopf als zentrales Termin- und Merksystem hat Sie bis heute erfolgreich durch das berufliche und private Leben geführt. Bleiben Sie dabei. Ihr Kopf bewahrt Sie vor Überlastung. Das Gedächtnis kann sich etwa sieben Elemente merken. Mehr als sieben Termine oder Aufgaben schaffen Sie sowieso nicht. Mehr brauchen Sie gar nicht behalten. Für die Posten, die Sie sich merken, aktiviert Ihr Gedächtnis einen Prioritätenautomaten und der ist wichtig für Ihre psychische Gesundheit. Wichtiges bleibt gespeichert, Unwichtiges wird automatisch vergessen. Das erspart Ihnen den Druck, dem sich die gewissenhaften Listenschreiber aussetzen, weil sie dauernd mit schlechtem Gewissen auf ihre unerledigten Aufgaben starren.

Sind Sie ein Anhänger der Zettelwirtschaft? Diesen perfektionistischen Ausrutscher dürfen Sie sich gönnen. Schließlich müssen Sie sich hin und wieder mehr als sieben Termine oder Aufgaben merken. Verwenden Sie bunte Zettel, dann sieht Ihr Arbeitsplatz gleich viel freundlicher aus. Haben Sie irgendwann nicht nur den Bildschirmrand, sondern den ganzen Monitor zugeklebt, oder hat ein pedantischer Chef etwas gegen Ihren bunten Arbeitsplatz, dann besorgen Sie sich im Baumarkt eine gehobelte Dachlatte. Bei der Länge bleiben Sie knapp unterhalb der Raumhöhe. Die Dachlatte dübeln Sie senkrecht an die Wand, neben dem Schreibtisch. Möglichst in Reichweite. Jetzt kleben Sie alle Post-it's auf die Dachlatte. Sie können sogar Prioritäten vergeben, wenn Ihr Vorbehalt gegen jede Art von Organisation nicht zu groß ist. Dazu kleben Sie die Zettel nach abnehmender Wichtigkeit auf die Latte. Das Wichtige oben, das Unwichtige unten. Wählen Sie den Abstand der Dachlatte zum Schreibtisch so, dass Sie aufstehen müssen, wenn Sie einen Zettel nach ganz oben kleben wollen. Das erspart Ihnen den Druck durch zu viele Aufgaben hoher Priorität. Durch Umkleben lassen sich Prioritäten ändern. Aufgaben, deren Priorität zu oft geändert wurde, kleben irgendwann nicht mehr und fallen herunter. Die Erfahrung lehrt, dass sich solche Aufgaben längst von selbst erledigt haben. Sogar auf den Umklebeaufwand können Sie verzichten. Die Farbe der Zettel verblasst mit der Zeit. Wenn nichts mehr auf die Dachlatte passt, entfernen Sie einfach die hellsten Zettel. Ob Sie für die Erledigung den Umklebe- oder den Verblassungseffekt nutzen, ist egal.

Hier ist ein Zusatztipp für unterwegs, wenn Ihnen weder ein Monitor noch eine Dachlatte als Zettelhalter zur Verfügung stehen, Sie Ihrem Kopf nicht trauen und Nichtraucher sind. Dann müssen Sie in die Hände spucken, aber nur in die Teilfläche einer Hand. Dort befeuchten Sie die Kugelschreiberspitze und schreiben die Merkposten auf die Handinnenfläche. Aber was erzähle ich Ihnen, dieses geniale Merksystem nutzen Sie vermutlich bereits seit Ihrer Schulzeit. Als Raucher brauchen Sie nicht in die Hände spucken. Nutzen Sie die Zigarettenschachtel als Notizblockersatz für unterwegs. Rauchen schützt Sie vor Arbeitsüberlastung. Jedes Mal, wenn Sie eine leergerauchte Schachtel wegwerfen, hat sich einiges von selbst erledigt.

Der Kopf ist Ihr zentrales Merksystem und das ist gut für Ihre geistige Fitness. Die müssen Sie sich erhalten und dazu kognitive Rücklagen auf Ihrem Gehirnkonto bilden. Unternehmen Sie nichts, nimmt Ihr Gehirnkapital nach und nach ab. Früher hat man gemeint, das Gehirn verliere mit der Zeit die Fähigkeit zum Lernen. Heute weiß man, dass auch im Gehirn älterer Menschen neue Nervenzellen entstehen können, man also unabhängig vom Alter sein Hirnkonto auffüllen kann. Das erklärt sehr anschaulich der Göttinger Hirnforscher Gerald Hüther in seiner »Bedienungsanleitung für ein menschliches Gehirn«.[20] Der Gedächtnisforscher Siegfried Lehrl von der Universität Erlangen empfiehlt sieben Maßnahmen zum Erhalt der geistigen Fitness, von denen man möglichst viele praktizieren soll.[21] Und wieder sind Sie automatisch auf der sicheren Seite und können so weitermachen wie bisher, weil Sie die sieben Gehirnfitmacher schon immer beherzigen:

1. *Intellektuelle Herausforderungen suchen.* Sie sollen Ihr Gehirn fordern. Das geschieht jedes Mal, wenn Sie sich etwas im Kopf merken. Haben Sie es vergessen, müssen Sie eine Ausrede suchen, auch das erfordert Köpfchen. Auf solche Herausforderungen verzichtet der organisierte Mensch leichtfertig und braucht sich nicht zu wundern, wenn sein Gehirn langsam einrostet.

2. *Sozial aktiv bleiben.* Damit verbringen Sie einen großen Teil Ihrer Arbeitszeit. Kontaktfreudig, wie Sie sind, fällt Ihnen das überhaupt nicht schwer.

3. *Mehr bewegen.* Ihre Networking-Aktivitäten halten Sie auf Trab. Bezahlte Betriebsrundgänge sorgen für einen fitten Kreislauf. Im Zusammenhang mit dem Wehrdienst wurde in einer schwedischen Studie die körperliche und geistige Leistung junger Männer untersucht. Je höher die Ausdauerleistung war, desto größer waren auch das Sprachvermögen, die räumliche Vorstellungskraft, das mathematisch-technische Denkvermögen und das logische Denken. Die Forscher meinen, dass ein gut trainiertes Herz-Kreislauf-System wichtige Stoffe auf einem hohen Niveau zum Gehirn transportieren kann. Um die Ausdauerleistung zu erhöhen, empfehlen sie Nordic Walking, Skilanglauf,

Radfahren, schwimmen oder ganz einfach, mehrmals pro Woche zügiges Laufen. Offensichtlich sind Sie auch bei diesem Gehirnfitmacher gut unterwegs!

4. *Sich vernünftig ernähren.* Dazu gehört regelmäßiger Fischkonsum und der Genuss von Obst und Gemüse. Aber auch Kaffee kann gut tun: Männer, die drei Tassen Kaffee pro Tag tranken, hatten in einer Studie des niederländischen Nationalinstituts für öffentliche Gesundheit die geringsten Anzeichen eines Rückgangs kognitiver Funktionen. Die Erklärung für diesen Effekt liefern Tierstudien. Sie ergaben, dass das im Kaffee enthaltene Koffein auf den Adenosin-Rezeptor wirkt, der Einfluss auf das Gedächtnis hat. Auch hier liegen Sie richtig, schließlich fällt bei den vielfältigen sozialen Kontakten öfter ein Kaffee für Sie ab.

5. *Stress reduzieren.* Sie nehmen die Dinge nicht so ernst und lassen sich nicht so schnell unter Druck setzen. Durch diese Darstellung des chaotischen Zeitmanagements plagen Sie jetzt auch keine Zweifel mehr, ob Sie mit Ihrem lockeren Arbeitsstil richtig oder falsch liegen. Sie lassen sich von der bürokratischen Front nicht mehr irritieren oder gar einschüchtern.

6. *Schlafqualität erhöhen.* Das schaffen Sie nicht, da haben Sie ein Problem. Ihre Schlafqualität ist aufgrund des geringen Stresspegels optimal und nicht steigerungsfähig.

7. *Medizinische Probleme behandeln lassen.* Vor allem Depressionen sind ein häufiger Grund für kognitive Beeinträchtigungen. Sie sind ein lockerer, unbekümmerter Zeitgenosse. Sie quälen keine Zukunftssorgen. Sie leben im Hier und Jetzt. Mit der Zukunft beschäftigen Sie sich erst, wenn sie vorbei ist. Sie sind weit davon entfernt, depressiv zu werden. Auch dafür sind die Anregungen für die Gestaltung Ihres Zeitmanagements hilfreich.

Nehmen Sie Ihre sozialpolitische Verantwortung ernst!

Mit dem Merksystem Kopf bewahren Sie sich Ihre geistige Fitness. Das ist nicht alles. Ihr unterperfektes Termin- und Merkwesen trägt zum Erhalt unseres Sozialsystems bei. Würde es nur gewissenhafte Perfektionisten mit gnadenlos funktionierendem Erinnerungssystem geben, bräuchte es kein Mahnwesen. Aber gerade in diesem Arbeitsfeld finden Menschen mit zwanghaften Tendenzen ihre Erfüllung. Ist Ihnen bewusst, was Sie anrichten, wenn Sie aus eigenem Antrieb Rechnungen bezahlen, ohne auf die erste Mahnung gewartet zu haben? Sie gefährden Arbeitsplätze! Zusätzlich verschwenden Sie Ihre eigene Zeit, kümmern sich um die Einhaltung von Terminen, obwohl diese Aufgabe bereits andere Leute für Sie übernommen haben.

Worauf Chaoten achten müssen und was sie von Perfektionisten lernen können

Ihr pfiffiges Zeitmanagement ist die richtige Antwort auf die chaotische Welt. Aber nur, solange Sie nicht übertreiben. Bleiben Sie chaotisch, aber werden Sie nicht konfus, das wäre zu viel des Guten. Hinter konfus lauert gestört. Dort verschwistert sich der Oberchaot mit dem Überperfektionisten und auf diese Gesellschaft können Sie verzichten, weil beide nichts auf die Reihe bringen. Der eine ist nicht berechenbar und der andere in seiner Zwanghaftigkeit erstarrt. Verbünden Sie sich besser mit den Normalperfekten. Von denen können Sie lernen. Oder ist Ihr Chaos etwa schon perfekt?

Die entwertende Übertreibung
Lieber nicht ganz so lässig als zu konfus

Wenn Sie sich in einer Grube wiederfinden,
sollten Sie aufhören zu graben.
Will Rogers

Ihr ängstlicher Kollege bereitet sich seit drei Tagen auf die Präsentation vor. So etwas improvisieren Sie eine Stunde vor dem
Auftritt. Sie telefonieren spontan mit einem Kunden und haben
längst aufgelegt, wenn die ordentliche Kollegin noch an ihrem
Gesprächsleitfaden feilt. Sie sagen:»Brauchbar ist besser als perfekt«, und schicken die Mail ab, da sind perfekte Typen noch beim
Umformulieren. Ihre braven Kollegen jammern über die Zeitverschwendung durch sinnlose Meetings, Sie gehen einfach nicht hin.
Wenn Pedanten gegen Feierabend noch ihre Schreibtische aufräumen, sind Sie längst daheim.

Mit Ihren chaotischen Qualitäten kommen Sie locker und zeitsparend über die Runden. Sorgen Sie dafür, dass es so bleibt. Hüten
Sie sich vor der entwertenden Übertreibung. Sonst wird Ihre flexible Tugend zur konfusen Untugend und Sie stehen sich selbst im
Weg. Ab und zu geht etwas schief, das können Sie nicht vermeiden.
Nur wer nichts tut, macht keine Fehler. Sie sollten aber nicht zu oft
die gleichen Fehler machen. Ihre Umwelt ist Ihnen nicht immer
freundlich gesonnen. Einige Leute haben etwas gegen Ihre Lockerheit. Hinten herum nennt man Sie »Messie«. Mit diesem Vorurteil
werden wir gleich aufräumen, sonst glauben Sie am Ende selbst
daran. Die Kolleginnen und Kollegen, die selbst nicht vorankommen, verwechseln Ihre Dynamik mit Hektik. Ein Amateurpsycho-
loge unter ihnen will sogar wissen, dass Sie das ADHS-Syndrom
plagt. Hat er vielleicht recht? Das müssen wir aufklären. Ab und
zu kippt Ihre Lässigkeit ins Konfuse und Sie nerven Eltern, Partner, Lehrer, Kollegen oder Chefs. Nicht jeder muss überangepasst

und pflegeleicht sein. Den normalen Rahmen sollten Sie aber nicht sprengen, sonst erklärt man Sie für verrückt. Und jetzt werden wir uns nacheinander mit der Fehlerkultur, dem Messie, dem Zappelphilipp und dem Persönlichkeitsgestörten beschäftigen, damit Sie wissen, wo das normale Chaos endet und die entwertende Übertreibung beginnt.

	Perfektionisten	Chaoten
Tugend	geplanter Typ	flexibler Typ
Untugend (zu viel des Guten)	zwanghafter Typ	konfuser Typ
		passiv-aggressive Persönlichkeitsstörung

Fehleranfälligkeit als Wettbewerbsvorteil

Sie produzieren genug Fehler. Bei Ihnen geht öfter etwas schief. Das haben Sie den Perfektionisten voraus. Die vermeiden Fehler, wo es geht. Das ist ihr größter Fehler. Sie können aus Fehlern nicht lernen, weil sie keine machen. Sie versauen sich mit ihrer Null-Fehler-Strategie die schnellste und effektivste Art der persönlichen Weiterentwicklung. Da besitzen Sie einen entscheidenden Wettbewerbsvorteil. Aus dem können Sie mehr machen. Machen Sie weiterhin genug Fehler, aber tun Sie etwas, was Sie bisher vermieden haben: Lernen Sie daraus!

- Sie sind stolz auf Ihre Improvisationsfähigkeit. Oder hätten Sie dieses Mal besser geplant und wir hätten keinen Produktionsstillstand?
- Sie sind ein begnadeter Krisenmanager. Oder taumeln Sie von einer selbstverschuldeten Krise in die andere?
- Sie sind ein nervenstarker Deadline-Worker. Oder sind Ihre Kollegen sauer, weil sie dauern helfen müssen, Brände zu löschen, die Sie gelegt haben?
- Sie sind stolz auf Ihr Gedächtnis. Oder ist der Patentschutz abgelaufen, weil Sie den Verlängerungstermin verschlafen haben?
- Sie sind ein kontaktfreudiger Networker. Oder nennt man Sie hinter dem Rücken einen Dummschwätzer?
- Sie sind spontan und flexibel. Oder verzetteln Sie sich total und bekommen überhaupt nichts auf die Reihe?
- Sie sind kein angepasster Jasager. Oder haben Sie sich gerade beim Chef die vorletzte Abmahnung wegen Arbeitsverweigerung abgeholt?
- Sie gehen selbstbewusst Ihren eigenen Weg. Oder sind Sie für die Kollegen ein nicht teamfähiger Eigenbrötler?
- Sie besitzen ein sicheres Auftreten bei absoluter Ahnungslosigkeit, und das hat Sie schon oft gerettet. Oder entlarvt man Sie irgendwann als Blender?
- Sie leben unbekümmert im Hier und Jetzt. Oder verspielen Sie gerade die Zukunft, weil Sie zum zweiten Mal durch die Prüfung fallen und die Prüfungsordnung einen dritten Versuch nicht vorsieht?
- Sie sparen viel Zeit mit Ihrem Arbeitsmotto »Gut ist gut genug«. Oder wird gerade der Frühjahrskatalog eingestampft, weil Sie den Druckfehler auf dem Titelblatt übersehen hatten?
- Sie verschwenden keine Zeit für die Ablage. Oder sieht Ihr Schreibtisch in den Augen des Chefs nicht mehr wie ein Abenteuerspielplatz aus, sondern wie eine Müllhalde? Hält er Sie für einen Messie?

Perfektionisten legen Wert auf einen aufgeräumten Arbeitsplatz. Ein steriler Schreibtisch ist ihr ganzer Stolz. Sehen sie das kreative Durcheinander auf Ihrem Schreibtisch, dann heißt es: »Da sitzt ein Messie! Der müsste dringend ausmisten und aufräumen!« Das stimmt! Wer so einen Blödsinn redet, müsste dringend mit seinen Vorurteilen aufräumen. Wer Sie mit einem Messie verwechselt, hat keine Ahnung. Ihr chaotischer Schreibtisch ist der beste Beweis für Ihren Status als Nichtmessie. »Mess« bedeutet auf Englisch ein wüstes Durcheinander, Unordnung, Schmutz und Dreck. Messies nennt man Menschen, die von der Vermüllung und Verwahrlosung bedroht sind. Ihr Drama findet nicht öffentlich statt, sondern im Verborgenen, nicht am Arbeitsplatz, sondern zuhause. Es handelt sich überwiegend um Single-Haushalte und die Betroffenen sind zu über 80 Prozent weiblich. Die Ursachen sind vielfältig, der Ausgangspunkt ist nicht selten ein Schicksalsschlag, der Verlust von Partner, Kind oder Arbeitsplatz. Die Leute sind unfähig, den traumatischen Verlust aufzuarbeiten. Sie sind gelähmt, haben den Alltag nicht mehr im Griff, verschieben notwendige Dinge auf morgen, bis sie den Überblick verlieren, haben zunehmende Probleme, Ordnung zu halten, kompensieren die empfundene Leere durch einen krankhaften Sammelzwang. Betroffen sind auch alleinerziehende Mütter, denen die Mehrfachbelastung durch Beruf, Kinder und Haushalt über den Kopf wächst und die schließlich vor den übergroßen Anforderungen kapitulieren. Die Ursachen können in der Persönlichkeitsstruktur liegen. Manche Menschen lähmt ein übersteigerter Perfektionismus. »Weil sie nicht in der Lage sind, die Wohnung perfekt aufzuräumen, empfinden sie es als sinnlos, überhaupt damit zu beginnen«, sagt ein Kenner der Szene. Irgendwann ist der Haushalt so unordentlich, dass man nicht mehr weiß, wo man anfangen soll, und langsam versinkt alles im Chaos. Je mehr sich die Wohnung füllt, desto weniger private Kontakte gibt es. Man hat Angst vor der Entdeckung, lässt niemanden mehr in die Wohnung und zieht sich aus dem Bekanntenkreis zurück. Messies leiden unter ihrem Chaos, ihr Saustall ist ihnen peinlich, aber sie schaffen es nicht, etwas dagegen zu unternehmen. Manchmal zieht ein Vermieter die Notbremse, wenn sich bei extremer Vermüllung und Verwahrlosung Nachbarn über Gerüche verrotteter Lebensmittel im Treppenhaus beschweren. Dann helfen gemeinnützige Initiativen im Auftrag des Sozialamtes beim Aufräumen oder professionelle Aufräumdienste und Entrümpelungsfirmen gehen ans Werk. Seit einigen Jahren finden die Betroffenen Unterstützung in Selbsthilfegruppen der »Anonymen Messies«.

Jetzt haben wir mit dem Messievorurteil aufgeräumt. Das Messiedrama spielt sich im Verborgenen ab. Ihr für jeden sichtbares Chaos am Schreibtisch zeigt, dass Sie kein Messie sind. Von wegen schämen und leiden, Sie fühlen sich in Ihrem Chaos pudelwohl und haben keinerlei Anlass, diesen Zustand zu ändern. Und überhaupt ist Ihr vermeintliches Chaos gar keines, weil sich dahinter eine unsichtbare Ordnung verbirgt, wie wir im Schreibtischkapitel festgestellt haben.

Vom ADHS zum ADS

Beklagen sich Kollegen über Ihren sprunghaften, unberechenbaren Arbeitsstil? Stehen Sie mit Organisation und Planung total auf dem Kriegsfuß? Kommen Sie mit Ihrer Zeit überhaupt nicht klar? Leiden Sie unter Unaufmerksamkeit, Impulsivität und innerer Unruhe? Eine Besonderheit im Bereich Ihrer Hirnfunktionen könnte dafür verantwortlich sein, und Sie wären ein Fall für den ADS-Experten. Der würde Sie als Erstes fragen, ob Sie ein auffälliges Kind waren, ein Zappelphilipp. Ob Sie den größten Teil Ihrer Kindheit mit Herumrennen verbrachten, auf jedem verfügbaren Tisch und Stuhl herumgeturnt sind, den Klassenclown gespielt und Lehrer in die Verzweiflung getrieben haben. Zweitens wird er Ihnen sagen, dass es Ihre Eltern versäumt haben, einen ADHS-Experten zu konsultieren. Weil Ihr Aufmerksamkeits-Defizit-Hyperaktivitäts-Syndrom weder erkannt noch erfolgreich behandelt wurde, ist drittens Ihr Leben als Erwachsener nachhaltig beeinflusst. Einen Trost gibt es für Sie. Als Erwachsener leiden Sie nur noch unter dem ADS-Syndrom. Die Hyperaktivität hat sich beruhigt, Sie rennen nicht mehr dauernd umher und haben inzwischen kapiert, dass man nicht auf jeden Stuhl hinaufspringen muss, sondern Stühle auch zum Sitzen da sind. Leider bleibt Ihnen das Defizit im Bereich der Aufmerksamkeit. Dafür sorgt vermutlich eine neurobiologische Besonderheit der Informationsverarbeitung. Ihr Gehirn springt nur auf neue, interessante oder als spannend empfundene Reize an. Ansonsten schaltet es auf Standby. Jetzt brauchen Sie sich nicht mehr wundern, dass Ihnen langes Zuhören schwer fällt, Ihnen lange Sitzungen und Besprechungen zur Qual werden. Dass Sie Aufgaben mit wenig Abwechslung durch Flüchtigkeitsfehler anreichern. Vielleicht redet Ihr langatmiger Gesprächspartner kürzer, wenn er merkt, dass Sie nicht mehr zuhören. Vielleicht dauern Besprechungen nicht mehr endlos, wenn Sie Ihr Unbehagen signalisieren. Vielleicht gibt man Ihnen keine langweiligen Aufgaben mehr. Problematischer ist die mit dem ADS-Syndrom verbundene Störung der Selbstregulation. Jede Ablenkung bringt Sie von Ihrem ursprünglichen Vorhaben ab. Ihnen fehlt die Fähigkeit, innezuhalten und nachzudenken, bevor Sie handeln. Sie plagt eine innere Unruhe und Rastlosigkeit, Sie können sich schlecht entspannen. Ihnen fällt schwer, in Warteschlangen zu stehen, Verspätungen zu akzeptieren oder im Restaurant länger auf das Essen zu warten. Da neigen Sie zu plötzlichen Wutanfällen und benehmen sich daneben.

Jetzt sollen aber die positiven Seiten des ADS nicht unterschlagen werden: hohe Flexibilität, Offenheit für Neues, ein Händchen für ungewöhnliche Lösungen, eine gute Auffassungsgabe, die Fähigkeit, an mehreren Aufgaben gleichzeitig zu arbeiten, ohne den Überblick zu verlieren.[22] Suchen Sie sich einen Beruf, der mit viel Abwechslung und wenig Organisation verbunden ist. Verbünden Sie sich mit Leuten, denen Ihre positiven ADS-Talente fehlen, die aber gut planen und organisieren können. Das heißt »Andocken« und am Ende des letzten Kapitels erfahren Sie mehr dazu.

Die Persönlichkeitsstörung mit dem verrückten Namen

Hinter konfus wartet verrückt. Dort könnten Sie landen, wenn Sie im Test des dritten Kapitels 40 Punkte »gerissen« haben. Möglicherweise ist eine Persönlichkeitsstörung dafür verantwortlich, dass Sie nichts auf die Reihe bekommen und mit der Umwelt im

Clinch liegen. Passiv-aggressive Persönlichkeitsstörung ist die konfuse Bezeichnung für dieses Krankheitsbild. »Passiv« und »aggressiv« passt ja wirklich nicht zusammen. Oder doch? Jeder vergisst ab und zu etwas, neigt manchmal zu Ausflüchten oder startet Verzögerungsmanöver. Wird das Vergessen, das Trödeln, die Suche nach Ausreden zum Regelfall, wird der Widerspruch zur Kunstform, dann haben wir es mit einer Störung zu tun. Solche Leute schädigen sich selbst, neigen zum häufigen Berufswechsel und provozieren ihren beruflichen Abstieg. Sie verachten Autoritätspersonen, fliehen aus Anforderungen, torpedieren Erwartungen, machen den anderen einen Strich durch die Rechnung. Sie werden mürrisch, reizbar und streitsüchtig, wenn von ihnen etwas verlangt wird, was sie nicht tun wollen. Sie fühlen sich frustriert, weil das Leben nichts Besseres für sie bereithält. Ihre aggressiven Gefühle drücken sie eher auf eine bedeckte, passive Weise aus, durch oppositionelles Verhalten. Sie leisten passiven Widerstand gegen alle Forderungen nach angemessenen Leistungen im beruflichen und zwischenmenschlichen Bereich. Sie fühlen sich vom Leben betrogen, weil es ihnen nichts Besseres beschert hat, aber schuld sind die anderen. Jetzt ist klar, was passiv-aggressiv meint. Sind Sie gefährdet? Oder bereits umgekippt?

Ein Psychiater stellt die Diagnose »krank«, wenn mindestens fünf der folgenden neun Kriterien erfüllt sind.[23] Ein Mensch mit passiv-aggressiver Persönlichkeitsstörung

1. startet Verzögerungsmanöver und schiebt Dinge so lange auf, bis Termine geplatzt sind.

2. ist mürrisch, reizbar, streitsüchtig, wenn er nicht tun will, was von ihm verlangt wird.

3. arbeitet vorsätzlich langsam und erledigt Arbeit schlecht, die er nicht tun will.

4. beschwert sich grundlos wegen angeblich unsinniger Forderungen.

5. behauptet, Dinge vergessen zu haben, die er nicht tun will.

6. glaubt besser zu sein, als alle meinen.

7. nimmt gut gemeinte Vorschläge zur Arbeitsverbesserung übel.

8. sabotiert die Arbeit anderer, indem er seinen Beitrag nicht leistet.

9. reagiert mit übermäßiger Kritik oder Verachtung auf Autoritätspersonen.

Es ist besser, wenn Sie höchstens vier Mal zustimmen. Weil Sie sonst professionelle Hilfe benötigen. Und dann müssen Sie erst mal den richtigen Helfer finden. Haben Sie den gefunden, nützt es Ihnen wieder nichts. Weil Ihnen die Einsicht in das eigene Fehlverhalten fehlt. Schuld sind ja die Anderen. Die Therapie würde sowieso scheitern. Weil für Sie der Therapeut zur Gattung der abgelehnten Autoritäten gehört. Sie treiben den hilflosen Helfer in den Wahnsinn. Dann gibt es einen Gestörten mehr.

Sie haben drei Chancen: Hat Sie die Störung bereits im Griff, suchen Sie sich auf der Welt ein Betätigungsfeld, wo Sie als Revolutionär Karriere machen können. Oder Sie erklären sich für normal und die Normalen für verrückt. Ist es wirklich normal, wenn man immer tut, was von einem verlangt wird? Ist es normal, wenn man Autoritätspersonen achtet und kritiklos hinnimmt, was sie von sich geben und von einem wollen? Ist es normal, wenn man tut, was von einem verlangt wird, obwohl man es eigentlich nicht tun will? Die dritte und beste Lösung: Sie gehen der passiv-aggressiven Störung aus dem Weg. Mit Hilfe des nächsten, letzten Kapitels. Dazu bilden Sie eine Seilschaft mit Ihrer perfekten Geschwistertugend. Und stürzen nicht ab, sondern bleiben im Seil hängen.

Das optimale Zeitmanagement

Wie man das Chaos perfekt macht

Ich brauche Ordnung um mich herum,
denn ich sprühe nur so vor Ideen.
Ich will am liebsten alles gleichzeitig und sofort machen.
Ohne Ordnung würde ich untergehen.

Veronica Ferres

Sie sind ein überraschungskompetentes, unterorganisiertes, kreativ-chaotisches Teilkunstwerk. Sie bringt so schnell nichts aus der Fassung. Das Unvorhergesehene bewältigen Sie mit links. Beim Krisenmanagement laufen Sie zur persönlichen Hochform auf. Wo andere umständlich planen, improvisieren Sie schnell. Sie betreiben keinen Organisationsaufwand. Das spart mehr Zeit, als Sie das gelegentliche Suchen kostet. Unter Zeitdruck blühen Sie auf. Sie können sich darauf verlassen, dass Ihnen immer eine rettende Idee einfällt. Sie bleiben stets locker und ungestresst. In Ihnen steckt aber mehr. Sie haben das Zeug zum Gesamtkunstwerk! Bisher sind Sie von Kopf bis Fuß auf Chaos eingestellt. Damit schöpfen Sie Ihre Möglichkeiten nur zum Teil aus. »In der Regel sind Menschen und Organisationen dann in Topform, wenn sie für sich einen interessanten Mix aus Chaos und Ordnung gefunden haben« (S. 216).[24] Sie finden den richtigen Mix, wenn Sie eine Schnupperlehre bei den Perfektionisten absolvieren. Das fällt Ihnen nicht schwer, flexibel wie Sie sind. Überwinden Sie Ihre Selbstbezogenheit, bauen Sie Vorurteile gegenüber Ihren perfekten Schwestern und Brüdern ab. Sie können nur gewinnen. Keine Angst, Sie sollen kein Perfektionist werden. Bewahren Sie sich Ihre chaotischen Stärken, aber ergänzen Sie Ihr Verhaltensrepertoire durch geplante Elemente. Dann winkt Ihnen doppelter Gewinn: Sie minimieren die Nachteile Ihres Chaotentums und eröffnen sich Chancen für ein persönliches Wachstum.

- Bereits eine geringe Erhöhung Ihres Planungs- und Organisationsgrades verringert die Gefahr der entwertenden Übertreibung. Die Orientierung an der perfekten Geschwistertugend bewahrt Sie vor dem Umkippen in konfuse Verhaltensweisen. Sie vermeiden einige negative Auswirkungen des chaotischen Zeitmanagements.
- Die Erweiterung des Verhaltensrepertoires durch perfekte Anteile erhöht Ihre Situationskompetenz. Es gibt Situationen, wo planen besser ist als improvisieren.
- Der größte Vorteil wird sein, wenn Sie Ihre kreative Stärke besser ausschlachten. Sie sprühen nur so vor Ideen. Aber was machen Sie daraus? Vielleicht sind Sie dem Irrtum aufgesessen, Strukturen und Ordnungen wären kreativitätsfeindlich. Kreativität will organisiert sein, sonst kommt nichts dabei heraus.
- Ist Ihnen aber das Perfekte nicht geheuer und verspüren Sie keinerlei Lust, irgendwelche ordentlichen Elemente in Ihr Verhaltensrepertoire aufzunehmen, dann bleiben Sie einfach so chaotisch, wie Sie sind. Ich verrate Ihnen ganz zum Schluss eine Möglichkeit, wie Sie Ihr Chaos perfekt machen können, ohne sich zu verbiegen.

Ein bisschen Perfektion verhindert die große Konfusion

Wie finden Sie den richtigen Mix aus chaotisch und perfekt? Reichern Sie Ihren chaotischen Stil mit perfekten Elementen an. Das fällt Ihnen umso schwerer, je chaotischer Sie sind und je nötiger Sie es deshalb haben. Beginnen Sie dort, wo Sie die größten Pleiten erleben. Beim nächsten Problem haken Sie ein. Das Flugzeug nimmt Sie nicht mit, Sie haben den Reisepass vergessen. Schreiben Sie sich für die nächste Reisevorbereitung eine kleine Checkliste. Ihr neues Auto passt nicht in die Garage, weil Sie das alte wegen des unauffindbaren Kfz-Briefes nicht verkaufen können. Installieren Sie das Noguchi-Ablagesystem (Näheres dazu im Schreibtisch-Kapitel), stecken Sie den neuen Kfz-Brief in die erste Tüte. Dann werden Sie zumindest das neue Auto irgendwann wieder los. Reservieren Sie eine zweite Noguchitüte für die Steuerquittungen, dann verschenken Sie dieses Jahr kein Geld. Auf dem Friedhof fällt Ihnen als Ver-

einsvorstand beim Nachruf der Name des verstorbenen Ehrenmit-
glieds nicht ein. Schreiben Sie sich bei der nächsten Beerdigung
den Namen des Verstorbenen mit Kugelschreiber auf die Handinnenfläche. Gehen Sie bei Ihren perfekten Gehversuchen vorsichtig vor. Werden Sie ein bisschen perfekter und hören Sie auf, bevor es weh tut.

Situationskompetenz verbessern

Sie haben einen Termin beim Kunden. In einer halben Stunde
müssen Sie los. Jetzt schnell noch die Unterlagen zusammenstellen, ein paar Seiten kopieren und alles in den Aktenkoffer werfen. Die Zeit reicht gerade noch. Schließlich sind Sie ein begnadeter Deadline-Worker, und erledigen alles zeitsparend auf den
letzten Drücker. Auf das Kundengespräch bereiten Sie sich nachher während der Fahrt vor. Dann stürzt der Kopierer ab und der
Kopierer in der Nachbarabteilung ist zerlegt, wird gewartet. Ihr alter Freund steht in der Tür, er ist auf der Durchreise und möchte
ein Tässchen Kaffee mit Ihnen trinken. Wenn Sie nachher mit den
unvollständigen Unterlagen losrasen, ohne eine halbe Stunde Zeit
für den unangemeldeten Besucher gehabt zu haben, stehen Sie garantiert im Stau. Erscheinen Sie dann verspätet beim Kunden, hat
der leider keine Zeit mehr für Sie. Seien Sie weiterhin stolz auf Ihr
hoch entwickeltes chaotisches Potenzial. Seien Sie sich aber auch
über eines klar: Je besser man auf einem Gebiet wird, desto eher
lässt man ein Feld möglicher Chancen zurück. Sie kommen flexibel mit überraschenden Situationen zurecht, aber ohne zeitlichen
Spielraum haben Sie manchmal keine Chance. Versuchen Sie es
das nächste Mal mit einer kleinen perfekten Anleihe, mit einem
Zeitpuffer. Stellen die Unterlagen ein Stündchen vor der Abreise
zusammen. Dann bleibt ein zeitlicher Spielraum für Überraschungen. Aber vermutlich sucht Sie dann niemand heim, der Kopierer
funktioniert, weit und breit kein Stau, und Sie sind unpünktlich
beim Kunden – viel zu früh.

»Man muss noch Chaos in sich haben, um einen tanzenden Stern zu gebären«, sagt Nietzsche. Chaos haben Sie genug in sich. Aber kommt auch etwas dabei heraus? Tanzt eine verwertbare Idee ans Licht der Welt? Eine Ihrer Hauptstärken ist Ihre Kreativität. Sie sind ein Meister des divergenten Denkens. Ihr Denken geht auseinander wie ein Hefeteig und darauf kommt es an, wenn man kreativ sein will. Kreativität heißt »Klau, schau, wem«. Die Kunst besteht darin, Altbekanntes neu zu kombinieren. Kreativität ist eine Art Schrottkunst. Nehmen Sie Ihr wichtigstes Arbeitsinstrument, den Post-it-Zettelblock. Alle Bestandteile dieser genialen Erfindung waren vorhanden und bekannt. Das Papier haben die Chinesen bereits vor zweitausend Jahren erfunden. Papier aufeinanderlegen ist auch nicht neu. Klebstoff hält die Welt schon immer zusammen. Jetzt muss nur einer kommen, der einen Papierstapel mit einem schlechten Klebstoff zusammenkleistert und schon hat die Firma 3M ein geniales Produkt in der Pipeline. Der kreative Akt besteht im Aufspüren der verwertbaren Altteile und in der originellen Neukombination. Beide Talente besitzen Sie. Für das Aufspüren brauchen Sie das divergente Denken. Das hat drei Dimensionen, erstens die Flüssigkeit. Aus Ihnen sollen möglichst viele Ideen heraussprudeln, aus denen Sie neue Kombinationen entwickeln können. Zweitens die Flexibilität, die Fähigkeit, möglichst viele unterschiedliche Ideen zu produzieren. Sie müssen viele verschiedene Bereiche abgrasen, um etwas zu finden, was Sie für Ihr Problem ausschlachten können. Drittens die Originalität, die Ideen müssen selten sein, gängige Ideen hat schließlich jeder Dummkopf. Bei der flüssigen, flexiblen und originellen Ideenproduktion sind Sie top. Ihnen geht jedoch die Luft aus, wenn das konvergente Denken gefragt ist. Wenn es darum geht, aus den vielen Ideen etwas zu machen, auf den Punkt zu kommen. Die guten Ideen von den schlechten zu unterscheiden, die lösbaren Probleme von den unlösbaren. Sind Sie auf den Punkt gekommen, sind verwertbare Ideen herausgekommen, muss etwas daraus entstehen. Es gibt nichts Gutes, außer man tut es. Sind Sie als Gagschreiber für einen Fernsehunterhalter engagiert, reicht es nicht, wenn in Ihrem Kopf viele Sterne tanzen. Die Mail mit Ihren Gags muss zur

124

vereinbarten Deadline bei der Redaktion sein, sonst sind Sie weg vom Fenster.

Wollen Sie als Erfinder, Architekt, Journalist, Schriftsteller oder freier Künstler durchs Leben gehen, brauchen Sie nicht nur Ideen, sondern auch Organisation und Disziplin. Schade, wenn ein anderer vor Ihnen beim Patentamt ist. Wenn Sie keinen Wettbewerb gewinnen, weil Sie nie an einem teilnehmen oder weil es wegen Ihrer unvollendeten Diplomarbeit gar nicht zum Architekten gereicht hat. Wenn es mit dem Bestsellerautor nichts wird, weil der Jahrhundertroman Ihren Kopf nicht verlässt. Hier sind die 13 Zeitmanagement-Gebote für kreative Chaoten:[25]

1. *Geben Sie Ihrer Kreativität erste Priorität.* Das fällt Ihnen leicht. Sie haben schon immer alles stehen und liegen lassen, wenn Sie etwas anderes interessiert hat. Praktizieren Sie das künftig bewusst, dann sagen die Perfektionisten Zeitmanagement dazu. Stecken Sie nämlich mit beiden Ohren im Tagesgeschäft, werden Sie nie einen tanzenden Stern gebären. Schaffen Sie sich Zeitblöcke für die ungestörte, ausschließliche Beschäftigung mit Ihrem kreativen Thema.

2. *Praktizieren Sie ein effektives Störungsmanagement.* Ohne Störungsmanagement funktioniert kein Zeitmanagement. Verteidigen Sie die freigeschaufelte Zeit. Lassen Sie sich von nichts und niemandem unterbrechen. Gehen Sie völlig heraus aus dem Reaktionsmodus und voll in den selbstbestimmten Aktionsmodus. Ignorieren Sie alle ankommenden Mails. Leiten Sie Ihr Telefon in ein leeres Besprechungszimmer um. Nehmen Sie den Akku aus Ihrem Handy.

3. *Sperren Sie sich ein und die anderen aus.* Sie brauchen einen kreativen Ort, zu dem niemand Zutritt hat. Goethe installierte sein Arbeitszimmer im Hinterhaus. Völlig abgeschirmt. Nur sein Schreiber hatte Zutritt, ausnahmsweise engste Freunde. Ehefrau Christiane hielt ihm unerwünschte Besucher vom Hals. Vom Treiben im Vorderhaus hat er nichts mitbekommen. Der Hausgarten vor seinem Fenster trug zur Ruhe beim Arbeiten bei. Er ermüdete nicht schnell. Bei einer Arbeit, die er liebte, konnte er sich stundenlang konzentrieren.[26] Manche Schriftsteller mieten sich ein Appartement, das sie nur zum Schreiben aufsuchen, weg vom Familienbetrieb. Es gibt eine Ausnahme.

Haben Sie Ihr Schreibhandwerk in einer lauten Redaktions-
stube gelernt, fällt Ihnen in einem ruhigen Hotelzimmer kein
druckreifer Satz ein. Dann setzen Sie sich mit dem Laptop in
die laute Hotellobby und konzentrieren sich nicht trotz des Um-
gebungslärms, sondern wegen ihm.

4. *Blockieren Sie den Notausgang.* Sind Sie die externen Störungen
los, drohen nur noch die eigenen, inneren Störungen, die eigene
Ablenkungsbereitschaft und die Fluchttendenz. Sie fangen an,
Ihren Schreibtisch aufzuräumen, putzen Fenster, blättern durch
Fachzeitschriften, surfen im Internet. So geht es nicht! Räumen
Sie Ablenkungsmedien weg. Verbauen Sie sich alle Fluchtziele.
Setzen Sie die Nichts-anderes-tun-Technik ein. Sagen Sie laut
»Nein«, wenn Ihnen eine Idee zum »Ausbüchsen« kommt.

5. *Sorgen Sie für einen hohlen Kopf.* Quälen Sie Gedanken wegen
der vielen unerledigten Aufgaben, bleibt im Kopf kein Raum
für kreative Ideen. Nutzen Sie ausnahmsweise das Prinzip der
Schriftlichkeit und treiben Sie einen für Sie ungewohnten Organisationsaufwand. Schreiben Sie jede Idee, die Ihnen einfällt,
aber nichts mit Ihrem kreativen Projekt zu tun hat, auf einen
Post-it-Zettel. Kleben Sie ihn irgendwo hin, wo Sie ihn nicht
sehen. Aus den Augen, aus dem Sinn! Hauptsache, Sie denken
nicht mehr daran. Finden Sie den Zettel später nicht mehr, ist es
auch egal.

6. *Verschieben Sie alles andere auf morgen.* Alles, was zu tun ist,
aber nichts mit dem kreativen Thema zu tun hat, verschieben
Sie auf den nächsten Tag. Sie gewinnen heute einen absoluten
Freiraum, gedanklich und tatsächlich. Jeder Gedanke an eine
andere Aufgabe würde Ihre Konzentration beeinträchtigen, Ihren kreativen Bewusstseinszustand stören, den schöpferischen
Aktionsmodus stoppen und Sie in einen Reaktionsmodus versetzen. Das Verschieben auf morgen bedeutet einen Puffer zwischen sich und den Anderen einbauen, man blockt alles ab
und lässt heute keine äußeren Anforderungen an sich herankommen.

7. *Finden Sie Ihren Rhythmus.* Das Ungewöhnliche liebt das Gewohnte. Ihre Kreativität braucht Rituale. Sie dürfen chaotisch
sein, aber Ihr Tag braucht eine Struktur. Finden Sie Ihren
Rhythmus für das Arbeiten, Faulenzen, Essen und Schlafen.

Loten Sie aus, wann Ihre goldenen Stunden, Ihre kreativen Hochphasen sind. Gleich nach dem Aufwachen? Am Vormittag zwischen 9.00 und 11.00 Uhr? Zwischen 17.00 und 19.00 Uhr? Oder sind Sie eine Nachteule, die sich zu kreativen Höhenflügen aufschwingt, wenn andere Leute schlafen?

8. *Legen Sie den kreativen Schalter um.* Auf Befehl kreativ sein geht nicht. Oder doch? Mit einem ritualisierten Startsignal können Sie sich in den richtigen Bewusstseinszustand versetzen, den kreativen Zustand auslösen. So wie der Glockenschlag beim Pawlow'schen Hund den Speichelfluss in Gang setzt. Der eine Schriftsteller spannt als Initialzündung für seine Schreibe ein leeres Blatt in seine alte, mechanische Olivetti-Reiseschreibmaschine. Ein anderer kommt mit Musik in eine produktive Stimmung, oder mit einem Gläschen Sekt. Jeder amerikanische Schriftsteller, der den Literatur-Nobelpreis gewonnen hat, war Alkoholiker. Ob Sie schreiben oder in anderen Bereichen auf Kreativität angewiesen sind, es geht auch gesünder. Wie sagt das Sprichwort? »An apple a day brings the brain on the way!« Legen Sie einen Apfel in die Schreibtischschublade. Vielleicht wird ein zweiter Schiller aus Ihnen. Friedrich Schiller konnte ohne den Geruch alter, verfaulender Äpfel nicht arbeiten. Aber passen Sie auf, dass nicht zufällig Goethe vorbeischaut. Der erzählt Folgendes: »Ich besuchte ihn eines Tages, und da ich ihn nicht zu Hause fand und seine Frau mir sagte, dass er bald zurückkommen würde, so setzte ich mich an seinen Arbeitstisch, um mir Dieses und Jenes zu notieren. Ich hatte aber nicht lange gesessen, als ich von einem heimlichen Übelbefinden mich überschlichen fühlte, welches sich nach und nach steigerte, so dass ich endlich einer Ohnmacht nahe war. Ich wusste anfänglich nicht, welcher Ursache ich diesen elenden, mir ganz ungewöhnlichen Zustand zuschreiben sollte, bis ich endlich bemerkte, dass aus einer Schieblade neben mir ein sehr fataler Geruch strömte. Als ich sie öffnete, fand ich zu meinem Erstaunen, dass sie voll fauler Äpfel war. Ich trat sogleich an ein Fenster und schöpfte frische Luft, worauf ich mich denn augenblicklich wieder hergestellt fühlte. Indes war seine Frau wieder hereingetreten, die mir sagte, dass die Schieblade immer mit faulen Äpfeln gefüllt sein müsse, indem dieser Geruch

Schiller wohltue und er ohne ihn nicht leben und arbeiten könne« (S. 587).[27]

9. *Machen Sie Ihre Fensterbank zum Kreativitätsarchiv.* Bereiten Sie sich auf das Thema vor. Sammeln Sie Ideen, legen Sie ein Dossier an. Halten Sie alles fest, was Ihnen einfällt. Sonst erinnern Sie sich später daran, dass Sie eine gute Idee hatten. Leider wissen Sie nicht mehr, wie sie ging. Bilden Sie einen kreativen Stapel aus Ideenzetteln, Kopien, Zeitungsausschnitten, Internetausdrucken auf der Fensterbank. Die Präparationsphase füttert die Inkubationsphase.

10. *Trödeln Sie.* Lassen Sie Ihrer Kreativität für den Reifungsprozess, für die Inkubationsphase, alle Zeit der Welt. Not macht zwar erfinderisch. Aber den großen Durchbruch werden Sie unter Zeitdruck nicht schaffen. Rettende Ideen sind bestenfalls Notlösungen. Um Probleme zu lösen, muss man sich vom Problem lösen. Ihre geliebte Trödelei hat Methode, ohne dass es Ihnen bewusst war. Gönnen Sie der Inkubation ein kreatives Mittagsschläfchen. Den Seinen gibt's der Herr im Schlaf.

11. *Schalten Sie das Gehirn ab.* Hören Sie auf, über das Problem nachzudenken. Gehen Sie lieber joggen, schwimmen, Rad fahren, machen Sie einen Spaziergang oder gönnen Sie sich eine Spritztour mit dem Auto. Mit logischem Nachdenken, wenn Sie sich voll und ganz auf ein Problem konzentrieren, schaffen Sie keinen kreativen Durchbruch. Ihre Ideen müssen unterhalb der Schwelle der bewussten Wahrnehmung in heftige Bewegung geraten. Neue und unerwartete Ideenkombinationen entstehen, wenn die Gedanken frei im Kopf herumschwirren dürfen, ohne dass man sie in eine bestimmte Richtung zwängt. In diesem günstigen Bewusstheitszustand befinden Sie sich, während Sie eine halbautomatische Aktivität ausüben. Die verlangt ein gewisses Maß an Aufmerksamkeit, lässt aber genügend Kapazitäten frei, damit sich unterhalb der bewussten Wahrnehmungsschwelle verrückte Ideenverknüpfungen herstellen können. Sobald eine Verknüpfung entsteht, die sich brauchbar anfühlt, springt sie ins Bewusstsein, Sie haben einen Geistesblitz, ein Aha-Erlebnis.[28] Nach der Präparation und Inkubation sind Sie jetzt in der dritten Kreativitätsstufe angekommen, in der Illuminationsphase.

12. *Schalten Sie das Gehirn wieder ein und geraten Sie ins Schwitzen.* Jetzt kommen Sie der Lösung auf die Spur. Auf der Fensterbank liegt der Ideenstapel. Das ist der Teig. Den nehmen Sie her und rühren die Hefe hinein, den Geistesblitz. Dann müssen Sie fleißig rühren, kneten und backen. Erfolg ist 10 Prozent Inspiration und 90 Prozent Transpiration.
13. *Sorgen Sie für Zeitdruck.* Es gibt nichts Gutes, außer man tut es und liefert es irgendwann ab. Ihr Text braucht einen Redaktionsschluss. Das Paper mit Ihrem Forschungsergebnis braucht einen Kongresstermin. Die Geschäftsfeldanalyse einen Präsentationstermin. Das Gemälde einen Vernissagetermin. Das Manuskript einen durch hohe Konventionalstrafe abgesicherten Ablieferungstermin.

Wenn der Blinde den Lahmen trägt, kommen beide voran!

Sie sind ein charakterstarker Chaot. Meine Anregung, Sie sollen etwas perfekter werden, um den optimalen Mix aus Chaos und Ordnung zu finden, geht Ihnen total gegen den Strich. Sie machen keine halben Sachen. Sie wollen kein halber Perfektionist werden, sondern ein voller Chaot bleiben. Sie bewahren sich die kompletten chaotischen Stärken und nehmen dafür die Nachteile in Kauf. Weil für Sie eine Verhaltensänderung unrealistisch ist und Sie das sogar wissenschaftlich untermauern können. Schließlich ist den Psychologen Alexander Thomas und Stella Chess schon vor 30 Jahren aufgefallen, dass sich Kinder bereits im Babyalter durch chaotisches oder strukturiertes Verhalten unterscheiden.[29] Alois Angleitner von der Universität Bielefeld behauptet, diese Unterschiede seien nicht nur ab der Geburt vorhanden, sondern würden sich im Laufe des Lebens kaum verändern. In die gleiche Kerbe schlägt der Hirnforscher Gerhard Roth von der Universität Bremen. Er meint, die Gene bestimmen zwischen 20 und 50 Prozent der Persönlichkeit eines Menschen. »Aber auch das, was eine Frau während der Schwangerschaft erlebt, entscheidet mit über das Temperament eines Kindes: ob es offen oder ängstlich sein wird, ein stabiles oder ein zaghaftes Ego entwickelt, ob es pedantisch ist oder lässig. Diese Weichen stellt das limbische System, eine Art Schaltzentrale der Gefühle, das ab der sechsten Schwangerschaftswoche entsteht. In dieser Zeit erlebt das Ungeborene die ersten emotionalen Konditionierungen, die sein Gehirn für das ganze Leben prägen. […] Der Spielraum, in dem ein Mensch überhaupt empfinden, sich verhalten und sich verändern kann, ist bei der Geburt bereits in beträchtlichem Maße umrissen (S. 124).«[30] Vor so viel Wissenschaft kapitulieren Sie gern. Sie lassen alle zum Scheitern verurteilten Umerziehungsversuche bleiben und stehen voll zu Ihren planerischen und organisatorischen Defiziten. Diese konsequente Haltung führt nicht ins Verderben, sondern ist die Basis für eine geniale Strategie. Ihre Defizite sind ein wertvolles Kapital! Mit diesen Pfunden können Sie wuchern. Ihre Schwächen sind optimale Andockpunkte für passende Synergiepartner. Das sind Menschen, die genau die Fähigkeiten besitzen, die Ihnen fehlen. Denen im Gegenzug die Stärken fehlen, auf die Sie stolz sind. Ihr optimaler Synergiepartner ist ein in Sachen Chaos unerfahrener Perfektionist. Mit dem gründen Sie ein kreatives Feld. »Das kreative Feld zeichnet sich durch den Zusammenschluss von Persönlichkeiten mit stark unterschiedlich ausgeprägten Fähigkeiten aus, die eine gemeinsam geteilte Vision verbindet« (S. 28).[31] Jetzt eröffnen sich ganz neue Perspektiven:

– Für die Prüfungsvorbereitung suchen Sie sich einen Streber als Andockpartner. Der zieht Sie mit, diktiert den Lernplan und den Stundenplan und sorgt für die nötige Disziplin. Aber was hat er davon? Ihre Lockerheit und Gelassenheit färben auf ihn ab, Ihr Mut zur Lücke schützt ihn von einer Verkrampfung. Er vermeidet ein Überlernen und geht lockerer in die Prüfung, als wenn er sich selbst ausgeliefert gewesen wäre.

– Ist Ihr Buch in Ihrem Kopf fertig, aber das disziplinierte Schreiben fällt Ihnen schwer, dann brauchen Sie als Andockpartner einen produktionsstarken »Ghostwriter«. Der entlässt Sie erst in den Feierabend, wenn die täglichen zehn Seiten stehen. Er darf seine Schreiblust ausleben, was ihm ohne Ihren Input und das von Ihnen bezahlte Honorar nicht möglich gewesen wäre.

– Wenn Sie als Chaot zufällig in eine Führungsposition geraten sind, brauchen Sie einen perfekten Sekretär oder eine planungsstarke Assistentin. Die führen Ihren Kalender, schicken Sie rechtzeitig zum Präsentationstermin, drücken Ihnen die passenden Unterlagen in die Hand. Erinnern Sie an den Hochzeitstag, besorgen Blumen, reservieren den Tisch im Restaurant. Sie lassen Ihre ordentlichen Mitarbeiter an Ihrem Erfolg teilhaben und bereichern ihre sonst langweiligen Tage mit überraschenden Ideen.

– Als kreativer Künstlerchaot, der keine Lust hat, sich den Gesetzen des Kunstmarktes zu unterwerfen, brauchen Sie unbedingt eine solide und vermarktungsstarke Agentin oder einen Agenten. Oder Sie verbinden sich mit dem passenden Ehepartner, der Sie am Abend davon abhält, die zweite Flasche Wein zu trinken, Sie ins Bett zieht, morgens aus dem Bett wirft, den Terminkalender führt, Ausstellungsmöglichkeiten an Land zieht, die Steuererklärung erstellt, den Internetauftritt gestaltet und aktualisiert und den tatsächlichen oder potenziellen Kunden Weihnachtskarten schickt. Ihr angedocktes, organisationsstarkes Vermarktungstalent sollte deutlich jünger sein als Sie, damit es nach Ihrem Ableben die Früchte der langjährigen Karriereförderung ernten kann.

Wenn der Blinde den Lahmen trägt, kommen beide voran! Im chaotischen Teil der Welt blicken Sie voll durch. In perfekter Hinsicht lahmen Sie etwas. Setzen Sie deshalb auf einen gewissenhaften Andockpartner, wenn Sie ordentlich vorankommen wollen. Der kompensiert Ihre Planungslücken und Organisationsdefizite. Dafür zeigen Sie ihm, wo es lang geht, wenn er kein

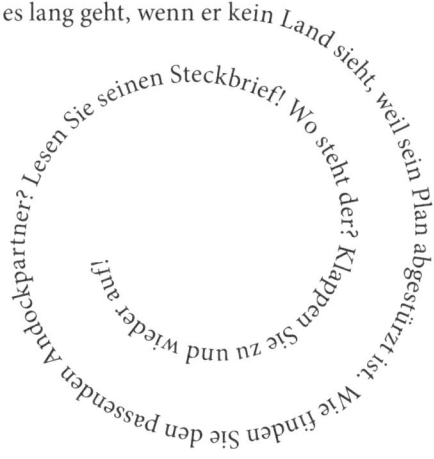

Land sieht, weil sein Plan abgestürzt ist. Wie finden Sie den passenden Andockpartner? Lesen Sie seinen Steckbrief! Wo steht der? Klappen Sie zu und wieder auf!

Anmerkungen

Um über gewisse Dinge mit Dreistigkeit zu schreiben,
ist fast notwendig, dass man nicht viel davon versteht.

Georg Christoph Lichtenberg

1 Buffington, P. (1988). Weniger ist mehr. manager magazin, 4, 338–343.
2 Rinderspacher, J. P. (1989). Zeitnot als Ergebnis von Zeitplanung. gdi-imuls, 2, 37.
3 Hörning, K. H. (1991). Dem Tempo den Kampf ansagen. Individualisierung über Zeit. Universitas, 46 (10), 1000–1005.
4 Scott, M. (2006). Zeitgewinn durch Selbstmanagement. Frankfurt a. M.: Campus.
5 Roth, G. (2007). Das Ich ist eine Einbahnstraße. Der Spiegel, 35, 124–127.
6 Reiss, S. (2000). Who Am I. New York: Berkley Books.
7 Oldham, J. M., Morris, L. B. (1992). Ihr Persönlichkeits-Portrait. Hamburg: Kabel.
8 Riemann, F. (1984). Grundformen der Angst. München: Reinhardt.
9 Weick, K. E. (1985). Der Prozeß des Organisierens. Frankfurt a. M.: Suhrkamp.
10 Westerlund, G., Sjöstrand, S.-E. (1981). Organisationsmythen. Stuttgart: Klett-Cotta.
11 Rühle, H. (2004). Die Kunst der Improvisation. Paderborn: Junfermann. Dort finden Sie ähnliche Ratschläge für den wahren Führungserfolg. Darin habe ich Erkenntnisse von Weick, Westerlund und Sjöstrand sowie Mintzberg zusammengefasst und mit eigenen Einsichten angereichert.
12 Fuchs, H., Huber, A. (2002). Die 16 Lebensmotive. München: dtv.
13 Onfray, M. (2001). Der Rebell. Plädoyer für Widerstand und Lebenslust. Stuttgart: Klett-Cotta. Zitiert nach Diez, G. (2008). Anarchie der Lust. Der Hedonismus ist von der Idee zum Gestus verkommen. Süddeutsche Zeitung vom 07.10.2008.
14 Kapuscinski, R. (1999). Afrikanisches Fieber. Erfahrungen aus vierzig Jahren. Frankfurt a. M.: Eichborn.
15 Dieses von mir entwickelte Improvisationsmodell wird im letzten Kapitel der perfekten Buchhälfte an einem Beispiel genauer erklärt.
16 Rühle, H. (2004). Die Kunst der Improvisation. Paderborn: Junfermann.
17 Lelord, F. (2010). Hector und die Entdeckung der Zeit. München: Piper.
18 Zitiert nach Neuberger, O. (1994). Führung. Stuttgart: Enke.

19 Geneen, H. S. (1986). Manager müssen managen. Landsberg: Verlag moderne Industrie.

20 Hüther, G. (2010). Bedienungsanleitung für ein menschliches Gehirn. Göttingen: Vandenhoeck & Ruprecht.

21 Zitiert nach Kotynek, M. (2007). Geistige Altersvorsorge. Süddeutsche Zeitung vom 27.04.2007.

22 Harms, H. (o. J.). ADHS im Jugend- und Erwachsenenalter. Zugriff unter www.ipsis.de

23 Oldham, J. M., Morris, L. B. (1992). Ihr Persönlichkeits-Portrait. Hamburg: Kabel.

24 Abrahamson, E., Freedman, D. H. (2007). Das perfekte Chaos. Berlin: Econ.

25 McGuinness, M. (2007). Time Management for Creative People. E-Book erhältlich unter www.wishfulthinking.co.uk

26 Schwedt, G. (2009). Goethe – der Manager. Weinheim: Wiley-VCH.

27 Das berichtete Eckermann unter dem Datum des 8. Oktober 1827. Goethe, J. W. (2006). Gespräche mit Eckermann. Sämtliche Werke. Bd. 19. München u. Wien: Hanser. Das verfremdete An-apple-a-day-Zitat stammt weder von Goethe noch von Schiller, sondern von meinem Freund Werner Stilz, einem schwäbischen Landsmann von Schiller.

28 Csikszentmihalyi, M. (2003). Kreativität. Stuttgart: Klett-Cotta.

29 Thomas, A., Chess, S. (1980). Temperament und Entwicklung. Stuttgart: Enke.

30 Roth, G. (2007). Das Ich ist eine Einbahnstraße. Der Spiegel, 35, S. 124–127.

31 Burow, O.-A. (2000). Kreative Felder: Das Erfolgsgeheimnis kreativer Persönlichkeiten. managerSeminare, 45, 22–29.

V&R

Dieses Buch haben Sie richtig in der Hand,
wenn Sie wissen wollen,
wie man sein Leben ordentlich einrichtet,
die Arbeit geplant erledigt
und die Zeit souverän organisiert.

Viel Spaß beim Lesen!

Oder wissen Sie jetzt schon,
dass Ratschläge für ein besseres Zeitmanagement
bei Ihnen nie funktionieren werden?
Wären Sie lieber lässiger und weniger perfekt?
Dann sollten Sie dieses Buch und Ihr Leben
anders in die Hand nehmen.

Drehen Sie um!

Hermann Rühle

Drehbuch
für ein perfektes
Zeitmanagement

Wie Sie mit Planung und Organisation
Aufgaben bewältigen, die Zeit in den Griff
bekommen und das Leben meistern

Mit Cartoons von Jörg Plannerer

Vandenhoeck & Ruprecht

Der Autor
Dr. Hermann Rühle, Diplom-Betriebswirt, Diplom-Psychologe,
ist als Trainer für Zeitmanagement und Berater für persönliche
Beruf(ung)sfindung tätig.

Bibliografische Information der Deutschen Nationalbibliothek

Die Deutsche Nationalbibliothek verzeichnet diese Publikation in der
Deutschen Nationalbibliografie; detaillierte bibliografische Daten sind im
Internet über http://dnb.d-nb.de abrufbar.

ISBN 978-3-525-40330-3

Satz: textformart, Göttingen
Druck und Bindung: fgb freiburger graphische betriebe, Freiburg

Gedruckt auf alterungsbeständigem Papier.

Inhalt

Warum Perfektionisten kein chaotisches Zeitmanagement brauchen

Die Zeit kann nichts dafür, wenn Ihr Zeitmanagement nicht funktioniert. Für alle gibt es gleich viel Zeit, 24 Stunden pro Tag. Niemand hat zu wenig Zeit, höchstens zu viel zu tun. Das ist wie bei einer Katastrophe. Da gibt es zu wenig Helfer und zu viele Opfer. Der leitende Notarzt muss entscheiden: Wer hat keine Überlebenschance? Wer kann bei sofortiger Behandlung gerettet werden? Wer überlebt auch ohne Behandlung? Im ersten Teil dieses Buches erfahren Sie, wie Ihre Chancen stehen. Sind Sie ein Chaot und für das perfekte Zeitmanagement ein hoffnungsloser Fall? Dann klappen Sie das Buch am besten gleich wieder zu. Oder besitzen Sie die persönlichen Voraussetzungen für einen besseren Umgang mit der Zeit? Das testen wir und wenn ja, ist das Buch für Sie geschrieben. Sie werden großen Nutzen daraus ziehen. Oder sind Sie mit Ihrer Arbeit und Zeit schon immer gut zurechtgekommen? Dann wird Ihnen hier bestätigt, dass Sie auf dem richtigen Weg sind, und Sie gewinnen zusätzliche nützliche Anregungen. In der Notfallmedizin sind Sie als hoffnungsloser Fall am Ende, ohne Überlebenschance. Beim Zeitmanagement werden Sie nicht aufgegeben. Auch für hoffnungslose Chaoten gibt es eine erfolgreiche Therapie für den richtigen Umgang mit der Zeit. Aber nur, wenn Sie das Buch umdrehen.

Das falsche Zeitmanagement
Warum viele mit der Zeit und
manche mit sich selbst nicht klarkommen

*Wie ich mit meiner Zeit umgehe,
ist der Teil meines Wohlbefindens,
wo ich am leichtesten eine Verbesserung
erzielen kann.*

Daniel Kahnemann

Donnerstag 8.00 Uhr. Heute bin ich aus dem Urlaub zurück und die Katastrophe ist eingetreten. Der erste Arbeitstag ist keine fünf Minuten alt und ich bin schon wieder urlaubsreif. Mein Arbeitsplatz ist weg! Vor drei Wochen hatte ich mich mit aufgeräumtem Schreibtisch und in aufgeräumter Stimmung von meinem Zimmerkollegen und Urlaubsvertreter verabschiedet und jetzt stehe ich kurz vor dem Nervenzusammenbruch. Dieser Schuft hat meine Abwesenheit schamlos ausgenutzt. Ich könnte ihn auf der Stelle erwürgen. Sein Glück, dass er noch nicht da ist. Mein Schreibtisch ist weg. Einfach untergegangen. Verschwunden unter einer Lawine aus Papier, Zetteln, Stapeln, Vorgängen, Sichthüllen, Ordnern, Ausdrucken, Pappbechern und leeren Pizzaschachteln. Mein Urlaubsvertreter hat in den drei Wochen keine halben Sachen gemacht, sondern das ganze Büro verwüstet. Vor dem Urlaub herrschte Chaos nur in seiner Hälfte. Jetzt ist das Chaos komplett.

Der Schreibtisch ist eine Kostprobe der Persönlichkeit. Ich kann Ihnen aus fünf Metern Entfernung auf den Kopf zusagen, ob Sie ein ordentlicher oder ein lässiger Mensch sind und wie sorgsam Sie mit Ihrer Zeit umgehen. Hinter einem überhäuften Schreibtisch sitzt ein desorganisierter Chaot, der Zeit verschwendet, weil er dauernd sucht und selten etwas findet. Ein ordentlicher Mensch

hat kein Durcheinander am Arbeitsplatz, er hasst die Sucherei. Ich gebe zu, der erste Eindruck ist manchmal falsch. Da treffe ich auf einen Volltischler und denke mir, der sollte sich dringend ein vernünftiges Zeitmanagement zulegen. Bis er mich darüber aufklärt, dass er sich aus Notwehr hinter seinen Stapeln versteckt. Er verteidigt sich gegen einen Chef, dem der Überblick über den wahren Auslastungsgrad seiner Mitarbeiter fehlt, der am Papierpegel festmacht, ob jeder genügend Aufgaben in der Pipeline hat. Ab und zu täuscht auch die leere Schreibtischplatte. Dahinter sitzt kein ordentlicher Mensch, sondern ein verschämter Chaot, der seine Umwelt beeindrucken will. Der seinen kompletten Papierkram in Schubladen und Schränke stopft, wenn ihm ein Besuch ins Haus steht.

Vor einem halben Jahr. »Sie sind eine Frau mit Grundsätzen. Sie haben ein perfektes Zeitmanagement. Das wird auf ihn abfärben. Von Ihnen kann er nur lernen. Durch Ihr Vorbild wird er ein ordentlicher Mensch.« Der Chef hat mir den größten Chaoten unter seinen Mitarbeitern »angedreht«. Mein neuer Zimmerkollege ist das schwarze Schaf der Abteilung. Als Mensch ein netter Kerl, aber niemand will mit ihm zusammenarbeiten. Mit zwei vollen Umzugskartons kam er an. Die stehen jetzt noch unausgepackt hinter seinem Schreibtisch auf dem Teppichboden. Wir sitzen uns gegenüber und am ersten Tag war seine Schreibtischplatte genau so sauber wie meine. Das änderte sich schnell. Inzwischen wachsen seine Stapel in den Himmel. Statt Vorgänge abzuarbeiten, hängt der große Kommunikator den ganzen Tag am Telefon. Mit Papier steht er auf Kriegsfuß und Mails betrachtet er als elektronische Umweltverschmutzung. Hat der Mail-Stau in seinem Eingangskorb die magische Zahl von 300 erreicht, löscht er alle. Ich darf mir tagelang seinen eloquenten Umgang mit wütenden Anrufern anhören, die sich beschweren, weil er keine Mails beantwortet. Er telefoniert allerdings nicht den ganzen Tag. Zwischen den Telefonaten ist er die Anlaufstelle für unausgelastete Bürotouristen oder er ist selbst auf bezahltem Betriebsrundgang. Vor einem Vierteljahr wurde sein höchster Papierstapel instabil und kippte auf meine saubere Schreibtischplatte. Jetzt reichte es! Ich erklärte ihm den Krieg und warf ihm seinen Krempel um die Ohren. Zum

Waffenstillstand war ich unter einer Bedingung bereit: Die Fuge zwischen unseren Schreibtischen ist die Demarkationslinie. Die auf dem Fußboden durch Filzstift markierte Verlängerung teilt unser Büro in zwei Hälften. In seiner Hälfte kann er machen, was er will. Aber meine Hälfte ist für ihn tabu. Unsere Bürolandschaft besteht aus meinem ordentlichen Bereich und seiner Papierwüste. Meine anfänglichen Erziehungsversuche habe ich aufgegeben. Ich übe jeden Tag Gelassenheit und versuche, mich nicht über Dinge aufzuregen, die ich nicht ändern kann. Und jetzt hat der Chaot während meiner Abwesenheit den Waffenstillstand gebrochen und das Chaos perfekt gemacht. Das ist zu viel. Das lasse ich mir nicht gefallen.

»Was machen Sie beruflich?«, werde ich manchmal gefragt. Auf meine Antwort: »Ich bin Trainer und Coach«, folgt todsicher die Zusatzfrage: »Und was trainieren und coachen Sie?« Sage ich: »Zeitmanagement«, kann ich Ihnen vorhersagen, wie es weitergeht: »Ach Gott, ich wäre ein Kandidat für Sie!«, »Sie müssten dringend meinem Mann helfen, der steht kurz vor dem Herzinfarkt!«, »Ich würde gern meinen konfusen Chef zu Ihnen schicken«, »Sie sollten meinen chaotischen Kollegen in die Mangel nehmen«. Alle haben Probleme mit der Zeit, immer zu viel zu tun und immer zu wenig Zeit. Arbeitsdruck. Zeitdruck. E-Mail-Flut. Voller Schreibtisch. Telefonterror. Überstunden. Privatleben kommt zu kurz. Keine Zeit für das Hobby. Hektik. Stress. Was fällt Ihnen selbst beim Stichwort »Zeitmanagement« ein? Haben Sie genug Zeit? Ist Ihre Antwort »Nein«, dann ticken Sie nicht richtig. Die richtige Antwort lautet: »Ja, ich habe genug Zeit. 24 Stunden jeden Tag. Damit bin ich zufrieden. Mehr Zeit gibt es nicht und ich wäre verrückt, wenn ich etwas haben wollte, was es nicht gibt.« Die Uhr tickt immer gleich und gibt jedem gleich viel Zeit. Da kann doch keiner zu wenig haben. Wenn Ihnen die Zeit nicht reicht, müssen Sie über die Synchronisation nachdenken. Synchronisieren heißt, den Gleichlauf zwischen zwei Vorgängen herstellen. Ein funktionierendes Zeitmanagement ist die gelungene Synchronisation von Zeit und Vorhaben. Wenn Ihnen die Zeit nicht reicht, nehmen Sie sich zu viel vor. Sie plagt kein Zeitproblem, sondern ein Prioritätenproblem. Eigentlich geht Zeitmanagement überhaupt nicht.

Die Zeit lässt sich nicht managen, sie läuft einfach so dahin, man kann sie weder anschieben noch anhalten. Zeit kann man auch nicht stehlen oder verschwenden. Zeit verschwenden heißt, etwas anderes tun, als man wollte oder sollte. Sie surfen im Internet, aber eigentlich sollten Sie sich auf die unangenehme Verhandlung vorbereiten. Sich Zeit stehlen lassen bedeutet, ein anderer Mensch drängt Ihnen seine Prioritäten auf. Und Sie lassen sich das gefallen. Er erzählt Ihnen am Telefon langatmig seine Lebensgeschichte, die Sie schon mehrfach gehört haben, aber eigentlich wollten Sie an Ihrer Präsentation arbeiten. Obwohl sich die Zeit streng genommen weder stehlen noch verschwenden lässt, bleiben wir bei den eingeführten Begriffen »Zeitdiebstahl« und »Zeitverschwendung«. Sonst müssten wir von »Prioritätenaufnötigung« oder »Prioritätenverdrängung« reden. Fassen wir zusammen: Zeitmanagement geht gar nicht. Kein Wunder, dass es bei vielen Leuten nicht funktioniert.

> **Donnerstag 8.05 Uhr.** Der Chef hat sich meine Rückmeldung aus dem Urlaub anders vorgestellt. Ich platze wütend bei ihm herein: »Mir reicht es endgültig! Das mache ich nicht mehr mit! Mit dem Chaoten arbeite ich nicht mehr zusammen! Ich will einen anderen Zimmerkollegen oder ein Einzelbüro! Der kann nachher was erleben!« »Ihren Kollegen sehen Sie erst am Montag wieder. Der ist heute und morgen auf dem Seminar ›Persönliche Arbeitsorganisation und Zeitmanagement‹. Ab Montag ist er ein ordentlicher Mensch und alles wird gut. Aber erst mal Guten Morgen! Und wie war der Urlaub?«

Was passiert auf Zeitmanagement-Seminaren? Die Teilnehmerinnen und Teilnehmer bekommen den Spiegel vorgehalten. Sie sollen erkennen, wo die Ursachen für einen unbefriedigenden Umgang mit der Arbeit und der Zeit liegen. Das sind drei Schwerpunkte: Erstens lassen sich manche Leute zu viel Zeit stehlen und wehren sich nicht dagegen. Und es sind viele Zeitdiebe (Prioritätenräuber) unterwegs. Manch einer muss eine Überstunde dranhängen, weil ihm tagsüber eines Stunde gestohlen worden ist. Besser gesagt, er hat sich eine Stunde stehlen lassen. Zweitens sind manche schlecht organisiert und verschwenden dadurch selbst Zeit.

Es gibt bessere und schlechtere Lösungen für die Schreibtischorganisation, für die Bewältigung der Informationsflut, für den Umgang mit Mails, für die Gestaltung des eigenen Termin- und Merksystems, für die Prioritätensetzung und die Tagesplanung. Drittens stehen sich nicht wenige selbst im Weg. Können nicht Nein sagen. Neigen zum Überperfektionismus, wollen alles überoptimieren, bevor sie es aus der Hand geben, können nicht delegieren. Sind die Ursachen für die Probleme mit der Zeit geklärt, dann liegen die Lösungen auf der Hand: Man muss sich konsequenter behaupten, soll sich nicht unnötig Zeit stehlen lassen. Man muss sich vernünftig organisieren, sonst vergeudet man selbst Zeit. Und man muss sich führen, darf sich nicht selbst im Weg stehen.

Diese dritte Ebene des Zeitmanagements, die Führung der eigenen Person, wird in manchen Seminaren sträflich vernachlässigt. Die Teilnehmer bekommen ein Zeitplanbuch mit umfangreichem Formularinhalt ausgehändigt und erklärt. Sie sollen künftig Jahres-, Wochen- und Tagespläne erstellen. Das »Prinzip der Schriftlichkeit« beherzigen und alle zu erledigenden Aufgaben notieren und abhaken. Weil aber die wahren Ursachen für Zeitprobleme oft nicht organisatorischen Defiziten entspringen, sondern in der eigenen Person liegen, sind die vermittelten Ratschläge bestenfalls Symptomkosmetik. Menschen gehen grundverschieden mit der knappen Ressource »Zeit« um. Manche sind zukunftsorientiert, denken strategisch, packen langfristige Aufgaben frühzeitig an, organisieren ihren Arbeitsplatz und verlassen sich schon immer auf ein zuverlässiges Termin- und Merksystem. Andere haben einen kürzeren Planungshorizont, leben im Hier und Jetzt, kommen mit überraschenden Situationen gut zurecht und halten den Aufwand für Organisation und Planung klein. So ein Einheitsseminar hinterlässt nicht selten zwei Gruppen von »Zeitplanbuch-Geschädigten«: Die Ordentlichen werden unnötigerweise noch ordentlicher und die Flexiblen haben ein schlechtes Gewissen, weil sie mit solchen Planungsinstrumenten nichts anfangen können.

Donnerstag 8.15–16.55 Uhr. Zu meinem Zeitmanagement gehören einige Grundsätze und einer davon bewährt sich jetzt. Ich gönne mir vor und nach dem Urlaub eine Karenzzeit, man könnte auch von Schontagen sprechen. Wenn ich meine Kollegen und

Kunden über meinen Urlaub informiere, schummle ich am Beginn und Ende je zwei Tage dazu. So gehören die beiden Tage vor dem Urlaub mir, weil alle meinen, ich sei schon weg. Ich kann in Ruhe Restarbeiten erledigen, den Schreibtisch aufräumen und unbeschwert abreisen. Nach dem Urlaub bin ich zwei Tage früher da als angekündigt und kann ungestört aufgestaute Arbeiten angehen. Ohne dass gleich die ganze Welt über mich herfällt nach dem Motto »Ich habe gehört, dass Sie heute wieder da sind«. Der Chef ist eingeweiht. Er akzeptiert die Terminschummelei, weil er mich als seine ordentlichste Mitarbeiterin schätzt. Am heutigen geheimen ersten Arbeitstag nach dem Urlaub kann ich keine liegengebliebenen Vorgänge aufarbeiten. Der erste Karenztag geht leider für die Chaosbeseitigung drauf.

Zeitmanagement ist Prioritätenmanagement. Höchste Priorität hat die Frage: Wer setzt die Prioritäten? Sie oder die Anderen? Arbeiten Sie oder werden Sie gearbeitet? Wenn Sie sich nicht behaupten und nur reagieren, können Sie Ihr eigenes Zeitmanagement vergessen, aber aus Ihren eigenen Vorhaben wird dann auch nichts. Wollen Sie eigene Ziele realisieren, müssen Sie sich der Fremdsteuerung auch einmal entziehen. Ganz so radikal wie Charles Schwab brauchen Sie es ja nicht anstellen, vielleicht können Sie sich das in Ihrem Job auch gar nicht leisten. Ob die Geschichte wirklich stimmt, weiß ich nicht, aber aus gut erfundenen Geschichten kann man auch etwas lernen. Charles Schwab hat Anfang des 20. Jahrhunderts die Firma Bethlehem Steel zu einem der größten Stahlkonzerne ausgebaut. Er beklagte sich bei seinem Berater Irving Lee über seinen fürchterlichen Zeitdruck und versprach dem »jede Summe im Rahmen der Vernunft« für einen Rat, wie er seine Zeit besser nutzen könnte. Irving Lee soll sich mit dem folgenden Vorschlag 20.000 Dollar verdient haben: »Ich mach's Ihnen gleich vor. Setzen Sie sich hin und schreiben Sie auf, was Sie morgen tun wollen – was Ihnen einfällt, in beliebiger Reihenfolge. Jetzt gehen Sie die Liste durch und suchen die wichtigste Sache heraus, die wichtigste, nicht die dringendste. Setzen Sie diesen Punkt an den Anfang, suchen Sie die zweitwichtigste Sache und so weiter. Schreiben Sie dann die ganze Liste noch einmal nach Wichtigkeit geordnet. Morgen, wenn Sie ins Büro kommen, fangen Sie mit der Sache

ganz oben auf der Liste an und arbeiten daran, bis sie abgeschlossen ist. Dann machen Sie sich an die nächste Sache und so weiter. Keine Sorge, wenn Sie am Ende des Tages nicht ganz unten auf der Liste angekommen sind: Sie hätten keine bessere Arbeit leisten können. Als letzte Aufgabe des Tages schreiben Sie die Liste für den nächsten Tag und ordnen sie nach Wichtigkeit.«

Donnerstag 17.00 Uhr. Das wäre geschafft! Auf der To-do-Liste für heute stand nur eine Position »Büro in den Vorurlaubszustand bringen«. Diesen Punkt kann ich abhaken. Im Büro sieht es wieder aus wie vor dem Urlaub. Meine Schreibtischplatte ist blitzblank. Den mich betreffenden Teil des Chaoskuchens habe ich gesichtet, geordnet, abgelegt und den Rest über die Demarkationslinie ins Kollegenjenseits befördert. Das wäre geschafft! Morgen kümmere ich mich um die während meiner Abwesenheit liegengebliebenen Vorgänge. Nebenbei überlege ich mir eine Strategie, wie ich meinen oberchaotischen Zimmerkollegen wieder loswerde. Ich kann mir nämlich nicht vorstellen, dass ihm das Zeitmanagement-Seminar etwas bringt. Am Montag werde ich ihm die Freundschaft aufkündigen. Aber jetzt ist erst einmal Feierabend. Es wird auch Zeit, die Reinigungsbrigade steht in der Tür. Die beiden kenne ich noch gar nicht. Neue Leute. Während meines Urlaubs hat wohl das Personal gewechselt. Der eine schaut mit großen Augen an mir vorbei ins Büro und sagt: »Das sieht nach Arbeit aus!« Den hat wohl sehr beeindruckt, wie es mir gelungen ist, innerhalb eines Tages das Chaos zu halbieren.

Beim Zeitmanagement geht es um den richtigen Zeitpunkt. Sind Sie ein Deadline-Worker? Oder sogar ein Deadline-Junkie? Erledigen Sie alles »auf den letzten Drücker«, weil Sie dann notgedrungen sämtliche Leistungsreserven mobilisieren? Dieser hausgemachte Stress begleitet manche Leute durch das ganze Leben. In der Schule geht es los. Den ganzen Nachmittag war Zeit für die Hausaufgaben. Am nächsten Morgen in der Straßenbahn schludert man sie schnell noch hin. Ein halbes Jahr war für die Diplomarbeit vorgesehen. Am Tag vor dem Abgabetermin laufen die Stunden davon. Später im Beruf ist es dann auch oft zu spät. In zwei Tagen Präsentation. Der Termin ist seit vier Wochen bekannt.

Mit Überstunden und per Nachtschicht bekommt es der Last-Minute-Worker wieder einmal gerade noch hin. Wird so einer Chef, dann neigt der zu Last-Minute-Aufträgen. Zwingt Mitarbeiter zu Überstunden, weil ihm kurz vor Feierabend einfällt, dass er morgen früh dringend eine Aufstellung zum Termin beim Kunden mitnehmen muss. Dabei war ihm der Termin seit 14 Tagen bekannt. Sind Sie auch so ein dringlichkeitsgesteuerter Endterminhektiker? Oder agieren Sie rechtzeitig und arbeiten nach dem Motto: »Krisen meistert man am besten, indem man ihnen zuvorkommt!« Ersetzen Sie den kaputten Dachziegel, solange die Sonne scheint? Oder stellen Sie einen Eimer auf, wenn es durchs Dach regnet?

Freitag 8.00 Uhr. Mein zweiter Arbeitstag nach dem Urlaub. Gestern früh war Katastrophe und heute verstehe ich die Welt nicht mehr. Im Büro herrscht kein halbes Chaos mehr, sondern die ganze Ordnung. Ich traue meinen Augen nicht. Mein Kollege hat über Nacht ein Wunder vollbracht. Unter dem Eindruck des ersten Seminartages per Nachtschicht ein neues Leben angefangen und seinen Bürosektor ausgemistet. Seine Schreibtischplatte ist leergefegt, ohne jeden Stapel, ohne ein Blatt Papier. Lediglich einige Post-it's kleben noch um den Monitor. Der Fußboden: frei. Sogar die beiden unausgepackten Umzugskartons sind weg. Dass die Nacht überhaupt gereicht hat. Heute wird er ganz schön müde im Seminar sitzen! Jetzt hole ich den Chef, das muss er sehen! Ich renne aus dem Büro und hätte ihn auf dem Gang beinahe umgerannt. Nicht den Chef, sondern den Kollegen. »Was machen Sie hier? Ich denke, Sie sind auf Seminar!« »Und was machen Sie hier? Heute ist doch Ihr letzter Urlaubstag!« Ich lasse ihn einfach stehen. »Bin gleich wieder da, ich hole schnell den Chef!« Der hat nicht damit gerechnet, dass ich jeden Morgen bei ihm hereinplatze. »Was wollen Sie schon wieder?« »Chef, Sie müssen mitkommen, Sie müssen unser Büro sehen, über Nacht ist ein Wunder geschehen!«

Zu viel Stress durch falsches Zeitmanagement kann tödlich sein. Da brauchen Sie nur die Todesanzeige lesen, die in der Frankfurter Allgemeinen Zeitung stand:

Wir trauern um unseren mitreißenden Initiator und Unternehmens-Chef, unseren Vordenker, Partner, beruflichen Weggefährten und Freund.

Er starb völlig unerwartet im Alter von nur 50 Jahren. Sein Leben war bis zur letzten Stunde geprägt von Begeisterung für und Hingabe an unternehmerisches Handeln.

Er baute in Deutschland, in Afrika, Arabien und in den USA. Er gründete Investment-, Immobilien-, Handels- und Beratungsgesellschaften diesseits und jenseits des Atlantiks.

Sein Ideenreichtum und seine Dynamik waren beispielhaft. Rastlos setzte er sich ein, im ständigen Wechsel zwischen Europa und Amerika; zuletzt auch mit besonderem Engagement in den neuen deutschen Bundesländern.

Er wird uns fehlen. Aber wir werden für seine Ideen und Ziele weiterarbeiten.

Die Lebenskunst, zu der auch der richtige Umgang mit der Zeit gehört, lernt man aus Todesanzeigen und von Lebenskünstlern. Da gibt es einen Kollegen aus der Baubranche, der hält nichts vom frühen Tod mit 50, auch nichts von der Rente mit 67. Der italienische Stararchitekt Renzo Piano ist über 70 und baut immer noch erfolgreich auf der ganzen Welt. Patrick Barton hat ihn für die Süddeutsche Zeitung interviewt (S. VIII):[1]

Im Moment haben Sie vier Projekte in New York, dann bauen Sie Museen in Chicago und Los Angeles, und gerade haben Sie eins in Atlanta fertig gestellt. Sie müssen doch ständig im Flugzeug sitzen. Überhaupt nicht. Ich habe einen kleinen Sohn. Georgino. Der ist jetzt sechs. Und natürlich meine Frau. Milly und Georgino will

ich sehen, wenn ich abends nach Hause komme. Und tagsüber auch. Deshalb essen wir immer gemeinsam zu Mittag. Wenn man ständig auf Reisen ist, geht das nicht. Ich fahre vielleicht alle zwei Monate weg, und dann kommen Milly und Georgino normalerweise mit.

Kein Privatjet? Keine Meetings alle fünf Minuten? Kein Hier, kein Da?
Tut mir leid, aber mein Arbeitstag ist normal.

Was ist normal?
Das: Ein Morgenspaziergang von der Place de Vosges hierher ins Büro, mittags zurück, und abends endgültig nach Hause. Ich laufe, ich fahre nicht mit dem Auto.

Sie sind einer der begehrtesten Architekten dieser Erde. Aber Sie sind nicht im Stress. Schön!
Ich habe gelernt, dass man nicht gestresst sein muss, um etwas zu erreichen …

Dann will der Interviewer noch wissen, ob Erfolg eine Falle ist.
Sogar eine schlimme. Statt Inspiration aus dem Neuen zu ziehen, was um einen herum passiert, recycelt man nur das, was man ohnehin schon im Kopf hat. Das ist der Anfang vom Ende.

Gibt es ein Mittel dagegen?
Das einzige Medikament dagegen ist die Zeit: Zeit zum Denken. Alleine. Mit einem gehetzten Arbeitsrhythmus geht das nicht. Jeden Tag bin ich insgesamt eine Stunde zwischen dem Büro und meiner Wohnung unterwegs. Eine Stunde! Zu Fuß! Wunderbar! Da komme ich zum Nachdenken. Und das ist essenziell. Man darf sich nicht antreiben lassen. Wenn man keine Zeit hat, hat man keine Zeit. Und wenn man Zeit hat, sollte man die voll und ganz auf die verdammte Sache verwenden, die man gerade macht. Wer das nicht tut, macht eben immer nur das, was er schon früher gemacht hat. Nichts Neues.

Freitag 8.05 Uhr. Der Zimmerkollege steht irritiert im aufgeräumten Büro und weiß nicht, wie ihm geschieht. Zuerst spreche ich ihm in Anwesenheit des Chefs meine Bewunderung für die nächtliche Aufräumaktion aus. Er schaut mich ungläubig an. Dann klopft ihm der Chef auf die Schultert: »Ich habe es gleich gewusst. Das ist das richtige Seminar für Sie! Ich hoffe, Sie profitieren heute vom zweiten Seminartag genau so viel wie gestern vom ersten.« »Der erste Seminartag war der größte Unsinn aller Zeiten! Der oberpenible Trainer hat einen Tag lang nur dummes Zeug erzählt. Blanke Theorie. Für die Praxis völlig unbrauchbar. Noch einen Tag halte ich das nicht aus. Sie können machen, was Sie wollen, aber ich gehe heute nicht mehr hin!« »Aber warum hat Sie dann nach dem ersten Tag gleich die Aufräumwut gepackt?« »Ich weiß nicht, wovon Sie reden. Ich habe nichts aufgeräumt.« »Das waren wohl Sie«, sagt der Kollege zu mir. »Übrigens lagen unter dem zweiten Stapel von links zwei beglaubigte Geburtsurkunden, die von mir und die meiner Verlobten, wir wollen nämlich nächsten Monat heiraten.« »Ich habe gestern nur meinen Schreibtisch aufgeräumt! Auf Ihren habe ich einiges draufgeworfen, aber überhaupt nichts weggenommen.«

Gehören Sie zur Premiumgruppe der ordentlichen Männer und Frauen mit dem funktionierenden Zeitmanagement? Dann lesen Sie dieses Buch mit einem anhaltenden Glücksgefühl. Sie bekommen auf jeder Seite bestätigt, wie vernünftig Sie mit dem Faktor »Zeit« umgehen. Gehören Sie zur Potenzialgruppe? Dann sind Sie ein ordentlicher Mensch mit verbesserungsfähigem Zeitmanagement. Sie haben das richtige Buch in der Hand. Ich habe es für Sie geschrieben. Sie werden jede Seite mit Gewinn lesen. Oder gehören Sie zur Gruppe der Unordentlichen? Sie werden nie sorgfältig mit Ihrer Arbeit und Zeit umgehen. Ich frage mich, wie Sie überhaupt die Disziplin aufgebracht haben, bis hierher zu lesen. Klappen Sie das Buch zu, aber Moment noch. Es ehrt Sie, dass Sie nach einem Weg aus Ihrem Chaos suchen. Leider ist das perfekte Zeitmanagement nicht Ihr Ding, das wird bei Ihnen nie funktionieren. Sie haben Glück und zufällig doch das richtige Buch in der Hand, nur falsch herum. Klappen Sie zu, drehen Sie um, und schlagen Sie wieder auf. Dann sind Sie in Ihrer Welt.

Freitag 8.10 Uhr. Das Rätsel ist gelöst. Personalwechsel bei der Reinigungsmannschaft. Für uns sind seit gestern zwei neue Kräfte zuständig. Die waren bis vorgestern in einer anderen Firma eingesetzt. Dort herrscht eine strenge »Clean-Desk-Policy«. Bei Feierabend haben die Schreibtischplatten leer zu sein. Kein Stück Papier darf liegen bleiben. Will man etwas zur Vernichtung freigeben, wirft man es in den Papierkorb oder auf den Fußboden oder lässt es einfach auf dem Schreibtisch liegen. Dann wird es von den Reinigungskräften automatisch entsorgt. Keiner hat den Neuen gesagt, dass es bei uns kein Clean-Desk-Prinzip gibt. Jetzt hat der oberchaotische Kollege ein Problem mit seinem Zeitmanagement. Der Hochzeitstermin ist geplatzt. Die für die Anmeldung zur Eheschließung erforderlichen Geburtsurkunden sind auf Nimmerwiedersehen in der Altpapierpresse verschwunden.

Die beiden Menschentypen

Warum Perfektionisten ordentlicher durchs
Leben gehen als Chaoten

> Ein Leben reicht mit knapper Not,
> eine Sache gut zu machen.
>
> Arturo Benedetti Michelangeli
> *(Pianist und Perfektionist)*

Sie dürfen stolz darauf sein, obwohl Sie nichts dafür können. Dass
Sie ein gut organisierter Mensch sind, ordentlich durchs Leben gehen, mit Ihrer Arbeit und Zeit zurechtkommen, einen aufgeräumten Schreibtisch haben, nichts vergessen und Zusagen einhalten.
Für Ihr Leben gibt es ein Drehbuch. Das steht seit Geburt fest
und Ihr Gestaltungsspielraum ist begrenzt. Ihre chaotischen Brüder und Schwestern können auch nichts dafür, dass es bei ihnen
nicht so geordnet zugeht. Die funktionieren nach einem anderen
Drehbuch, wobei von »funktionieren« eigentlich keine Rede sein
kann. Der Hirnforscher Gerhard Roth von der Universität Bremen
beschäftigt sich mit dem Entstehen der Persönlichkeit und den
Chancen, sich und andere zu ändern.

Um es gleich zu sagen: Die Chancen sind nicht sehr groß. Kom-
mandos aus unserem Unbewussten steuern unser Leben, ob wir es
diszipliniert oder locker angehen. Das Unbewusste ist nach Roth
eine Urform unseres Selbst, unsere Grundausrüstung, mit der
wir auf die Welt kommen. Daraus entsteht unser Temperament.
Die Gene bestimmen zu 20 bis 50 Prozent unsere Persönlichkeit.
Unser Spielraum ist bei der Geburt bereits in beträchtlichem Maße
umrissen. Zu unserem Temperament trägt auch bei, was unsere
Mutter während der Schwangerschaft erlebt hat: ob wir offen sind
oder ängstlich, ob unser Ego stabil ist oder zaghaft, ob wir pedantisch sind oder lässig. »Diese Weichen stellt das limbische
System, eine Art Schaltzentrale der Gefühle, das ab der sechsten

Schwangerschaftswoche entsteht. In dieser Zeit erlebt das Ungeborene die ersten emotionalen Konditionierungen, die sein Gehirn für sein ganzes Leben prägen« (S. 124).[2] Die New Yorker Kinderärzte Alexander Thomas und Stella Chess untersuchten 133 Kinder aus 84 Familien und fanden, dass sich Kinder bereits im Babyalter durch strukturiertes oder chaotisches Verhalten deutlich unterscheiden.

Psychologen suchen nach Persönlichkeitsunterschieden. Von jedem bedeutenden Psychologen gibt es ein Modell, das erklären will, welche Typen es gibt und wie sie sich voneinander unterscheiden. In den letzten Jahren haben sich aus den verschiedenen Ansätzen fünf zentrale menschliche Eigenschaften herauskristallisiert, die sogenannten »Big Five«. Fünf Faktoren, die sich im Laufe des Lebens nur wenig ändern, bestimmen unsere Persönlichkeit und unser Verhalten. Der Faktor »Gewissenhaftigkeit« hat den größten Einfluss auf den Umgang mit der Arbeit und der Zeit. Je gewissenhafter Sie sind, desto disziplinierter, planvoller, organisierter, ordentlicher und ausdauernder gehen Sie zu Werke. Je weniger Sie von diesem Faktor mitbekommen haben, desto nachlässiger, schludriger, unorganisierter und schlampiger erledigen Sie Ihre Aufgaben.

Die anderen vier Faktoren sind

– *Extraversion*: Ob Sie eher gesellig, gesprächig, selbstsicher, lebhaft sind oder zurückhaltend, in sich gekehrt, ruhig.

– *Verträglichkeit*: Wie gut jemand mit seinen Mitmenschen auskommt. Entweder freundlich, rücksichtsvoll, hilfsbereit oder misstrauisch, kritisch, streitsüchtig.

– *Neurotizismus*: Wie es um die emotionale Stabilität bestellt ist. Jemand ist entweder unsicher, launenhaft, ängstlich, sorgenbehaftet, nervös oder stabil, sorgenfrei, ungestresst, gelassen, unängstlich.

– *Offenheit*: Ob Sie wissbegierig, phantasievoll, experimentierfreudig sind oder uninteressiert, traditionsbehaftet, unkreativ.

Mit umfangreichen Tests lässt sich ermitteln, wie gewissenhaft, extravertiert, verträglich, neurotisch und offen Sie sind. Hier ist eine zeitsparende Kurzfassung. Mit drei Fragen für jeden Faktor können Sie sich grob einstufen:

Gewissenhaftigkeit: Ich bin jemand, der

❑ … gründlich arbeitet.

❑ … eher faul ist.

❑ … Aufgaben wirksam und effizient erledigt.

Extraversion: Ich bin jemand, der

❑ … kommunikativ, gesprächig ist.

❑ … aus sich herausgehen kann, gesellig ist.

❑ … zurückhaltend ist.

Verträglichkeit: Ich bin jemand, der

❑ … manchmal etwas grob zu anderen ist.

❑ … verzeihen kann.

❑ … rücksichtsvoll und freundlich mit anderen umgeht.

Neurotizismus: Ich bin jemand, der

❑ … sich oft Sorgen macht.

❑ … leicht nervös wird.

❑ … entspannt ist, mit Stress gut umgehen kann.

Offenheit: Ich bin jemand, der

❑ … originell ist, neue Ideen einbringt.

❑ … künstlerische Erfahrungen schätzt.

❑ … eine lebhafte Phantasie, Vorstellung hat.

Sie haben gemerkt, dass nicht alle Fragen in die gleiche Richtung gehen. Sind Sie eher faul, ist es mit Ihrer Gewissenhaftigkeit und Ihrem Zeitmanagement nicht so weit her. Ein Grobian ist nicht besonders verträglich. Wenig neurotisch ist, wer gut mit Stress umgehen kann.

Für jeden Faktor der Big Five gibt es Unterkategorien, sogenannte Facetten. Für den für uns wichtigsten Faktor »Gewissenhaftigkeit« wollen wir uns die sechs Facetten näher ansehen:

- *Kompetenz*: Sind Sie vernünftig, umsichtig und effektiv oder unvorbereitet und ungeschickt?
- *Ordnungsliebe*: Wie geplant und systematisch ist Ihre Arbeitsweise?
- *Pflichtbewusstsein*: Sind Sie durch Werte bestimmt und handeln Sie nach moralischen und ethischen Prinzipien?
- *Leistungsstreben*: Arbeiten Sie hart, zielstrebig und fleißig oder fehlt Ihnen jeglicher Ehrgeiz?
- *Selbstdisziplin*: Bringen Sie Aufgaben trotz Langeweile oder Ablenkung zu Ende, können Sie sich gut selbst motivieren?
- *Besonnenheit*: Überlegen Sie sorgfältig, bevor Sie handeln, sind Sie vorsichtig und umsichtig? Oder handeln Sie vorschnell, ohne die Konsequenzen zu bedenken?

Gewissenhaftigkeit hat viel mit Perfektionismus und nichts mit Chaotentum zu tun. Die unterschiedlichen Grade der Gewissenhaftigkeit bringen wir am besten auf die Reihe, wenn wir eine Linie zeichnen und an das eine Ende »perfekt« und an das andere Ende »chaotisch« schreiben. Teilen wir den Abstand zwischen total perfekt und total chaotisch in vier Etappen, bekommen wir vier deutlich unterscheidbare Stufen von starker bis nicht vorhandener Gewissenhaftigkeit.

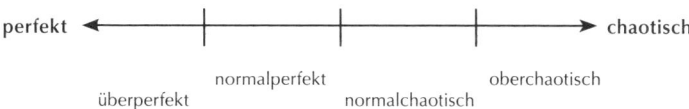

Jetzt können wir genauer beschreiben, was wir meinen, wenn wir von »Perfektionisten« oder »Chaoten« sprechen. Sagen wir zu einem Mitmenschen, er sei ein Perfektionist, dann ist das eher positiv gemeint. Klar, so ein kleiner Touch von »pingelig« schwingt schon mit. Wenn wir »pingelig« gemeint hätten, hätten wir eher

»Pedant« oder »Erbsenzähler« gesagt. »Sie sind ein Chaot!« ist eher eine Beleidigung, weil »Chaot« die negative Wucht von »Oberchaot« hat. Wir wollen beide Begriffe positiv sehen. Wenn wir künftig »Perfektionist« sagen, meinen wir den normalperfekten, geplanten Typen. Den zwanghaften, pedantischen Erbsenzähler nennen wir einen »Überperfektionisten«. Sprechen wir von einem »Chaoten«, dann ist das für uns ein normalchaotischer, flexibler Typ. Bei übertrieben chaotischem Verhalten haben wir es mit einem Oberchaoten zu tun. Das ist ein konfuser Typ, der Unheil anrichtet, weil er unberechenbar ist und nichts auf die Reihe bringt. Die vier Typen noch einmal übersichtlich, damit Sie sich selbst und Ihre Mitmenschen einordnen können:

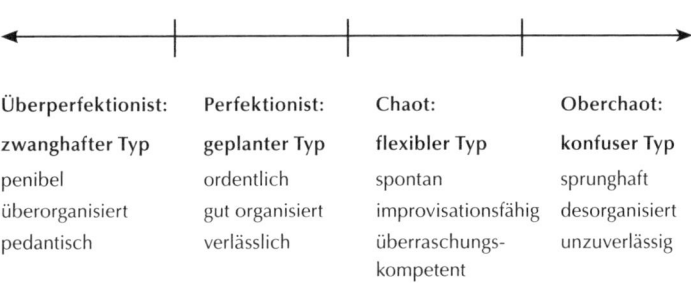

Überperfektionist:	Perfektionist:	Chaot:	Oberchaot:
zwanghafter Typ	geplanter Typ	flexibler Typ	konfuser Typ
penibel	ordentlich	spontan	sprunghaft
überorganisiert	gut organisiert	improvisationsfähig	desorganisiert
pedantisch	verlässlich	überraschungs-kompetent	unzuverlässig

Um einige Zusammenhänge zwischen den vier Typen zu erklären, »basteln« wir aus dem Spannungsbogen von überperfekt bis oberchaotisch ein Vierfelderschema. Wir lassen die beiden mittleren Normaltypen stehen und klappen die beiden äußeren Extremtypen nach unten. Wir erhalten ein sogenanntes »Wertequadrat«. Die vier Felder stehen für unterschiedliche Werte, die dem Verhalten der einzelnen Typen zugrunde liegen. Man spricht auch vom »Entwicklungsquadrat«. Schließlich kann man an sich arbeiten, sein Verhaltensrepertoire erweitern und seinen Typ in eine positive Richtung weiterentwickeln.[3]

	Perfektionisten	Chaoten
Tugend	geplanter Typ	flexibler Typ
Untugend (zu viel des Guten)	zwanghafter Typ	konfuser Typ

In den oberen Quadraten sind die beiden Typen angesiedelt, die zwar unterschiedliche, aber jeweils positive Verhaltenseigenheiten an den Tag legen. Es ist löblich, wenn man seine Aufgaben geplant, ordentlich und verlässlich erledigt. Es ist vorteilhaft, wenn man spontan und flexibel überraschende Ereignisse meistert. Beides ist gut und tugendhaft, man kann durchaus von Geschwistertugenden sprechen. Wer das Gute übertreibt, wer zu viel des Guten an den Tag legt, macht aus seiner ursprünglichen Tugend eine Untugend. Er ist das Opfer einer »entwertenden Übertreibung«. Sind Sie ein geplanter Typ und überziehen Sie Ihren gesunden Perfektionismus, kippt Ihr Verhalten irgendwann ins Zwanghafte. Übertreibt ein Flexibler, endet er in Schludrigkeit und Konfusion.

Perfektionisten suchen und finden die mit einem funktionierenden Zeitmanagement verbundenen Vorteile. Überperfektionisten leiden unter den Nachteilen ihres zwanghaften Verhaltens. Wir schauen uns beide Typen etwas näher an und grenzen sie voneinander ab. Da hilft uns die Motivationsforschung. Sie liefert Erkenntnisse zu den Hintergründen und Antrieben menschlicher Verhaltens- und Handlungsweisen. Der amerikanische Psychologie-

Professor Steven Reiss von der Universität Ohio hat das nach ihm benannte Reiss-Profil kreiert.[4] In Studien mit über 8.000 Männern und Frauen hat er 16 Motive gefunden, die unser Verhalten bestimmen. Es wundert Sie nicht, dass eines dieser Motive die Ordnung ist und man auch Gewissenhaftigkeit dazu sagen könnte. Was Reiss unter diesem Motiv versteht, betrachten wir jetzt etwas näher. Zu einigen anderen Reiss-Motiven kommen wir später, wenn es um Selbstmotivation geht, wenn wir uns mit der Bewältigung ungeliebter Aufgaben befassen. Menschen, bei denen das Ordnungsmotiv stark ausgeprägt ist,

– möchten alles organisieren.
– sind detailverliebt.
– fühlen sich in mehrdeutigen Situationen unwohl.
– ziehen ein stabiles, berechenbares Umfeld vor.
– sind Gewohnheitstiere und haben eine Vorliebe für Rituale.
– haben das Gefühl, dass Dinge außer Kontrolle sind, wenn Zeit- oder Arbeitspläne nicht eingehalten werden oder Vorschriften flexibel interpretiert werden.
– fällt sofort auf, wenn etwas unordentlich oder unaufgeräumt ist.

Die Grenze zwischen den ordentlichen Tugenden und zwanghaften Untugenden ist fließend. Sie ist überschritten, wenn jemand alles organisieren will, sich nur noch in Details verzettelt oder zum totalen Gewohnheitstier wird. Dann droht die Gefahr einer zwanghaften Persönlichkeitsstörung. Das ist eine von 13 Störungsarten, die vom Diagnosesystem der American Psychiatric Association erfasst wird.[5] Jede Störung ist die krankhaft übertriebene Version eines ursprünglich normalen Verhaltens. Menschen, die unter einer zwanghaften Persönlichkeitsstörung leiden, sind durchgeknallte Perfektionisten. Solange ein Gewissenhafter im Bereich des gesunden Normalverhaltens bleibt, zeichnen ihn neun positive Charakterzüge aus:

1. Er arbeitet hart und zielstrebig.
2. Er tut das Richtige, geleitet von moralischen Prinzipien und Werten.
3. Er arbeitet mit der richtigen Methode.
4. Er neigt zum Perfektionismus.

5. Er ist detailverliebt.
6. Er liebt die Ordnung und schätzt Pläne und Routine.
7. Er geht Probleme nüchtern und pragmatisch an.
8. Er ist überlegt, sparsam, leidenschaftslos.
9. Er ist ein großer Sammler vor dem Herrn und wirft ungern etwas weg.

Zwischen diesen Charakterzügen des gewissenhaften Typs und den Umschreibungen des Ordnungsmotivs bei Steven Reiss gibt es eine große Übereinstimmung. Wir fassen beide Ansätze zusammen, ergänzen sie durch die Facetten der Gewissenhaftigkeit aus den Big Five und erhalten sieben Persönlichkeitseigenheiten perfekter Menschen. *Positive Perfektionisten* sind

1. *planungskompetent*: Sie lieben Pläne und schätzen die Routine. Denken strategisch. Bringen langfristige Aufgaben rechtzeitig auf die Reihe.
2. *organisiert*: Sie halten Ordnung und kümmern sich um Details. Dokumentieren Ergebnisse und können auf Erfahrungen und frühere Lösungen zurückgreifen.
3. *aufgabenorientiert*: Die Aufgabe steht im Mittelpunkt und sie gehen darin auf. Lassen sich ungern stören. Stören andere nicht unnötig.
4. *pünktlich*: Teilen ihre Zeit ein. Halten Zusagen ein. Man kann sich auf sie verlassen.
5. *anpassungsfähig*: Erfüllen die an sie gestellten Forderungen. Sind loyale Mitarbeiter.
6. *gewissenhaft*: Sind streng zu sich selbst, diszipliniert und ehrgeizig.
7. *zukunftsorientiert*: Denken über den Tag hinaus. Gestalten die Zukunft. Analysieren potenzielle Probleme und erstellen Notfallpläne. Ziehen Lehren aus der Vergangenheit.

Solche Menschen legen großen Wert auf ein perfektes Zeitmanagement. Sie setzen mit Gewinn alle möglichen Planungstools ein. Organisieren ihren Arbeitsplatz. Sind für Kollegen und Chefs berechenbare und verlässliche Partner. Aus ihrer Mitte rekrutieren sich Zeitmanagement-Trainer, Autoren von Zeitmanagement-Büchern und Teilnehmer von Zeitmanagement-Seminaren.

Chaotische Typen hätten ein ordentliches Zeitmanagement bitter nötig. Leider fehlen ihnen dafür alle Voraussetzungen. Sie besitzen keinen Planungshorizont, leben im Augenblick, können mit Planungsinstrumenten nichts anfangen. Sie sind unterorganisiert und legen wenig Wert auf Ordnung. Gehen ihre eigenen Wege und halten sich nicht an Absprachen. Haben ein lockeres Verhältnis zur Zeit und nehmen es mit der Pünktlichkeit nicht so genau. Chaoten sind hoffnungslose Fälle, jeder Versuch, ihnen ein vernünftiges Zeitmanagement beizubringen, ist zum Scheitern verurteilt.

Der Test

Wie perfekt bin ich und
welches Zeitmanagement passt zu mir?

Bitte kreisen Sie die zutreffende Zahl ein:	trifft nicht zu	trifft etwas zu	trifft voll zu
1. Ich erledige meine Arbeit gründlich. Wenn jemand sagt: »Gut ist gut genug«, frage ich mich, wo die Schlamperei anfängt.	0	1	2
2. Bei der Erledigung von Aufgaben bin ich manchmal etwas detailverliebt.	0	1	2
3. Beim Delegieren von Aufgaben weiß man nie, ob das richtige Ergebnis herauskommt. Deshalb mache ich vieles lieber selbst.	0	1	2
4. Ich lege Wert auf Pünktlichkeit und ärgere mich über unpünktliche Mitmenschen.	0	1	2
5. Ich bin ein zuverlässiger Mensch. Auf meine Zusagen kann man sich verlassen.	0	1	2
6. Ich bin für das Prinzip der Schriftlichkeit und arbeite gern mit Aufgabenlisten, Checklisten, Einkaufslisten.	0	1	2
7. Mein Schreibtisch (mein Arbeitsplatz, mein Büro) ist aufgeräumt und ordentlich. Ich bin ein »Leertischler«.	0	1	2
8. Ich bin ein großer Sammler vor dem Herrn und werfe ungern etwas weg.	0	1	2
9. Ich plane und organisiere gern und gehe am liebsten methodisch vor.	0	1	2
10. Ich konzentriere mich auf eine Aufgabe und erledige eins nach dem anderen.	0	1	2
11. Ich gehe in meiner Arbeit auf. Meine Arbeit hat eine hohe Priorität in meinem Leben.	0	1	2

	trifft nicht zu	trifft etwas zu	trifft voll zu
12. Ich lasse mich ungern stören und störe auch andere nicht unnötig.	0	1	2
13. Wenn jemand sagt, ich sei »zielstur«, fasse ich das eher als Kompliment für meine Beharrlichkeit auf.	0	1	2
14. Ich arbeite hart und zielstrebig. Erst die Arbeit, dann das Vergnügen!	0	1	2
15. Ich bin anpassungsfähig und kooperativ. Die an mich gerichteten Erwartungen will ich erfüllen oder übertreffen.	0	1	2
16. Unangenehme Aufgaben möchte ich durch Selbstmotivation möglichst schnell anpacken und erledigen.	0	1	2
17. Langfristige Aufgaben packe ich frühzeitig an. Ich mag es nicht, wenn es am Schluss eng wird und ich in eine Endterminhektik gerate.	0	1	2
18. Ich bin ein »Gewohnheitstier« und schätze die Routine und das Vertraute.	0	1	2
19. Wer in eine Krise gerät, hat im Vorfeld etwas versäumt oder falsch gemacht.	0	1	2
20. Ich bin realistisch und stehe mit beiden Beinen auf dem Boden der Tatsachen.	0	1	2
21. Meistens bin ich konzentriert bei der Sache.	0	1	2
22. Ich bin ruhig und kontrolliert und halte meine Gefühle lieber bei mir.	0	1	2
23. Manchmal kontrolliere ich, ob ich das Auto oder die Wohnung wirklich abgeschlossen habe.	0	1	2
24. Manche Leute suchen dauernd Autoschlüssel, Handy, Brille. Das passiert mir nicht. Bei mir hat alles seinen festen Platz.	0	1	2
25. Wenn ich Zeitung lese, falte ich sie hinterher wieder ordentlich zusammen.	0	1	2

Bitte ermitteln Sie die Punktesumme: _____

Weniger als 10 Punkte: Sie sind unterperfekt

Vorteile: Sie sind einiges nicht und das ist gut so. Sie sind weder überorganisiert noch pedantisch noch zu sehr in Details verliebt. Ein Erbsenzähler sind Sie wirklich nicht. Ihr Motto könnte lauten: »Gut ist gut genug«, und das erspart Ihnen unnötigen Überaufwand. Sie können loslassen und delegieren. Von der Gefahr, zwanghafte Verhaltensweisen an den Tag zu legen, sind Sie weit entfernt.

Nachteile: Besonders geplant, zuverlässig und pünktlich sind Sie nicht. Ihre Aufgaben erledigen Sie nicht immer so gewissenhaft wie nötig. Manchmal ist perfekt angebracht, gut ist nicht immer gut genug. Mit dem Motto »Brauchbar ist besser als perfekt« sparen Sie Zeit, handeln sich aber auch Probleme ein. Manchmal muss es perfekt sein, brauchbar reicht nicht. Sie sind oft zu spät dran und geraten aufgrund Ihres geringen Planungsgrades in selbstverschuldete Hektik und hausgemachten Stress.

Was heißt das für Ihr Zeitmanagement? Ihr Zeitmanagement lässt zu wünschen übrig. Da gibt es ein großes Optimierungspotenzial. Mit einer besseren Planung und Organisation erhöhen Sie Ihren Wirkungsgrad. Sie vermeiden Hektik und minimieren hausgemachten Stress. Durch eine sorgfältigere Arbeitsweise ersparen Sie sich unnötigen Ärger. Insgesamt sind Sie der ideale Kandidat für einen Nachhilfekurs in Sachen Zeitmanagement und können von den folgenden Kapiteln viel profitieren!

Welche Konsequenzen müssen Sie ziehen? Bis jetzt ist erst klar, dass Sie einen geringen Perfektionsgrad aufweisen und Ihnen ein ordentlicheres Zeitmanagement nicht schaden kann. Ob es Ihnen viel nützt, hängt von Ihrem Chaosgrad ab. Ist der hoch, dann hätten Sie ein perfektes Zeitmanagement dringend nötig, aber es wird Ihnen nicht viel bringen. Es passt nicht zu Ihnen. Interessiert Sie Ihr Chaosgrad? Dann drehen Sie das Buch um und bearbeiten den Test im dritten Kapitel.

Sie haben dort auch weniger als 10 Punkte? Dann sind Sie nicht nur unterperfekt, sondern auch unterchaotisch. Sie können mit

Gewinn perfekter und chaotischer werden. Entwickeln Sie beide Seiten Ihrer Person weiter! Wo Sie anfangen, ist egal. Das Buch wird Ihnen auf jeden Fall doppelt nützen. Wenn Sie sich nicht entscheiden können, wo Sie beginnen sollen, schließen Sie die Augen und drehen das Buch mehrfach um. Wenn Sie die Augen öffnen und sehen, wie Sie das Buch in der Hand haben, hat Ihnen das Schicksal gesagt, aus welcher Seite Ihrer Person Sie zuerst mehr machen sollen.

Sie haben im Chaoten-Test mehr als 10 Punkte: Ihre chaotische Seite ist stärker ausgeprägt als Ihre perfekte. Sie hatten das Buch von Anfang an falsch in der Hand. Drehen Sie um und fangen Sie noch einmal von vorn an.

10 bis 40 Punkte: Sie sind perfekt

Vorteile: Sie funktionieren! Sie sind ein geplanter, ordentlicher, organisierter Mensch. Sie arbeiten gewissenhaft, sind zuverlässig und pünktlich. Lieben die Pläne und die Routine. Gehen in Ihrer Arbeit auf. Sie vermeiden Risiken und versuchen durch vorausschauende Planung Krisensituationen zu verhindern. Müssen deshalb selten improvisieren. Je mehr Punkte Sie haben, desto ausgeprägter sind diese Vorteile.

Nachteile: Sie sind nicht besonders spontan und flexibel. Wenn es nicht so läuft wie geplant, tun Sie sich schwer. Ihre Überraschungskompetenz ist unterentwickelt. Sie improvisieren nicht gern und können es auch nicht besonders gut. Sie sind kein besonders begabter Krisenmanager und treiben viel Aufwand, um Krisen zu vermeiden. Sie sind nicht besonders kreativ und innovativ. Je näher Sie an die 40 Punkte kommen, desto deutlicher erleben Sie diese Nachteile.

Was heißt das für Ihr Zeitmanagement? Das perfekte Zeitmanagement ist Ihr Ding! Vermutlich sind Sie schon gut unterwegs und dieses Buch wird Sie darin bestärken. Zusätzlich bekommen Sie wertvolle Optimierungschancen aufgezeigt. Je weniger weit Sie von den 10 Punkten weg sind, desto höher sind Ihre Chancen,

besser zu werden. Aber Vorsicht! Es gibt auch ein Zuviel-des-Guten. Je näher Sie an die 40 Punkte kommen, desto mehr müssen Sie sich vor entwertenden Übertreibungen hüten. Zu viel des Guten kann schlecht sein. Wer das Gute übertreibt, kippt ins Negative. Die Tugend wird zur Untugend.

Welche Konsequenzen müssen Sie ziehen? Lesen Sie einfach weiter. Erschließen Sie sich das Zeitmanagement, das zu Ihnen passt. Aber vermeiden Sie Übertreibungen. Seien Sie nicht zu streng mit sich selbst.

Über 40 Punkte: Sie sind überperfekt

Vorteile: Sie sind genau, akkurat, penibel, kontrolliert. Sie passen ins Controlling, könnten das Korrekturlesen in einer Zeitung übernehmen oder Steuerprüfer beim Finanzamt werden.

Nachteile: Sie sind pingelig, überpünktlich, übergenau, überorganisiert, überkontrolliert, übertrieben detailverliebt. In den Augen Ihrer Mitmenschen sind Sie ein pedantischer Mensch, hinter Ihrem Rücken nennt man Sie einen Erbsenzähler. Sie reagieren unflexibel und hilflos, wenn es nicht läuft wie geplant. Sie delegieren ungern, machen alles am liebsten selbst. Sie können alles am besten, glauben Sie zumindest. Sie sind ein dankbares Opfer für Rückdelegation, man kann Ihnen delegierte Aufgaben wieder »andrehen«.

Was heißt das für Ihr Zeitmanagement? Sie übertreiben, legen zu viel des Guten an den Tag, und das ist schlecht. Ihre perfekten Tugenden sind zu Untugenden verkommen. Sie stehen sich selbst im Weg. Sie brauchen für Ihre Arbeit mehr Zeit als nötig, weil Sie alles 120-prozentig machen wollen.

Welche Konsequenzen müssen Sie ziehen? Sie müssen dringend gegensteuern. Wieder normal werden. Bearbeiten Sie das perfekte Zeitmanagement unter dem Aspekt: Wo übertreibe ich? Wenn Sie mit dem perfekten Teil fertig sind, drehen Sie das Buch um

und lernen eine Ihnen völlig fremde Welt kennen. Das wird Ihren engen Horizont öffnen und Ihnen zeigen, dass man mit der Zeit, den Aufgaben und sich selbst auch anders umgehen kann, als Sie das tun. Sie werden kein anderer Mensch, können aber Ihre Persönlichkeit mit hilfreichen Verhaltensänderungen »entstarren«.

Möglicherweise haben Sie die Grenze vom gesunden Perfektionismus zum schädlichen Überperfektionismus bereits überschritten. Von dort ist es nicht mehr weit bis zur Endstufe der zwanghaften Persönlichkeitsstörung. Mehr zu diesem Problem der entwertenden Übertreibung erfahren Sie im vorletzten Kapitel.

Das richtige Zeitmanagement
Ordnung ist das halbe Leben:
Die andere Hälfte ist chaotisch genug

Erfolg im Fußball ist nicht planbar.
Aber wer nicht plant, ist fahrlässig.
Thomas Schaaf

Die erste Zeile der deutschen Fußballhymne »Fußball ist unser Leben« enthält eine tiefe Weisheit: Unser Leben ist wie Fußball. Die
Hälfte ist Zufall. Der Sportwissenschaftler Roland Loy hat statis-
tische Betrachtungen in den deutschen Fußball eingeführt: »Fast
die Hälfte aller Tore ist durch den Faktor Zufall beeinflusst: ein
Ball, der von der Latte zurückprallt und dem Stürmer vor den Fuß
fällt, ein Weitschuss, der abgefälscht wird; ein harmloser Roller,
der dem Torwart durch die Hände rutscht« (S. 140).[6] Unser berufliches und privates Leben ist ein Fußballspiel. Ein Teil lässt sich
planen und organisieren. Ein anderer Teil besteht aus einer Folge
unvorhergesehener Ereignisse. Man hat Glück, ist zur richtigen
Zeit am richtigen Ort, macht eine Zufallsbekanntschaft, bekommt
eine unverhoffte Chance. Oder man ist zur falschen Zeit am falschen Ort, hat Pech, die Chance geht ungenutzt vorbei. Der Arbeitstag setzt sich aus vorhersehbaren und überraschenden An-
teilen zusammen. Je höher der Fremdsteuerungsgrad des Jobs,
desto schneller wird der beste Plan von der Realität überholt. Bei
geplanten Menschen produziert diese Erfahrung eine unbefriedigende Feierabendbilanz mit dem diffusen Gefühl: »Was habe
ich heute eigentlich geschafft?« Man hat viel getan, nur das nicht,
was man eigentlich tun wollte. Chaoten ziehen aus dieser Erkenntnis die zu ihnen passende Konsequenz. Der ungewisse Charak-
ter des Arbeitstages muss als willkommene Ausrede für den totalen Planungsverzicht herhalten. Chaotische Typen ersetzen die
Planung durch das Motto: »Mal sehen, was der Tag Schönes für

mich bringt.« Fahren sie damit besser als die geplanten Perfektionisten? Geht Zeitmanagement gar nicht? Ja, Zeitmanagement geht wirklich nicht! Das haben wir bereits im ersten Kapitel festgestellt. Die Zeit lässt sich nicht managen. Sie ist einfach da und lässt sich weder anschieben noch anhalten. Man kann sie weder verknappen noch vermehren. Die Zeit ist vorgegeben. Jeder von uns hat pro Woche 168 Stunden zur Verfügung, 24 Stunden am Tag. Die Zeit ist das Einzige, was auf der Welt absolut gerecht verteilt ist. Alle haben gleich viel und deshalb sagt nur ein Dummkopf »Ich habe zu wenig Zeit!« Er gibt zu, dass er unfähig ist, mit der Zeit, die er hat, vernünftig umzugehen. Er lebt über seine zeitlichen Verhältnisse. Zeitmanagement richtig verstanden heißt, die vorgegebene Zeit sinnvoll nutzen. Sich keine Zeit stehlen lassen. Selbst keine Zeit »verplempern«, sondern die richtigen Prioritäten setzen, das Planbare planen und das Organisierbare organisieren. Vor dem Unvorhergesehenen nicht per Planungsverzicht kapitulieren, sondern Pufferzeiten für das Unplanbare einplanen.

Prominenz schützt nicht vor Dummheit. Vor kurzem wurden einige Prominente gefragt: »Was ist für Sie Luxus?«[7] Raten Sie mal, was sich alle wünschen? Richtig! »Zeit haben« ist der wahre Promi-Luxus! Boris Becker: »Der größte Luxus ist, Zeit zu haben, sich mal hängen zu lassen, nicht von Termin zu Termin hetzen zu müssen.« Reinhold Beckmann: »Zeit haben, Natur genießen und so etwas wie Glück empfinden.« Sarah Connor: »Freie Zeit haben. Für die Familie, Freunde, für die Menschen, die ich liebe.« Wolfgang Reitzle: »Mehr selbstbestimmte Zeit haben.« Michael Schumacher: »Der einzige Luxus, den ich mir erlauben möchte, ist, Zeit zu haben. Ohne irgendwelche Verpflichtungen, Termine oder sonst was. Einfach Zeit für mich und natürlich für meine Familie.« Wolfgang Joop: »Mein Genuss ist erheblich gestört, nicht durch fehlendes Geld, aber durch fehlende Zeit.« Anton Wolfgang Graf von Faber-Castell: »Als ich 20 war, träumte ich von einem Porsche. Heute, da ich mir den Porsche locker kaufen könnte, bedeutet Luxus etwas anderes – Zeit haben für Dinge, für die ich eigentlich zu wenig Zeit habe.« Irgendwie spinnen die Promis. Alle hätten gern, was sie längst haben. Und manche wollen mehr von etwas haben, von dem es nicht mehr gibt.

Auch für den Schriftsteller Hans Magnus Enzensberger ist die Zeit das wichtigste aller Luxusgüter: »Bizarrerweise sind es gerade die Funktionseliten, die über ihre eigene Lebenszeit am wenigsten frei verfügen können. Das ist nicht in erster Linie eine quantitative Frage, obwohl viele Angehörige dieser Schicht bis zu 80 Stunden in der Woche arbeiten; viel eher sind es ihre vielfältigen Abhängigkeiten, die sie versklaven. Man erwartet von ihnen, dass sie jederzeit erreichbar sind und auf Abruf bereitstehen. Im übrigen sind sie an Terminkalender gebunden, die auf Jahre hinaus in die Zukunft reichen. Aber auch andere Berufstätige sind an Regelungen gebunden, die ihre Zeitsouveränität auf ein Minimum beschränken. Arbeiter hängen von Maschinenlaufzeiten, Hausfrauen von Ladenschlusszeiten, Eltern von den Verfügungen der Schule ab, und fast alle sind auf Pendelfahrten zu den Spitzenverkehrszeiten angewiesen. Unter solchen Bedingungen lebt luxuriös, wer stets Zeit hat, aber nur für das, womit er sich beschäftigen will, und wer selber darüber entscheiden kann, was er mit seiner Zeit tut, wie viel er tut, wann und wo er es tut« (S. 117).[8]

Es heißt, die Verfügbarkeit über die Zeit unterscheide den Herren vom Knecht. Die Oberen in Wirtschaft und Politik müssten doch im Zeitluxus schwimmen, weil sie selber entscheiden können was sie tun. Warum werden die, die Macht über andere ausüben, selbst zu Sklaven, zu Zeitsklaven? Verdienen die versklavten Funktionseliten unser Mitleid oder hat Hans Magnus Enzensberger zu kurz gedacht und nur die halbe Wahrheit dargestellt? Führen nur die vielfältigen Abhängigkeiten zwangsläufig zur 80-Stunden-Woche oder tragen andere Ursachen dazu bei? Ich behaupte, die wahren Ursachen für die Zeitknappheit der Eliten finden wir in einer chaotischen Mischung aus Statusdenken und nicht funktionierendem Zeitmanagement. Ein wichtiger Mensch kann sich aus Statusgründen gar keine 40-Stunden-Woche leisten. Ich habe keine Zeit, also bin ich! Muss der ausgebuchte Terminkalender wirklich sein? Was ist davon zu halten, wenn einer jammert: »Ich habe keine Zeit mehr, ich habe nur noch Termine!«? Gibt er damit zu, dass er unter dem sogenannten »Kalenderkomplex« leidet, den wir im nächsten Kapitel besprechen werden? Da ist ein Politiker, der mit Burnout-Problemen kämpft, ehrlicher, wenn er – selbstverständlich anonym – bekennt: »Ich arbeite 60 bis 70 Stunden

in der Woche. Habe ich mal einen halben Tag frei, was vorkommt, fahre ich in eine 30 Kilometer entfernte Stadt in die Sauna. Im Büro gebe ich fingierte Termine an. Niemand darf mich sehen, denn bei uns nimmt sich jeder so wichtig, dass einer den anderen mit dem dicksten Terminkalender übertrumpfen will.«

Assistentinnen können ein Lied davon singen, wie ein schlechtes Zeitmanagement zur 80-Stunden-Woche beiträgt. Aus Zeitmanagement-Seminaren, die ich für Mitarbeiterinnen oberer und oberster Führungskräfte durchgeführt habe, stammen die folgenden Erkenntnisse über den chaotischen Arbeitsstil und das nicht funktionierende Zeitmanagement mancher Chefs. Hier ist eine Zusammenfassung typischer Assistentinnen-Klagen:

- Für niemanden hat er Zeit, für mich auch nicht. Oder: Für alle hat er Zeit, nur für mich nicht. Ich könnte ihn viel wirkungsvoller entlasten, wenn er mehr Zeit für mich hätte.
- Dauernd kommt es zu Terminüberschneidungen, weil er mir eigentlich die Terminhoheit übertragen hat, aber trotzdem dauernd selbst unkoordiniert Termine vergibt.
- Eine »Morgenlage« findet nicht statt, ich weiß nicht, was ansteht, was er geplant hat, wie der Tag laufen soll.
- Er hetzt von einem Termin zum nächsten, die von mir vorgeschlagenen Pufferzeiten zwischen den Terminen hält er für Zeitverschwendung, er verbreitet Hektik und ist dauernd zu spät dran.
- Im letzten Moment fällt ihm ein, was er mitnehmen muss, dabei sind die Termine schon lange bekannt.
- Er sitzt dauernd in Besprechungen, aber ich erfahre nie, was dort läuft, und bekomme nie die für mich relevanten Informationen. Ich könnte ihn viel wirkungsvoller unterstützen, wenn er mich besser informieren würde.
- Er meldet sich nie ab, sagt nicht, wohin er geht und wann er wieder da ist. Ich hinterlasse nicht gerade einen guten Eindruck, wenn ihn jemand braucht und ich nie weiß, wo er ist.
- Wenn ihn jemand telefonisch sprechen will, kann ich nie sagen, wann das geht, und kann keine Telefontermine vereinbaren. Wenn ihn ein Mitarbeiter braucht oder ihn jemand persönlich sprechen will, kann ich nie sagen, wann das möglich ist.

- Seinen Mitarbeitern hat er verkündet, dass seine Tür für sie immer offen ist, aber er ist nie da. Oder: Die Tür ist für alle jederzeit offen und man kann keinen ungestörten zusammenhängenden Satz mit ihm reden, dauernd platzt jemand dazwischen.
- Er ruft oft Mitarbeiter zu sich, ohne ihnen zu sagen, worum es geht. Dann wundert er sich, dass sie unvorbereitet sind und die Unterlagen nicht dabei haben.
- Er setzt Mitarbeiter auf »Abruf«. Die Leute sind sauer, weil sie nicht wissen, wann der Abruf kommt und sie deshalb ihre eigenen Termine absagen müssen. Und weil es oft vorkommt, dass er sie gar nicht mehr braucht, sie umsonst auf den Abruf gewartet haben.

Die Chefs jammern über Termindruck, Abhängigkeiten und die Unmöglichkeit der Planung. Bei anonymer Abfrage in Zeitmanagement-Seminaren, und unter vier Augen in Coaching-Prozessen, beichten sie dann Defizite im Bereich ihres Zeitmanagements. Die typischen Selbstaussagen sind in der Reihenfolge der nachfolgenden Kapitel zum perfekten Zeitmanagement aufgelistet:

- *Prioritäten*: Mein Arbeitsstil ist einigermaßen konzeptionslos. Ich verzettle mich, neige manchmal zum blinden Aktionismus.
- *Zusammenarbeit*: Ich gebe ungenaue Aufgabenstellungen an Mitarbeiter. Habe Widerstände gegen Delegation wegen eigenem Überperfektionismus. Will alles selber machen. »Nur-ich-kann's-richtig«-Haltung. Keine Unterbindung von Rückdelegationsversuchen. Zu großzügiges Zeitangebot an Besucher. Mangelnde eigene Gesprächsvorbereitung. Inkonsequente Gesprächsführung.
- *Deadline-Working*: Neige zu Last-Minute-Aufgaben an Mitarbeiter. Lasse Aufgaben zu lange bei mir liegen, delegiere zu spät.
- *Selbstmotivation*: Keine Konsequenz bei der Durchsetzung gesetzter Prioritäten. Aufschieben ungeliebter Aufgaben und unangenehmer Entscheidungen. Lustlosigkeit. Vorziehen unwichtiger Lieblingsaufgaben. Ich bin durch beruflichen oder privaten Ärger demotiviert.
- *Arbeitsstil*: Ich bin zu ablenkungsbereit. Flüchte in Sozialkontakte. Kümmere mich um Dinge, die mich nichts angehen.

- *Tagesplanung*: Nehme mir zu wenig Zeit für Vorbereitung. Meine Tagesplanung ist ungenügend. Pufferzeiten fehlen. Habe Probleme mit meiner Leistungskurve. Anlaufprobleme am Morgen, am Montag. Leistungsloch nach dem Mittagessen. Nachwirkungen einer Feier vom Vorabend.
- *Schreibtisch*: Ich leide unter dem »Volltischler-Syndrom«. Bin öfter am Suchen. E-Mail-Stau im Eingangskorb. Dokumentation funktioniert nicht.
- *Termin- und Merksystem*: Vergesse Termine und Zusagen. Leide unter Konzentrationsstörungen, weil ich zu viel im Kopf habe. Muss alles sehen, was noch nicht erledigt ist, sonst vergesse ich es.

Der Philosoph Wilhelm Schmid sagt in seiner »Philosophie der Lebenskunst« über die Zeit den klugen Satz: »Da sie so wenig fassbar ist, ist der Leichtsinn im Umgang mit ihr grenzenlos« (S. 356).[9] Er beruft sich auf seinen älteren Kollegen Seneca, der in seiner Schrift »Von der Kürze des Lebens« die Lebenszeit zur kostbaren Ressource erklärt, mit der sorgsam umzugehen ist, die man nicht verschleudern darf. Der wahre Lebenskünstler weiß um die Schere der Zeit in seinem Leben. Sie ist zunächst weit geöffnet. In 14 Tagen ist der Projektstand zu präsentieren und heute habe ich alle Zeit der Welt. Die Schere beginnt sich unmerklich zu schließen. »Die Zeitschere zerschneidet die Zeit; das, was ist, und das, was künftig sein wird, rückt immer enger zusammen, bis es im Punkt der Gegenwart zusammentrifft und die Zeit endgültig durchtrennt wird.« 13 Tage sind vorbei und die Präsentation entsteht per Nachtschicht. »Dass die Schere sich schließt, ist nicht zu verhindern; zu verhindern ist jedoch, durch den rechtzeitigen Gebrauch der Zeit, dass sie die besten Möglichkeiten zerstört.« Zeitablauf »killt« Handlungsalternativen, wäre eine populärphilosophische Beschreibung mancher Handlungszwänge. »Das Leben ist eine Folge von Versäumnissen mit vergeblichen Aufholversuchen«, hat ein lebenskluger Professor seinen Studenten ins Stammbuch geschrieben. Die Zeit ist der Engpass und die vielen Möglichkeiten müssen durch das Nadelöhr der Zeit. Wir haben nicht zu wenig Zeit, sondern zu viele Möglichkeiten. Wie bei einer Sanduhr, wo auch nicht alle Körner gleichzeitig und nebeneinander zum Zuge

kommen können, müssen wir die potenziellen Möglichkeiten in eine Reihenfolge bringen. Nach Schmid ist der überbeschäftigte, gestresste Mensch deshalb kein Lebenskünstler, »weil er sich nicht auf den Gebrauch der Zeit versteht« (S. 356).

»Fußball ist unser Leben« heißt der Film mit dem Hauptdarsteller Moritz Bleibtreu. Noch so ein Prominenter, für den »Zeit haben« Luxus darstellt: »Für mich definiert sich Luxus nicht über Kohle. Um alles, was ich mir kaufe, muss ich mich ja auch kümmern. Luxus bedeutet für mich eher, Zeit zu haben und zu machen, was ich will.« »Wie schaffen Sie das?« »Man muss sich die Zeit eben nehmen. Der Beruf bringt es mit sich, dass man über weite Strecken hart und intensiv arbeitet und dann eben auch wieder viel Zeit hat, wenn man nicht so viel Glück mit den Angeboten hat.« Was lernen wir von Moritz Bleibtreu? Es gibt zwei Möglichkeiten, mehr Zeit zu haben. Entweder darauf hoffen, dass uns das Glück verlässt, die Angebote ausbleiben, keine Aufträge mehr eingehen, wir arbeitslos werden. Oder sich als Lebenskünstler einfach Zeit nehmen und das heißt, die richtigen Prioritäten setzen.

Wie das perfekte Zeitmanagement funktioniert

Der perfekte Umgang mit der Zeit besteht aus der Kunst, die richtigen Prioritäten zu setzen. Packen Sie rechtzeitig das Wichtige an, dann werden Sie nicht zum unmöglichen Zeitpunkt vom Dringenden gehetzt. Graben Sie den Brunnen, bevor Sie Durst haben. Vermeiden Sie Krisen, indem Sie ihnen zuvorkommen. Steigen Sie in Aufgaben ein, bevor die Endterminhektik droht. Überlisten Sie Ihre Aufschieberitis, bringen Sie ungeliebte Aufgaben hinter sich, bevor es peinlich wird. Organisieren Sie das Organisierbare, das spart Ihnen Zeit. Planen Sie das Planbare und improvisieren Sie nicht alles, sondern nur den Rest. Das erspart Ihnen hausgemachten Stress. Gestalten Sie die Zusammenarbeit mit den Anderen vernünftig, auch wenn die anders ticken als Sie. Wenn Sie es dann noch schaffen, die Prioritäten Ihrer Mitmenschen mit Ihren eigenen unter einen Hut zu bringen, ist Ihr Zeitmanagement perfekt. Wie das alles geht, erfahren Sie hier.

Die Prioritäten

Warum man das Wichtige dringend machen muss

Wer von seiner Zeit schlechten Gebrauch macht,
jammert am meisten, dass sie zu knapp ist.
Zettel in der Raintal-Angerhütte

»Ich habe immer viel zu viel zu tun und immer viel zu wenig Zeit!«
Diesen Spruch hätte Egon Jameson in sein Büchlein »ABC der
dümmsten Sätze« aufnehmen können.[10] Wer so etwas sagt, möchte
nicht bemitleidet, sondern bewundert werden, als unersetzlicher,
wichtiger Mensch, der überall gebraucht wird. Leider entlarvt die
erste Hälfte des Satzes die eigene Ahnungslosigkeit und die zweite
Hälfte ist falsch. Zu wenig Zeit gibt es nicht. Das wissen Sie bereits.
Wir haben alle gleich viel Zeit, da kann doch nicht einer zu wenig
haben. Wer immer viel zu viel zu tun hat, ist unfähig. Er nimmt
sich für die Zeit, die er hat, zu viel vor. Er weiß nicht, wie man die
richtigen Prioritäten setzt.

Prioritäten bestehen aus einem Mix von Wichtigkeit und Dringlichkeit und da beginnen bereits die Schwierigkeiten. Der Unterschied von »wichtig« und »dringend« ist nicht allen klar. Manche
sagen »Das ist unheimlich wichtig!«, wenn es schnell gehen soll.
Andere sagen: »Das ist wahnsinnig dringend!«, wenn es sich um
etwas Wichtiges handelt. Die Wichtigkeit hat etwas mit Zielen zu
tun. Ein Ziel ist wichtig, wenn die Zielerreichung einen positiven
Effekt auslöst, und unwichtig, wenn die Realisierung wenig bringt.
Dringlichkeit bezieht sich auf die Zeit, auf jetzt oder später. Setzen
wir Wichtigkeit (etwas ist wichtig oder unwichtig) und Dringlichkeit (etwas eilt oder es hat Zeit) in Beziehung zueinander, ergeben
sich vier Quadranten. Diesen Quadranten lassen sich Aufgaben
und Ereignisse zuordnen.

Die Wichtigkeits-Dringlichkeits-Matrix

	Tätigkeiten:	Tätigkeiten:
Wichtig!	Strategie Konzeption Innovation Organisation langfristige Aufgaben Analyse potenzieller Probleme Mitarbeiterentwicklung Networking Pflege privater Beziehungen Fachliteratur, Weiterbildung »die Säge schärfen« Plan A/Plan B Q1	gravierende Ereignisse bewälti- gen (Qualitätsproblem, Rekla- mation, Produktionsproblem, EDV-Absturz) Endterminhektik Notfall, Krise, Katastrophe Q2
Nicht so wichtig.	Q4 **Tätigkeiten:** sich ablenken lassen Fluchtziele ansteuern sich Lieblingstätigkeiten gönnen Gefälligkeiten leisten	Q3 **Tätigkeiten:** viele Störungen (Telefon, Besucher, Kollege, Chef, Mitarbeiter) manche Besprechungen Tagesgeschäft Kalenderkomplex

Wichtigkeit (links vertikal)

Nicht so dringend.   Dringend!
Dringlichkeit

Unsere Tätigkeitsschwerpunkte wechseln selbstbestimmt oder fremdgesteuert zwischen den vier Quadranten. In welchem Quadranten hauptsächlich die Post abgeht, ist von Mensch zu Mensch verschieden. Vor allem zwischen Perfektionisten und Chaoten gibt es einen gravierenden Unterschied: Chaoten tummeln sich am liebsten im Q3. Perfektionisten sind Q1-Manager, sie denken über den Tag hinaus.

Quadrant 1

Das ist der für ein funktionierendes Zeitmanagement entscheidende Quadrant. Q1-Aktivitäten sind wichtig, aber nicht dringend. Besser gesagt, noch nicht dringend. Hier geht es um drei

Schwerpunkte: um die Zukunft, um die zwischenmenschlichen Beziehungen und um die eigene Person. *Die Zukunft*: Das sind Aktivitäten, mit denen Sie heute künftige Zustände gestalten oder künftigen Problemen vorbeugen. Es geht um Innovation und um die Entwicklung von Strategien. Wie die Firma in zehn Jahren aufgestellt sein soll. Welche Produkte dann Umsatz bringen, wenn Teile des heutigen Produktprogramms nicht mehr gefragt sein werden. Wen Sie zu Ihrem Nachfolger aufbauen wollen. Wie Sie die Aufbau- und Ablauforganisation an veränderte Gegebenheiten anpassen. Zu diesen strategischen Überlegungen mit weitem Terminhorizont kommen lang- und mittelfristige Aufgaben mit festgelegtem Endtermin. Sie sollen in vier Wochen einen Vortrag halten, in sechs Monaten eine Diplomarbeit abgeben, in drei Wochen einen Laden eröffnen. *Das Zwischenmenschliche*: Sind Sie Chefin oder Chef, dann ist es wichtig, dass Sie sich um die Mitarbeiter kümmern, Zeit für sie haben, Hilfestellung für ihre Weiterentwicklung und Weiterbildung geben. Hier geht es auch um Networking. Beziehungen schaden schließlich nur dem, der keine hat. Auch in die Pflege Ihrer privaten Beziehungen müssen Sie investieren, wenn die Balance zwischen Beruf- und Privatleben funktionieren soll. *Die eigene Person*: In sich selbst investieren. Etwas für seine persönliche und fachliche Weiterentwicklung tun. Fit bleiben, sich seine Arbeitsfreude und Leistungsfähigkeit erhalten. Über die eigene Karriereplanung nachdenken, einen Plan B in der Schublade haben, bevor man ihn braucht.

Die Perspektive ist langfristig-strategisch, die Zeitschere ist weit geöffnet. Ob Sie heute etwas tun oder nicht tun, hat heute keine Konsequenzen. Q1-Aktivitäten haben keine Tagesaktualität und unterliegen keiner aktuellen Fremdsteuerung. Hier ist Eigeninitiative gefragt, sonst geschieht nichts. Und da liegt das Problem: Q1-Aktivitäten sind wichtig, aber nicht dringend. Bei ausbleibender eigener Initiative kommen sie regelmäßig zur kurz, werden sie häufig vernachlässigt. Der Preis, den Sie für diese Versäumnisse bezahlen, ist gestundet, er wird später fällig. Wenn Sie ein Bild für Q1 haben wollen: Hier geht es um die große Bombe mit der langen Zündschnur.

Jetzt hat die große Bombe nur noch eine kurze Zündschnur oder sie explodiert gerade. Entweder kam sie von irgendwo hergeflogen oder sie ist von Q1 nach Q2 gerollt, weil die Zeit dafür reif war. Q2-Aktivitäten sind wichtig und dringend, sie haben Vorrang, zwingen zur sofortigen Reaktion. Der Chefeinkäufer unseres Großkunden ist am Telefon, droht mit Abbruch der Geschäftsbeziehungen, wenn wir nicht innerhalb von 24 Stunden die schadhaften Teile austauschen. Das IT-Netzwerk stürzt ab und Sie sind der verantwortliche Netzwerkadministrator. In der Produktion gibt es einen Bandstillstand. Ein Unfall passiert. Es brennt. Die Steuerfahndung steht vor der Tür. Kleine und große Krisen oder Katastrophen brechen aus.

Nicht alle Q2-Ereignisse sind schicksalhaft und unvorhersehbar. Manches Problem hätte sich vermeiden lassen, wenn man sich rechtzeitig darum gekümmert hätte. Manche Krise wäre nicht entstanden, wenn man ihr zuvor gekommen wäre. Manche Katastrophe hätte sich nicht so schlimm ausgewirkt, wenn es Notfallpläne gegeben hätte. Manche langfristige Q1-Aufgabe bleibt liegen oder »köchelt« auf Sparflamme, weil sie noch nicht dringend ist. Wird sie dann irgendwann dringend, muss sie in einer Endterminhektik gerettet werden. Vier Wochen war Zeit für die Vorbereitung des Vortrages. Übermorgen muss ich ihn halten und ich habe erst ein paar dürre Ideen. Mein Gott, sind die dreieinhalb Wochen schnell vorbeigegangen. In einem Monat muss ich die Diplomarbeit abgeben, und ich bin über die Grobgliederung noch nicht hinausgekommen. Mein Gott, wie kurz ein halbes Jahr ist. Am nächsten Montag ist die Ladeneröffnung, vor einer Stunde war Anzeigenschluss für die Samstagsausgabe, in der die Eröffnungsanzeige hätte erscheinen sollen. Der Finalstress in Quadrant 2 ist der Preis für die Versäumnisse in Quadrant 1. Möglicherweise hilft auch kein hektisches Krisenmanagement mehr. Die Firma ist am Ende. Der Umsatz ist weggebrochen. Weil es das Management vor einem Jahrzehnt versäumt hatte, die Zukunft zu erfinden. Damals hätte man erkennen können, dass in zehn Jahren 50 Prozent des Umsatzes mit neuen Produkten oder Dienstleistungen erzielt werden müssen. Die Verantwortlichen waren zu sehr

Q3-Manager und zu wenig Q1-Manager. Sie sind im Q3 aufgegangen und deshalb untergegangen.

Quadrant 3

Hier geht es um das Tagesgeschäft, um die kleinen Bomben mit kurzer Zündschnur. Das ist die Welt des Q3-Managers, des Tageshektikers, des spontanen Oberchaoten. Der arbeitet nicht, er »wird gearbeitet«. Befindet sich immer im Reaktionsmodus. Sein Erkennungszeichen ist das Handy. Jeder hat seine Nummer. Er ist für jeden jederzeit erreichbar, reagiert auf jedes dringende Ereignis, befasst sich mit jedem Problem, und sei es noch so unwichtig. Muss oft schnell irgendwo anrufen, etwas »hinbiegen« und improvisieren, weil er zu wenig geplant hat. Geht im Tagesgeschäft auf. Oder sollte man besser sagen »unter«? Unangemeldete Besucher platzen herein. Kollegen wollen etwas von ihm. Dann hetzt er auf ein Meeting oder zu einem externen Termin. Kommt nicht rechtzeitig weg, wird aufgehalten, ist zu spät dran. Auto fährt er nach dem Motto »Lieber tot als Zweiter«. Der Q3-Manager lässt sich von der Dringlichkeit überrollen und realisiert nicht, dass Störungen und Unterbrechungen immer dringend, aber nicht immer wichtig sind. Ab und zu verlässt er notgedrungen seine Q3-Spielwiese und bewältigt Q2-Krisen, von denen er einige selbst verursacht und andere nicht verhindert oder durch Vorbeuge- und Alternativmaßnahmen abgemildert hat. Dazu wären rechtzeitige Q1-Aktivitäten erforderlich gewesen, aber zu Aufgaben, die nur wichtig, aber nicht dringend sind, kommt er einfach nicht.

Quadrant 4

Der ist unproblematisch, wenn die dafür eingesetzten Zeitanteile im Rahmen bleiben. Manchmal ist der Quadrant 4 Fluchtziel für den gestressten Krisenmanager (Q2) und Pseudo-Krisenmanager (Q3). Beide gönnen sich, zur Erholung von hektischen Rettungsaktionen, angenehme Q4-Aktivitäten.

An der Wichtigkeits-Dringlichkeits-Matrix lassen sich die wesentlichen Probleme im Umgang mit den Aufgaben und der Zeit festmachen und zwingende Konsequenzen für ein funktionierendes Zeitmanagement ableiten. Die große Linie lautet: Hüten Sie sich davor, vom Q3 »gefressen« zu werden. Seien Sie sich nicht zu schade für das Tagesgeschäft, aber räumen Sie ihm keine zu hohe Priorität ein. Geben Sie die höchste Priorität und ein großes Zeitbudget den Q1-Aufgaben. So gehen Sie Q2-Zwängen aus dem Weg.

Tragen Sie als Führungskraft Verantwortung für eine Firma oder Organisation und hängt von Ihren Entscheidungen das Wohl und Wehe von Menschen ab, dann ist es fahrlässig, wenn Sie sich nicht intensiv um Ihre eigentlichen Aufgaben kümmern. Die sind wichtig, aber nicht dringend. Legen Sie heute die Basis, dass es Ihrer Firma und den Beschäftigten auch in 20 Jahren noch gut geht. Regeln Sie die Nachfolgefrage, bevor Ihnen Ihre Hausbank die Pistole auf die Brust setzt und mit Kündigung der Kreditlinie droht, weil Sie keinen geeigneten Nachfolger präsentieren können. Erfolgreiche Führungskräfte in oberen und obersten Führungspositionen sind gut beraten, wenn sie 80 Prozent der Zeit »für sich selbst« arbeiten. Das heißt, nicht nur auf Tagesereignisse reagieren und Termine wahrnehmen, sondern die Gesamtstrategie des Unternehmens entwickeln. Visionen und Leitbilder formulieren und dafür sorgen, dass diese kommuniziert werden und ihren Niederschlag in den täglichen Entscheidungen der Mitarbeiter finden. Die Organisation gestalten und an veränderte Entwicklungen anpassen. Die Organisationskultur und die Corporate Identity positiv beeinflussen. Auch dafür sorgen, dass in unteren Verantwortungsebenen der Zeitanteil für zukunftsgerichtete Veränderungen und Verbesserungen höher wird.[11]

Aber auch als Normalbürger müssen Sie sich rechtzeitig um das Wichtige kümmern, dürfen Sie nicht zu viele »Q1-Leichen« im Keller haben. Wie sieht es mit Ihrer Altersvorsorge aus? Sind Sie richtig versichert oder hat man Ihnen ein sinnloses Produkt »angedreht«? Haben Sie sich in Gelddingen schlau gemacht oder lassen Sie sich von Leuten über den Tisch ziehen, die ein Interesse an

Ihrem Geld haben? Liegt die halbfertige Einkommensteuererklärung monatelang in der Schublade, obwohl Ihnen eine Steuerrückzahlung zusteht?

Lassen Sie sich vom Tagesgeschäft nicht total vereinnahmen, sonst bleibt Ihnen keine Zeit, um über den Tag hinauszudenken. Minimieren Sie die Zeitanteile für Q3-Aufgaben. Sorgen Sie durch ein konsequentes Störungsmanagement dafür, dass wenig Zeit durch die Beschäftigung mit dringenden, aber unwichtigen Aufgaben »drauf« geht. Da ist noch eine Idee: Für eine Aufgabe braucht man so viel Zeit, wie man hat. Nehmen Sie sich einfach mehr Zeit für die wichtigen Q1-Aufgaben, dann bleibt Ihnen gar nicht mehr so viel Zeit für manches Unwichtige von Q3.

Sie dürfen Mensch bleiben und sich ab und zu einen Ausflug nach Q4 gönnen. Das können Sie sich leisten, wenn Sie die anderen drei Quadranten im Griff haben. Wenn Sie langfristige Aufgaben rechtzeitig auf die Reihe bekommen und nicht zu viel Zeit für die Bewältigung selbstverschuldeter Krisen verschwenden. Wenn Sie sich vom Tagesgeschäft nicht total vereinnahmen lassen. Die kleinen Fluchten nach Q4 dienen sogar einem höheren Zweck. Ein Schwätzchen auf dem Gang oder in der Teeküche nützt der Beziehungspflege. Sie erfahren Dinge, die nicht in den Rundschreiben stehen, aber für Ihre Arbeit trotzdem wichtig sind. Die Beschäftigung mit einer Lieblingstätigkeit hält Ihre Stimmung im grünen Bereich. Q4-Freiräume bleiben Ihnen, wenn Sie den Kalenderkomplex vermeiden, das Wichtige rechtzeitig dringend machen und sich auf Aufgaben mit großer Hebelwirkung konzentrieren.

Vermeiden Sie den Kalenderkomplex

»Ich habe keine Zeit mehr, ich habe nur noch Termine«, jammert ein gestresster Manager. Er hetzt von einem Termin zum nächsten. Sein voller Terminkalender lässt ihm keine Zeit für wichtige Aufgaben, um die er sich längst kümmern müsste. Die kommen zur kurz, weil sie nicht als Termin im Kalender stehen, sondern nur im Hinterkopf, mit schlechtem Gewissen. Möglicherweise leidet der Mensch unter einem »Kalenderkomplex«. Akzeptiert jeden Terminwunsch, lässt sich auf alle möglichen Events einladen,

tanzt auf allen Hochzeiten, sitzt in vielen Besprechungen, empfängt alle möglichen Besucher. Der volle Terminkalender dient als Beweis der eigenen Bedeutsamkeit. Wer unreflektiert alle Terminwünsche akzeptiert, ist ein dringlichkeitsgesteuerter »Terminwahrnehmer«. Besonders Politiker sind anfällig für diese Terminneurose. In der Lokalpresse heißt es zur Bilanz der ersten 100 Tage des neuen Oberbürgermeisters: »Er hat schon 300 Termine wahrgenommen!« Niemand fragt, wie viele davon wirklich wichtig waren. Manche meinen auch, sie müssten das Spiel mitspielen, obwohl man sich ohne negative Konsequenzen davon freimachen könnte. Sie erinnern sich an die Aussage des vom Burnout bedrohten Politikers aus dem vorhergehenden Kapitel, der seine Kollegen mit dem dicksten Terminkalender übertrumpfen will.

Machen Sie lieber das Wichtige dringend

Das ist der entscheidende Punkt: Machen Sie wichtige Aufgaben rechtzeitig dringend. Brechen Sie langfristige Aufgaben in Teilschritte herunter. Erledigen Sie die einzelnen Schritte zum vorgesehenen Termin. Vereinbaren Sie eine Besprechung mit sich selbst, wenn Sie sich um Wichtiges kümmern wollen. Notieren Sie den Besprechungstermin im Kalender und nehmen Sie diesen Eigentermin genau so ernst wie einen Fremdtermin. Nutzen Sie so den Kalenderkomplex im positiven Sinne. Ein Vorhaben, das als Termin im Kalender steht, packen wir eher an. Aus der Idee »Man müsste mal« wird meistens nichts.

Konzentrieren Sie sich auf Aufgaben mit großer Hebelwirkung

Konzentrieren Sie sich auf Aufgaben mit großer Hebelwirkung: Das sind die Q1-Aufgaben. Mit einem großen Hebel erzielen Sie eine im Verhältnis zum Aufwand starke Wirkung. Aktivitäten mit großer Hebelwirkung sind zum Beispiel die Brandverhütung, die Praktizierung eines persönlichen Fitnessprogramms oder der Austausch kaputter Dachziegel. Kleine Hebelwirkung bedeutet, Brände löschen, sich im Rehabilitationszentrum wieder hochpäp-

peln lassen, wenn es einen umgehauen hat, oder einen Eimer aufstellen, wenn es durchs Dach regnet. Jammert Ihnen das nächste Mal jemand vor »Ich habe zu viel zu tun und zu wenig Zeit«, dann sagen Sie ihm, dass er einen Dachschaden hat, es sich aber um ein lösbares Problem handelt, wenn er die wahren Ursachen erkennt und beseitigt. Ist er beleidigt, weil er nicht verstanden hat, wie Sie das meinen, lassen Sie ihn dieses Kapitel lesen.

Die Zusammenarbeit

Wie man sich im chaotischen Umfeld behauptet
und konfuse Chefs führt

Wer allein arbeitet, addiert,
wer zusammenarbeitet, multipliziert.
Arabisches Sprichwort

Der Arbeitstag hat mit zwei Erfolgserlebnissen begonnen. Zuerst kam der Anruf des Dampfplauderers. Jedes Mal will er mir ausführlich seine Lebensgeschichte erzählen, aber ich kenne sie bereits auswendig. Heute habe ich ihn ausgetrickst. »Wie geht's?«, hat er angefangen und wollte gleich losprudeln, weil es ihn nicht wirklich interessiert, wie es mir geht. Diesmal habe ich ihn ausgebremst. »Wie's mir geht? Schlecht! Ich habe heute wahnsinnig viel zu tun und dauernd läutet das Telefon!« Da ist ihm die Spucke weggeblieben und das Gespräch war zu Ende. Dann platzte ein Kollege herein: »Jetzt muss ich Sie mal was fragen, aber da muss ich ein Stück ausholen.« Meine Aufforderung »Können Sie bitte hinten anfangen?« hat ihn sichtlich irritiert. Er hat seine Frage gestellt und ich konnte sagen: »Da kann ich Ihnen gleich helfen, da brauchen Sie nicht ausholen, das habe ich auch so kapiert.« Schon hatte ich den zweiten Zeitdieb los. Klar, wir sind nicht immer so schlagfertig, und nicht immer kann man so frech zu seinen Mitmenschen sein. Manchmal ist der Zeitdieb ein Kunde, und wir müssen gute Miene zum bösen Spiel machen. Wenn wir uns aber alles gefallen lassen, was das chaotische Umfeld mit uns vor hat, können wir uns von unseren eigenen Vorhaben verabschieden. Dann sind alle mit uns zufrieden, nur wir selbst nicht.

Das Telefon. Wir können die ganze Welt an unseren Arbeitsplatz holen. Aber die Welt kommt auch zu uns, wenn wir sie gar nicht haben wollen. Anrufe platzen in Gespräche und unterbrechen angefangene Arbeiten. Das ist noch nicht alles. Anrufe haben Folgewirkung. Die Welt sieht nach dem Anruf anders aus als vor dem Anruf. Wir müssen in einer neuen Sache tätig werden. Nehmen wir später die unterbrochene Arbeit wieder auf, haben wir den roten Faden verloren. Der Wiedereinstieg kostet Rüstzeiten, die Unterlagen müssen wieder hergeräumt werden. Auch unsere eigenen Anrufe können problematisch sein. Wir erreichen den passenden Gesprächspartner nicht, versprochene Rückrufe bleiben aus, Arbeiten lassen sich nicht abschließen.

Das Handy. Gestattet eine Rund-um-die-Uhr-Erreichbarkeit. Vom Chef kommt am Sonntag um 21.30 Uhr eine Mail auf mein Smartphone, und er erwartet innerhalb von zehn Minuten eine Antwort. Im Urlaub helfe ich meiner Vertreterin weiter, wenn sie ein Problem hat. In langweiligen Meetings oder Vorträgen checke ich meine Mails und schreibe eine SMS. Sitze ich im ICE oder stehe ich auf der Autobahn im Stau, stehen mir zur Überbrückung der Wege- oder Wartezeiten alle möglichen Gesprächspartner zur Verfügung.

Der Kollege. Platzt herein, unterbricht, hat Fragen, will eine Hilfestellung. Sucht einen Gleichgesinnten, nach dem Motto »Schwätzer sucht Schwätzer«.

Der Besucher. Steht unangemeldet in der Tür: »Schön, dass ich Sie antreffe, bin zufällig in der Gegend und wollte mal kurz bei Ihnen vorbeischauen. Sie haben doch sicher fünf Minuten Zeit.« Geht nach einer Stunde wieder, hat mir 55 Minuten gestohlen, und ich sage zum Abschied auch noch »Auf Wiedersehen« zu ihm.

Der Chef. Er ruft an: »Bitte kommen Sie mal schnell zur mir.« Wenn Sie da sind, sagt er: »Wir müssen mal schnell!«, und meint, Sie sollen etwas für ihn erledigen. Er hat Rückfragen, ändert Prioritäten, ruft zu kurzfristig angesetzten Meetings.

Die Besprechung. »Von Beruf bin ich Besprechungsteilnehmer, ich hetze von einer sinnlosen Besprechung zur nächsten«, hat einer geantwortet, der gefragt worden ist, was er beruflich anstellt. Nicht alle Meetings sind sinnlos, aber manche sind schlecht organisiert,

sie dauern zu lang und es kommt wenig dabei heraus. Kurzfristig angesetzte Ad-hoc-Meetings nach dem Motto »Wir haben gerade Kunden im Haus, Sie sollten auch schnell dazukommen« bringen meine eigenen Termine durcheinander, und am Ende stellt sich heraus, dass man mich gar nicht gebraucht hätte.

Die Entstörung

Sich behaupten. Mit einem konsequenten Störungsmanagement lassen sich unnötige Anteile der Fremdsteuerung minimieren und die Freiräume für die eigene Arbeit erweitern.

Sich Abschirmen. Während der Dienstzeit als Notärztin oder Feuerwehrkommandant geht das natürlich nicht. Und wenn Sie für die IT-Hotline eingeteilt sind, können Sie es auch vergessen. Aber in vielen anderen Jobs lassen sich störungsfreie Zeiten organisieren. Die brauchen Sie, um ein ungestörtes Gespräch zu führen oder sich konzentriert mit einem Thema zu beschäftigen. In einer ungestörten Stunde erledigen Sie das Doppelte von dem, was Sie in einer gestörten Stunde zuwege bringen. Ungestörte Zeitblöcke sollten Sie in den Arbeitstag einbauen, als eine Art Besprechung mit sich selbst. Für Ihre Work-Life-Balance wäre es schade, wenn ungestörte Beschäftigungen nur nach Feierabend möglich wären oder Sie regelmäßig volle Aktentaschen mit ins Wochenende schleppen würden. Vielleicht ist es karriererelevant, wenn Sie sich am Freitagabend mit zwei schweren Pilotenkoffern von einflussreichen Leuten ins Wochenende verabschieden. Sagt aber ein Geschäftsführer zu Ihnen: »Die Zahl Ihrer Überstunden ist das Maß Ihrer Unorganisiertheit«, dann wissen Sie nicht, ob er Sie für höhere Aufgaben vorgesehen hat.

Kein Vorrang für das Telefon

Das Telefon lässt sich umleiten, auf eine Sprachbox, auf ein Sekretariat. Oder Sie übernehmen das Telefon des Kollegen, wenn er ungestört mit einem Besucher reden oder ungestört an einer Terminsache arbeiten will. Er hilft im Gegenzug Ihnen, wenn Sie eine

Telefonauszeit brauchen. Sind Sie der Besucher und missachtet Sie Ihr Gesprächspartner, weil er während des Gesprächs jedes Telefonat annimmt, dann sagen Sie beim nächsten Klingeln zu ihm: »Entschuldigung, aber ich war zuerst da!« Sie hätten auch vor Gesprächsbeginn anregen können, ob das Gespräch außerhalb seines Büros, in einem Besprechungszimmer, stattfinden könnte.

Telefoniert Ihr Chef, während Sie bei ihm sind, sollten Sie sein Büro verlassen, an Ihren Arbeitsplatz zurückgehen und warten, was passiert. Kommt sein Anruf: »Wo sind Sie denn, was ist los, wir haben doch eine Besprechung?«, antworten Sie: »Ich wollte nicht so indiskret Ihr Telefongespräch mit anhören, ich wusste nicht, ob es vertraulich ist, und ich konnte in der Zwischenzeit noch etwas erledigen.«

Sie müssen entscheiden, welchen Stellenwert Sie dem Handy einräumen. Wollen Sie beruflich und privat für alle rund um die Uhr da sein, auch am Wochenende und im Urlaub? Ist Ihr Leben ein permanenter Bereitschaftsdienst? Akzeptieren Sie als Besprechungsleiter, dass Teilnehmer nebenbei Mails checken, twittern oder ihren SMS-Verkehr abwickeln? Im handyfreien ICE-Großraumwagen hat ein Mitreisender zu seinem lautstark telefonierenden Sitznachbarn gesagt: »Ich lege keinen Wert darauf, mit Ihnen in einer Telefonzelle zu sitzen.«

Bündeln. Nichts gegen das Handy. Bei manchen gibt es die sinnvolle Funktion »Aktive Notizen«. Sobald sich ein bestimmter Anrufer meldet, springt eine Notiz auf und erinnert an die Themen, die Sie mit ihm besprechen wollen. Diese Funktion leisten auch Zettel, Seiten im Filofax oder Besprechungsmappen. Sie greifen nicht bei jeder Idee zum Telefon, sondern sammeln für die wichtigsten Kommunikationspartner offene Punkte, die Sie beim nächsten persönlichen oder telefonischen Kontakt gebündelt besprechen. »Sie kann man nie erreichen!« sollte man Ihnen nicht vorwerfen können. Das wäre nicht gut fürs Geschäft und für Ihr Image. Installieren Sie »Telefonfenster«, Zeiten der Erreichbarkeit, zu denen Sie nach einer Abwesenheit wieder da sind. Die Initiative bleibt beim Anrufer, er will ja schließlich etwas von Ihnen. Erreicht er Sie nicht auf Anhieb, erfährt er vom Sekretariat, von Ihrem Kollegen oder vom Anrufbeantworter, wann Sie wieder »auf Empfang« sind. Sein zweiter Kontaktversuch gelingt. Hat man

ihm dagegen Ihren Rückruf angeboten, müssen Sie aktiv werden und ihm möglicherweise vergeblich »hinterhertelefonieren«.

Bingo! Eine neue Mail im Eingangskorb. Wie groß ist Ihre Ablenkungsbereitschaft? Wie stark ist Ihre Neugier ausgeprägt? Schließen Sie erst die laufende Arbeit ab oder ist jede Mail eine willkommene Unterbrechung? Und beklagen sich anschließend über den zerstückelten Arbeitstag. Vielleicht sollten Sie die Mailbenachrichtigung deaktivieren und Mails blockweise bearbeiten, dreimal täglich.

Gesprächsverhalten. »Schwätzer sucht Schwätzer«: Es gehören immer zwei dazu und ich muss nicht immer das passive Opfer langatmiger Gesprächspartner sein. Probieren Sie aus, wie das Motto »Wer fragt, führt!« funktioniert. Sagen Sie zu einem Anrufer, der Ihnen gerade nicht in den Kram passt: »Geht's schnell oder darf ich Sie zurückrufen?« Ihre Gesprächseröffnung steuert die Gesprächsdauer. Es macht einen Unterschied, ob Sie mit der offenen Frage »Wie geht's?« beginnen und manche Leute zur ausführlichen Darstellung ihrer derzeitigen Lebenslage einladen. Oder ob Sie mit der geschlossenen Frage »Geht's gut?«, die mit »Ja« oder »Nein« beantwortet werden kann, schneller zum Gesprächsanlass überleiten. Während des Gesprächs können Sie unvermittelt ein neues Thema ansprechen, wenn das alte Ihrer Meinung nach »ausgelutscht« ist. Mit dem Aufschrei »Jetzt haben wir uns aber verplaudert, Sie haben doch heute sicher auch noch viel zu tun!« können Sie ein Gespräch »abwürgen«. Oder Sie signalisieren mit der Formulierung »Darf ich zusammenfassen?«, dass das Ende nahe ist. »Man hört Sie am Telefon lächeln«, wird den Telefonverkäufern beigebracht. Man hört auch, ob Sie Zeit haben oder nicht. Ihre Stimmlage und wie knapp Sie sich melden, kann das signalisieren.

Vielleicht müssen Sie auch lernen, »Nein« zu sagen, und sich abschminken, es allen Leuten recht machen zu wollen. Wer es allen Leuten recht machen will, macht es einem ganz sicher nicht recht, sich selbst! Sind Sie übertrieben hilfsbereit? Die Arbeit geht dorthin, wo sie gemacht wird! Eine abgestufte Unhöflichkeit sollten Sie pflegen, wenn man Ihre Gutmütigkeit ausnützen will, und sich langsam zurücknehmen, wenn Kollegen immer zu Ihnen kommen, statt sich selber um Dinge zu kümmern.

Stehbesprechung. Mit dem unangemeldeten Besucher veranstalten Sie eine kurze Stehbesprechung. Die dauert nicht so lang. Bie-

ten Sie ihm einen Platz an, dann steht er möglicherweise nicht mehr so schnell auf. Sie sollten ihm klar machen, dass er nicht einfach unangemeldet hereinplatzen kann, sondern einen Termin mit Ihnen vereinbaren soll.

Der Besprechungsort. Manchmal ist ein neutraler Ort, ein Besprechungszimmer, besser als das Büro Ihres Gesprächspartners – mit potenziellen Störungen durch Telefon und andere Kollegen. Ist kein neutraler Ort möglich, kann es besser sein, das Gespräch beim Kollegen stattfinden zu lassen. Sie können gehen, wenn es Ihnen reicht. Findet das Gespräch bei Ihnen statt, ist es schwieriger, den Kollegen loszuwerden, wenn Sie genug von ihm haben.

Der geplante Chef

Sie haben es gut. Die Zusammenarbeit funktioniert. Die Prioritäten sind klar und werden von ihm nicht willkürlich umgeworfen. Für die Zusammenarbeit gibt es Spielregeln. In regelmäßigen Rücksprachen bespricht man gebündelt offene Punkte. Sie können in Ruhe Ihre Arbeit erledigen, werden nur ausnahmsweise herausgerissen. Braucht er Sie schnell, fragt er Sie, ob es gerade passt, und sagt, worum es geht. Sie bekommen, wenn nötig, eine Vorbereitungszeit und haben die richtigen Unterlagen dabei. Sagt er ausnahmsweise nicht, warum er Sie braucht, dann fragen Sie ihn: »Wie kann ich mich vorbereiten?« Er ist gut organisiert, hat einen geplanten Arbeitsstil, delegiert frühzeitig. Er erspart Ihnen Finalstress, weil er vor Terminen rechtzeitig bekannt gibt, was vorzubereiten ist. Er sagt nicht: »Machen Sie mal so schnell wie möglich«, sondern gibt klare Aufgabenstellungen und vereinbart realistische Erledigungsendtermine. Ist ihm selber klar, dass seine Aufgabenstellung nicht ganz eindeutig ist, dann gibt er das zu und bietet einen zweiten Termin an. Sie befassen sich mit der Aufgabe und halten fest, welche Zusatzfragen Sie stellen müssen, welche Informationen Sie noch benötigen und haben nach dem Zusatztermin eine klare Aufgabenstellung. Der Chef beurteilt Ihre Leistung nicht nach Gutdünken, sondern im Sinne eines »Performance Management« nach messbaren Größen.

Gehört Ihr Chef zu dieser Gattung, und Sie sind ein geplanter Typ, dann haben Sie ein Problem. Ihr normalchaotisches Arbeitsumfeld ist dann konfus. Sie dürfen wegen jeder Kleinigkeit viermal am Vormittag »antanzen«: »Kommen Sie mal schnell zu mir!« Er reißt Sie aus der Arbeit, ohne zu sagen, worum es geht. Hätten Sie gefragt: »Um was geht es bitte?«, hätte er geantwortet: »Kommen Sie mal, das sage ich Ihnen schon, wenn Sie da sind.« Sind Sie da, überrascht er Sie mit einem Thema und Sie haben die passenden Unterlagen nicht dabei. Er sprüht vor Ideen und Sie sollen alle realisieren. Wirft dauernd Ihre Prioritäten über den Haufen. Delegiert zu früh und sagt: »Machen Sie mal«, bevor er weiß, was er genau will. Delegiert regelmäßig zu spät, wenn eigentlich lange bekannt war, was er auf eine Dienstreise mitnehmen muss oder was er für seine Präsentation braucht. Er verteilt Last-Minute-Aufträge und produziert Endterminhektik. Er ruft Sie zu jeder Tages- und Nachtzeit an, weil er etwas vergessen hat oder in seinem Chaos eine Unterlage nicht mehr findet. Im Büro pflegt er das Prinzip der offenen Tür. Sie können keinen ungestörten zusammenhängenden Satz mit ihm reden, weil ständig sein Telefon klingelt oder ein anderer Mensch hereinschneit.

Verbünden Sie sich mit seiner Assistentin. Sie brauchen einen Überblick über seine Termine. Muss er am nächsten Tag auf eine Reise oder auf eine Besprechung und fällt ihm wieder kurz vor knapp ein, was er von Ihnen schnell noch braucht, sollten Sie ihm das auf den Tisch legen können, und Ihr Feierabend ist nicht gefährdet. Oder Sie gehen an solchen potenziellen Last-Minute-Tagen etwas früher heim und sind telefonisch nicht erreichbar. Sie legen Ihre eigenen Termine so, dass Sie möglichst weg sind, wenn er da ist, dann trifft es andere. Ist er weg, dann sind Sie da und können ungestört arbeiten.

Seine »Machen-Sie-mal-so-schnell-wie-möglich-Aufträge« brauchen Sie nicht so ernst nehmen. Bedenken anmelden oder gar widersprechen sollten Sie bleiben lassen. Der große Stratege mag keine Erbsenzählerei, ins Detail geht er schon gar nicht. Nutzen Sie Ihren Freiraum und tun Sie erst mal nichts. Morgen hat er eine neue Idee. Oder er steht plötzlich vor Ihnen und fragt: »Sind Sie fertig?« Dann

können Sie immer noch antworten: »Sie haben gesagt, so schnell wie möglich, aber es war noch nicht möglich.« Wenn Sie erst nach der ersten Nachfrage tätig werden, arbeiten Sie nie umsonst. Zur Sicherheit können Sie eine Fünf-Minuten-Mind-Map produzieren. Die zaubern Sie aus der Schublade, wenn er Sie auf das Thema anspricht, und zeigen, wie ernsthaft Sie an seinem Auftrag arbeiten.

Je höher sein Chaosfaktor, desto leichter können Sie ihn steuern, desto besser funktioniert die Mitarbeiterführung. Eine Mitarbeiterführung, die den Namen wirklich verdient: Sie als Mitarbeiter führen den Chef. Dieses mächtige Führungsinstrument wird in der Management-Lehre regelmäßig vergessen, aber nur mit der »Führung nach oben« funktionieren Firmen und chaotische Vorgesetzte. Er glaubt zu führen und alles funktioniert, weil Sie »ieren«:

– Sie modifiz*ieren* seine realitätsfernen Aufträge so, dass es Sinn macht. Schließlich sind Sie näher am Geschehen und können besser entscheiden, was geht und was nicht. Und weil er sich für Details sowieso nicht interessiert, merkt er gar nicht, was wirklich läuft.

– Sie ignor*ieren* es, wenn der Chef Unsinniges anordnet, tun nichts oder das Gegenteil und finden genug Möglichkeiten, die Befehlsverweigerung zu verschleiern.

– Sie fris*ieren* bereits im Vorfeld die Informationen, auf denen seine späteren Entscheidungen basieren. Finden Sie seine Interessen und Vorlieben heraus. Seien Sie sich klar, dass die Übermittlung schlechter Nachrichten nicht belohnt wird, auch wenn sie zutreffen. Geben Sie dem Chef die Informationen, die er erwartet und für die er empfänglich ist. Dann glaubt er, Entscheidungen zu treffen. In Wahrheit bestätigt er Entscheidungen, die er nicht ändern kann.

– Manchmal müssen Sie auch par*ieren* und ausnahmsweise tun, was der Chef will. Vielleicht finden Sie die Anweisung des Chefs sinnvoll oder fürchten die negativen Konsequenzen einer offensichtlichen Befehlsverweigerung.

So kommt alles zu einem guten Ende. Sie improvis*ieren* die konfusen Ideen des Chefs, damit es funktioniert. Er kann dann sagen: »Bei uns läuft alles hervorragend«, und denkt: »Ich bin der perfekte Chef!«

Der richtige Zeitpunkt
Wer zu spät startet,
wird von der Endterminhektik überholt

Kein eiliger Mensch ist ganz zivilisiert.
Will Durant

Alle Jahre wieder

12.00 Uhr mittags. High Noon. Das Ende ist nahe. Kürzlich war es noch weit weg, und jetzt laufen mir die Stunden davon. Weihnachten steht vor der Tür. Das ist seit dem 1. Januar bekannt. Alle Jahre wieder. Jetzt habe ich die Bescherung: Heute ist Heiliger Abend und es ist 12.00 Uhr mittags. Bald fällt der Startschuss für Weihnachten, der Ladenschluss, und ich habe noch keine Geschenke! Vier Stunden bis 16.00 Uhr, das wird knapp. Oder schließen die Geschäfte heute bereits um 14.00 Uhr? Hätte ich doch bis 12.00 Uhr bei Zweitausendeins angerufen, gestern. Mein Problem hätte sich über Nacht gelöst, aber diese rettende Idee ist mir erst gekommen, als es zu spät war, heute. Gut, die sogenannte Blitzlieferung wäre dreimal so teuer geworden wie der Normalversand, Zeit ist schließlich Geld. Und auch dieses Jahr wieder die übliche CD, auch diesmal wieder ein Buch? Aber ich müsste jetzt nicht losrennen, und etwas anderes als eine CD oder ein Buch fällt mir auf die Schnelle nicht ein. Bin mal gespannt, was die Buchhändlerin dieses Jahr an spitzen Bemerkungen auf Lager hat. »Weihnachten ist diese Jahr wieder ganz plötzlich und überraschend über uns hereingebrochen!«, hat sie vor genau einem Jahr gelästert.

Chaoten feiern jeden Tag Weihnachten. Sie sind immer zu spät dran. Erledigen alles »auf den letzten Drücker«. Diesen hausgemachten Stress erspart sich der geplante Mensch. Er könnte die Deadline-Junkies mitleidig belächeln. Seine Schulkameraden, die

morgens in der Straßenbahn Lösungen abschreiben oder hektisch für Prüfungen lernen. Seine Studienkollegen, die ein halbes Jahr Zeit für ihre Diplomarbeit hatten, die letzten drei Nächte vor dem Abgabetermin zum Tage machen, mit einem getürkten ärztlichen Attest um Terminverlängerung betteln. Die Arbeitskollegen, die den Präsentationstermin seit drei Wochen wissen und zweieinhalb Wochen untätig verstreichen lassen. Leider haben die Endterminhektiker ein einnehmendes Wesen: Sie belästigen ihre Mitmenschen, reißen sie mit hinein in ihr selbst verschuldetes Unglück. Mein unvorbereiteter Nebensitzer hat in der Klassenarbeit auch meine kleinen Fehler abgeschrieben, wir bekommen beide eine Sechs. Mein WG-Mitbewohner wirft mich nachts um drei aus dem Bett, weil ihm auf der letzten Seite seiner Hausarbeit der Drucker-Toner ausgegangen ist. Der Kollege platzt am Tag vor seiner Präsentation dreimal hektisch bei mir herein, will von mir gerettet werden. Auf der Autobahn drängeln Leute mit der Lichthupe aus einem Meter Entfernung, weil sie ihren Termin retten wollen, zu dem sie viel zu spät losgerast sind.

Hektik ist ordinär

Der persönliche Arbeitsstil hat etwas mit Stil zu tun. Eile und Hektik sind stillos. Wer sich selber hetzt und andere drängelt, hat etwas falsch gemacht, er kommt mit seiner Zeit nicht zurecht. Eile ist ordinär, heißt es in einem Streiflicht der FAZ.[12] Wer Lebensart hat, eilt sich nur ganz ausnahmsweise und nur aus wirklich unabweisbarem Grund. Wer sich eilt, läuft entweder hinter etwas her oder vor etwas fort. Als Rabbi Levi Jizchak aus Berditschew, ein Mann von großer Bedächtigkeit, eines Tages einen Mann in hastiger Eile die Straße entlanghetzen sah, fragte er ihn: »Was rennst du so?« Er gehe seinem Erwerb nach, entgegnete der Angesprochene. »Und woher weißt du«, belehrte der Rabbi den Keuchenden, »dass dein Erwerb vor dir herläuft und du ihm nachjagen musst? Vielleicht ist er dir im Rücken, und du brauchst nur innezuhalten, um ihm zu begegnen; du aber fliehst vor ihm.«
　　Der Last-Minute-Chef ist eine lächerliche Figur. Er ist berechenbar, man kann sich auf ihn verlassen. Kurz vor einem Auftritt,

einer Besprechung, einer Präsentation, kommt er hektisch an-
geschossen, reißt seine Mitarbeiter aus der Arbeit, benötigt unbedingt und sofort eine Zusammenstellung, die er schnell noch
als Grafik in PowerPoint umgesetzt haben will. Immer kurz vor
knapp, obwohl die Termine lange bekannt sind. Muss er weg, zu
einem auswärtigen Termin oder auf eine Dienstreise, steht seine
Mannschaft Gewehr bei Fuß. Bevor er losdüst – wie immer viel zu
spät –, mischt er alles auf, braucht schnell noch von diesem und
jenem dies und das und wirft alles hastig in seinen Aktenkoffer.
Vor kurzem hat er wieder so ein Abreisedrama inszeniert und
ist auf den Flughafen gerast. Drei Tage Shanghai. Seine Mitarbeiter atmen auf und feiern seine Abreise mit einem Gläschen Heid-
sieck. Nach einer Stunde platzt er in die fröhliche Abschiedsparty.
Auf dem Flughafen war der Schalter bereits geschlossen, als er an-
gehetzt kam. Auch wenn er etwas früher da gewesen wäre, hätte
es für ihn keinen Platz mehr gegeben. Man hatte die Warteliste be-
dient, der Flieger war voll, erklärte ihm eine freundliche Mitarbeiterin. Als er einen Aufstand anzetteln wollte: »Ich bin ein wichtiger Mensch! Muss unbedingt mit! Schadensersatz! Bringen Sie
mir sofort Ihren Vorgesetzten!«, hat sich herausgestellt: Er war
einen Tag zu früh dran. Der Hektiker hatte sich im Termin geirrt,
musste kleinlaut das Feld räumen.

Deadline-Junkies verbreiten vermeidbare Hektik, produzieren
unnötigen Stress, kommen zu spät, lassen Termine platzen, frus-
trieren Mitarbeiter und ärgern Kollegen. Das Schlimmste: Sie liefern unvollkommene Ergebnisse ab, verursachen unnötige Kos-
ten. Der Zeitablauf »killt« Handlungsalternativen. Das Angebot
muss unbedingt heute beim Kunden sein. Der normale Postweg
mit der 1,45-Euro-Briefmarke geht nicht mehr. Die Situation rettet ein freundlicher Taxifahrer, der gern für 450 Euro durch halb
Deutschland rast. Wir bekommen tatsächlich den Zuschlag. Aber
nur wegen unseres konkurrenzlosen Preises. Der basiert auf einem
Kalkulationsfehler. So etwas passiert in der Hektik. Niemand hat
das Angebot nachgerechnet, dafür war keine Zeit mehr. Jetzt strei-
ten sich die Rechtsabteilungen.

Murphy lässt grüßen

Der amerikanische Ingenieur Edward Aloysius Murphy hat mit einem Satz kurz und bündig erklärt, weshalb Kriege ausbrechen, Brötchen immer auf die Marmeladenseite fallen, Atomkraftwerke außer Kontrolle geraten: »Wenn irgend etwas schief gehen kann, dann geht es schief – irgendwo, irgendwie, irgendwann.« Murphy's Law ist auch in einer anderen Formulierung im Umlauf: »Wenn es mehrere Möglichkeiten gibt, eine Aufgabe zu erledigen, und eine davon in einer Katastrophe endet oder sonst wie unerwünschte Konsequenzen nach sich zieht, dann wird es jemand genau so machen.« Und dieser Jemand ist nicht selten ein Deadline-Worker! Endterminsituationen sind Murphy-prädestiniert! Der Kopierer hat das ganze Jahr perfekt funktioniert. Jetzt muss der oberchaotische Endterminhektiker für die in fünf Minuten beginnende Besprechung eine Unterlage kopieren – eigentlich wollte er sie den Teilnehmern vorab mailen, ist aber nicht rechtzeitig dazu gekommen – und dann stürzt nach Murphy garantiert der Kopierer ab.

Der frühe Vogel fängt den Wurm

»Das Leben besteht aus Versäumnissen und vergeblichen Aufholversuchen«, hat ein Professor wie gesagt seinen Studenten mit auf den Weg gegeben. Vermutlich hat er gescheiterte Prüfungsvorbereitungen gemeint oder den üblichen Finalstress bei der Erstellung von Diplomarbeiten. Versäumnissen vergeblich nachzuhetzen, muss nicht sein. Manche Krise lässt sich vermeiden, wenn man ihr zuvorkommt. Dazu brauchen wir den rechtzeitigen Start. Rechtzeitigkeit hat acht Hauptvorteile:
1. Der frühe Vogel fängt den Wurm. Wer zuerst kommt, mahlt zuerst. Die besten Plätze sind noch nicht weg, Sie sitzen in der ersten Reihe. Das begrenzte Schnäppchen-Kontingent ist noch nicht ausgeschöpft, Sie fliegen für 19 Euro nach Rom.
2. Sie sind Frau oder Herr des Geschehens, ohne Handlungszwänge. Sie können die Vorgehensweise wählen, alle Alternativen sind offen. Teure Sonderaktionen entfallen.
3. Murphy hat keine Chance. Das Unvorhergesehene wirft Sie nicht

aus der Bahn, Sie können es bewältigen. Ihnen bleiben Zeitpuffer. Aufgrund einer rechtzeitigen Analyse potenzieller Probleme gibt es Vorbeuge- und Alternativmaßnahmen, liegen Notfallpläne in der Schublade. Sie kommen der Krise zuvor, sie bricht nicht aus. Können Sie das nicht verhindern, minimieren Sie zumindest die negativen Folgen.

4. Sie können sich solide zuarbeiten lassen. Delegieren rechtzeitig. Bitten im Vorfeld um Unterstützung. Rufen Informationen frühzeitig ab.

5. Sie sind kein Flaschenhals. Verursachen keinen Finalstress bei anderen. Lassen niemand hängen, der Ihnen in der Prozesskette nachfolgt und auf Ihre Zuarbeit angewiesen ist.

6. Das Ergebnis steht zum Termin. Es ist wasserdicht. Gegengelesen. Überprüft. Perfekt.

7. Die Vorgehensweise ist dokumentiert. Die dafür erforderliche Zeit stand zur Verfügung. Das spart später Zeit.

8. Ihr Arbeitsstil hat Stil. Sie verbreiten keine Hektik. Es gibt keine Torschlusspanik. Ihr Privatleben ist nicht durch unnötige berufliche Stressüberläufe beeinträchtigt.

Kreativität braucht Zeit

Not soll erfinderisch machen, aber das kann man auch bezweifeln. Unter Zeitnot lassen sich bestenfalls Notlösungen, Schlupflöcher, Auswege finden. Der große kreative Wurf gelingt so nicht. Patentweltmeister und Nobelpreisträger berichten, wenn sie rückblickend ihre Geistesblitze analysieren, von einem phasenförmigen Verlauf kreativer Prozesse:

1. *Präparation*: Das Problem wird erkannt und analysiert. Der Problemlöser aktiviert eigenes Wissen und sucht nach problemrelevanten Informationen.

2. *Inkubation:* Die Beschäftigung erfolgt nicht nur bewusst, sondern vermutlich auch als geistige Arbeit im Vor- und Unbewussten. Auch wenn sich der Problemlöser mit etwas anderem beschäftigt oder den Lösungsversuch nach einigen Misserfolgen scheinbar aufgegeben hat, arbeitet das Unterbewusste am Problem weiter.

3. *Illumination:* Problemlöser berichten von einer plötzlichen Erleuchtung, einem Geistesblitz, einem Aha-Erlebnis zu einem Zeitpunkt, an dem sie sich gar nicht mehr aktiv um eine Lösung des Problems bemüht hatten.

Um Probleme zu lösen, muss man sich vom Problem lösen. Wer sich in das Problem verbissen hat, sieht mit seinem Tunnelblick vor lauter Bäumen den Wald nicht mehr. Die Lösung muss reifen. Wir müssen uns präparieren, uns gedanklich auf das zu lösende Problem einstellen, Ideen sammeln, Material zusammentragen und Menschen anzapfen, die Ideen und Material besitzen. Kreativität braucht Zeit, nicht Hektik.

Oh du Fröhliche

Legen Sie am 1. Januar eine Liste für Geschenkideen an. Nutzen Sie das erste Halbjahr, notieren Sie Einfälle und Ideen. Kaufen Sie die Geschenke im Sommer. Freuen Sie sich das ganze zweite Halbjahr über den Weihnachtsfinalstress, den Sie sich geschenkt haben.

Die ungeliebte Aufgabe

Wie man seine Aufschieberitis kuriert und
unangenehme Angelegenheiten auf den Weg bringt

»Hard work pays off in the future.
Laziness pays off now!«

Die Bequemlichkeitsfalle

Aufschieberitis, diese rätselhafte, aber weit verbreitete Krankheit,
ist verantwortlich für die Endterminhektik. Der Bequeme lässt
unangenehme Aufgaben einfach liegen. Er kassiert den sofortigen Vorteil, muss sich nicht überwinden und quälen. Den Preis
für seine Inkonsequenz bezahlt er später, wenn sich die ungeliebte
Aufgabe nicht von selbst erledigt hat, und er seine Laschheit durch
Schlusspanik büßt.

	Der konsequente Perfektionist	Der inkonsequente Chaot
Vorteil	später	sofort
Nachteil	sofort	später

Ein konsequenter Mensch investiert in die Zukunft, bekämpft
seine Unlustgefühle, motiviert sich selbst, nimmt jetzt den kurz-
fristigen Nachteil der Selbstüberwindung in Kauf. Erntet später die Früchte seines Verhaltens, weil er Zeitnot vermeidet und
nicht in selbstverschuldete Zwänge gerät. Zur Bequemlichkeitsfalle kann man auch Chaotenfalle sagen. Chaotische Typen denken eher kurzfristig, schätzen den schnellen Vorteil und tun sich
beim Belohnungsaufschub schwer. Strukturierte Menschen haben
einen längerfristigen Planungshorizont, sie vermeiden künftigen
Ärger, weil sie sich jetzt überwinden und aktiv werden.

Die Suche nach den wahren Ursachen der eigenen Unlust ist der Ausgangspunkt für die Selbstmotivation. Da sind zunächst die äußeren Unlustquellen:

– Die Aufgabe selbst ist unangenehm. Die Steuererklärung. Wer zahlt schon gern Steuern? Unverständliche Formulare ausfüllen. Jedes Jahr wird es komplizierter.
– Eine Aufgabe überfordert, sie ist zu komplex. Der Durchblick fehlt. Oder Sie fühlen sich unterfordert, sollen monotone, langweilige Routineaufgaben erledigen. Ihnen hat man eine sinnlose Aufgabe aufs Auge gedrückt.
– Auch die Begleitumstände können unlustig sein. Sie hat es getroffen, die Kollegen konnten sich der Delegation elegant entziehen. Sie müssen mit unangenehmen Partnern zusammenarbeiten.
– Möglicherweise schrecken die zu erwartenden Konsequenzen ab. Mit der Aufgabenerledigung können Sie keinen Blumentopf gewinnen. Für unangenehme Ergebnisse sind Sie hinterher die Buhfrau oder der Buhmann. Sie befürchten, dass Sie diese Aufgabe nie wieder loswerden, wenn Sie sie einmal übernommen haben.

Wie lassen sich die in der Aufgabe und in den Begleitumständen liegenden Unlustursachen überwinden? Fühlen Sie sich überfordert, betrachten Sie das als Herausforderung, an der Sie wachsen können. Sie machen sich schlau, suchen sich Unterstützung, brechen komplexe Aufgaben in Teilschritte herunter. Bei Unterforderung reichern Sie die Aufgabe an, nutzen ein interessantes Erledigungstool, eine neue Software. Möglicherweise lassen sich schwierige oder banale Aufgaben an eine Kollegin oder einen Kollegen delegieren, weil dort das Know-how vorhanden ist oder es jemanden gibt, der die Routine liebt. Manchmal hilft auch positives Denken nach dem Motto: »Ich bin so froh, dass ich diese langweilige Aufgabe erledigen muss, wenn ich nicht froh wäre, wäre sie trotzdem langweilig!« Bei sinnlosen Aufgaben können Sie Ihren Chef an seine Rolle als Sinnvermittler erinnern und ihn fragen, wozu und für wen die Aufgabe gut sein soll. Unangenehme Begleit-

umstände wecken Ihren Ehrgeiz und Sie sagen sich: »Das passiert mir nicht noch einmal! Wenn wieder so eine Aufgabe auf mich zukommt, werde ich die passende Ausrede für eine Ablehnung auf Lager haben.« Die Zusammenarbeit mit unangenehmen Zeitgenossen nützen Sie als Spielwiese zur Entwicklung Ihrer sozialen Kompetenz: »Mal sehen, wie ich den Typen austricksen, ärgern, verunsichern oder für mich einnehmen kann.« Bei drohenden negativen Konsequenzen hilft Ihnen Wilhelm Busch: »In Ängsten findet manches statt, was sonst nicht stattgefunden hat!« Sie machen sich keine Sorgen über ungelegte Eier. Vielleicht kommt es gar nicht so schlimm wie befürchtet. Damit einmal erledigte Aufgaben nicht zur Daueraufgabe werden, appellieren Sie an den Gerechtigkeitssinn von Chef und Kollegen. Sie weisen darauf hin, wie gefährlich es ist, wenn es für diese Art Aufgaben nur einen Knowhow-Träger gibt.

Dann sind da noch innere Unlustquellen. Manchmal hat das Vor-sich-Herschieben schwieriger oder unangenehmer Aufgaben einfache Ursachen und die liegen bei Ihnen selbst:

– Sie sind zu ablenkungsbereit. Statt die ungeliebte Tätigkeit anzupacken, erledigen Sie Alibiaufgaben: Schreibtisch aufräumen, Hemden bügeln, das Adressregister aktualisieren, Fenster putzen.

– Sie finden den Einstieg nicht. Wissen nicht, wie und wo Sie anfangen sollen. Der erste druckreife Satz fällt Ihnen nicht ein.

– Aus unterschiedlichen Gründen sind Sie nicht in der richtigen Arbeitsstimmung. Ein aktueller Misserfolg hängt Ihnen nach, beruflicher oder privater Ärger drückt auf die Laune. Sie befinden sich auf dem Tiefpunkt Ihrer täglichen Leistungskurve.

– Ihnen fehlt der gewohnte Schwung. Sie sind ausgelaugt, urlaubsreif, haben zu lange und zu viel gearbeitet, sich zu wenig regeneriert.

Sind Sie selbst die Ursache für eine Blockade, dann sind Sie auch die Lösung:

– Sie bekämpfen Ihre erhöhte Ablenkungsbereitschaft durch eine gezielte Aufmerksamkeitssteuerung.

– Sie überlisten sich selbst und überwinden trickreich die Anfangsscheu.

- Sie fahren Ihre Stimmung nach oben.
- Sie schärfen Ihre Säge und gewinnen die Tatkraft zurück.
- Und wenn das alles nichts nützt, liegen die »wahren« Ursachen Ihrer Probleme tiefer und Sie müssen nach ihnen suchen.

Die Aufmerksamkeit steuern

Sobald Sie eine Aufgabe als »unangenehm« identifizieren, wechseln Sie blitzschnell in einen Zustand entschlossenen Handelns und werden einfallsreich. Plötzlich sind Sie auf der Flucht. Ihnen fällt alles Mögliche ein, was auch noch zu tun wäre. Sie suchen und finden Argumente, warum die Aufgabe noch einmal warten kann. Sie sind nirgends so kreativ wie im Erfinden von Ausreden. Sie verwandeln sich in ein ablenkungsbereites Neugierwesen.

Diesen Flucht- und Ablenkungsautopiloten müssen Sie umprogrammieren und Ihre Aufmerksamkeit von »weg« auf »hin« fokussieren. Sie geben der problematischen Aufgabe die erste Priorität. Zerlegen sie in kleinere Einheiten und verringern so den Problemgehalt. Ersetzen das diffuse Unangenehmgefühl durch eine Struktur, einen Plan und beginnen, erledigte Teilschritte abzuhaken. Das bringt Ihnen kleine Erfolgserlebnisse, und Erfolg schafft den Erfolg. Wie wichtig Strukturen sind, weiß man aus der Erforschung studentischer Aufschiebeproblematik. Medizinstudenten haben die geringsten »Procrastination«-Probleme, neigen am wenigsten zum Aufschieben. Im Vergleich zu anderen Studiengängen, in denen ein stärkeres Aufschieben vorkommt, ist das Medizinstudium stark strukturiert.

Mit der Nichts-anderes-tun-Technik verbauen Sie sich die Flucht. »Ich erledige jetzt die ungeliebte Aufgabe. Fällt mir etwas anderes ein, was ich auch noch tun könnte, sage ich Nein!« »Ach, den Herrn X könnte ich schnell anrufen.« »Nein! Geh an die ungeliebte Aufgabe!« Ein voller Schreibtisch liefert zu viele Ablenkungsmöglichkeiten. Deshalb darf auf der Schreibtischplatte nur die kritische Aufgabe liegen. Noch besser, Sie gehen in Klausur, in ein leeres Besprechungszimmer, arbeiten dort ablenkungsfrei am Problem.

Den Einstieg schaffen

Versuchen Sie es mit der Starttechnik. Beginnen Sie spielerisch mit einer Randaktivität, einem Nebenaspekt, nehmen Sie die Unterlagen in die Hand, blättern alles durch, zeichnen eine Problemskizze, produzieren eine Mind-Map. Ähnlich funktioniert die Zehn-Minuten-Technik. Sie zwingen sich, die nächsten zehn Minuten an der Aufgabe zu arbeiten, sagen sich: »In zehn Minuten höre ich wieder auf.« Manchmal kommt der Appetit mit dem Essen. Sie stecken plötzlich mitten in der Aufgabe, und es ist Ihnen schleierhaft, warum Sie sich so lange vor der Erledigung gedrückt haben.

Bei der Erstellung von Texten kann eine Schreibhemmung blockieren, der erste druckreife Satz will nicht gelingen. Probieren Sie es mit der Dummy-Technik. Schreiben Sie einfach drauf los, was Ihnen gerade einfällt, und wenn es noch so dünn ist. Durch das allmähliche Verfertigen des Textes beim Schreiben laufen Sie sich warm, das Formulieren gelingt immer besser. Motto: »Wie kann ich wissen, was ich schreiben wollte, bevor ich lesen konnte, was ich geschrieben habe?« Zuletzt müssen Sie nur noch den schwachen Anfang umformulieren und der Text steht. Diese Technik hat Leibnitz eingesetzt. Er soll gesagt haben, ihm falle selten etwas Gutes ein. Doch wenn jemand anderem etwas Gutes einfalle, falle ihm leicht etwas Besseres ein. Probieren Sie es aus. Dazu brauchen Sie gar keinen anderen. Schreiben Sie doch einfach drauf los. Lesen Sie den Grobentwurf. Dann kommen Ihnen garantiert bessere Gedanken und elegantere Formulierungen. Wenn Sie vor Ihrem leeren Bildschirm sitzen, wird Ihnen nichts Besseres einfallen.

Sich in eine gute Arbeitsstimmung bringen

Manchmal lässt sich die aktuelle Arbeitslaune durch stimmungsfördernde Maßnahmen heben.

Die Arbeitsumgebung muss stimmen. In Ihrem Büro, an Ihrem Schreibtisch sollten Sie sich wohlfühlen und sich entsprechend einrichten. So, wie der Tag anfängt, geht es weiter. Sorgen Sie für einen positiven Arbeitsbeginn. Nehmen Sie sich zwei oder

drei kleine Aufgaben vor. Die erledigen Sie in kurzer Zeit und gewinnen schnelle Erfolgserlebnisse. Im persönlichen Leistungshoch sind Sie tatkräftig und packen das Schwierige und das Unangenehme eher an als im Leistungstief. Setzen Sie sich für die erfolgreiche Erledigung eine Belohnung aus. Denken Sie an den positiven Effekt der erledigten Aufgabe, an das befreiende Gefühl, wenn sie endlich vom Tisch ist. Für die Stimmung und das Durchhaltevermögen sind Messgrößen wichtig. Sie sollen das Ergebnis wachsen sehen. Schreiben Sie jeden Tag zwei Seiten Ihrer Diplomarbeit. Arbeiten Sie jeden Tag eine Stunde an Ihrem Bericht.

Die Säge schärfen

Ist Ihre Leistungsfähigkeit erschöpft, helfen keine einfachen Tricks. Dann müssen Sie sich regenerieren, sich eine Auszeit nehmen. Die Balance wieder herstellen zwischen Belastung und Entlastung, zwischen Anspannung und Entspannung, zwischen Herausforderung und Bewältigung. Sie kennen das Bild vom Waldarbeiter, der sich mit seiner stumpfen Säge abmüht und auf den Rat, er solle sie doch schärfen, antwortet: »Dazu habe ich keine Zeit!« Wenn die Arbeit alles andere erdrückt, keine Zeit bleibt für Regeneration, Familie, Hobby, Sport, Spaß und Faulenzen, werden längerfristig Gefühle des Überdrusses hochkommen und die Gefahr des Ausbrennens droht. Die Sängerin Jessye Norman bringt es in einem Interview auf den Punkt: »Singen ist meine Arbeit, mein professional life. Aber um überhaupt interessant zu sein auf der Bühne, muss man doch ein volles Leben haben: Freunde, Familie, Bücher lesen, ins Museum gehen oder nur dasitzen und schauen. Man muss etwas bekommen, damit etwas rauskommen kann. Man kann nicht aufstehen und singen. Man muss nachfüllen.«

Zur Pflege und zum Erhalt unserer Arbeitsfreude und Leistungsfähigkeit brauchen wir:
– ein körperliches Fitness-Programm;
– Kompensation: Ausgleich, Ablenkung, Zerstreuung, Abwesenheit von Zielen und Zwecken;
– Kontemplation: Abstand von sich selbst gewinnen, Selbsterfahrung, sich auf sich selbst besinnen;

- Kommunikation und Integration: zwischenmenschliche Beziehungen pflegen, emotionale Zuwendung geben und bekommen, Zugehörigkeit vermitteln und erfahren.

Diese Rekreation muss in den täglichen und wöchentlichen Zeitplan eingebaut sein, soll sich nicht nur auf Urlaubszeiten beschränken. Überhaupt darf der Arbeitstag
- Pufferzeiten zwischen den Terminen aufweisen,
- unverplante Freiräume für Spontanes lassen und
- kleine Fluchten zulassen (Museumsbesuch oder Stadtbummel in eine Dienstreise integrieren).

Die »wahren« Ursachen

Jetzt haben Sie möglicherweise die Ursachen Ihrer Unlust erforscht und unterschiedliche Selbstmotivationsanregungen ausprobiert. Sie »drücken« sich aber immer noch vor ungeliebten Aufgaben. Dann waren alle Ratschläge Symptomkosmetik. Die wahren Ursachen Ihrer Motivationsprobleme liegen tiefer und haben möglicherweise etwas mit Ihrer Motivstruktur zu tun. Wir sind noch einmal beim amerikanischen Psychologie-Professor Steven Reiss vom zweiten Kapitel. Der hat 16 Lebensmotive gefunden, die uns Menschen antreiben. Der Motivkatalog gilt für alle, aber jeder »tickt« anders. Wir sind unterschiedlich scharf auf jedes einzelne Motiv. Jeder hat, wie so eine Art Fingerabdruck, ein unverwechselbares Motivprofil. Die entscheidende Frage lautet: Können Sie Ihre wichtigsten Motive ausleben und befriedigen? Wenn ja, geht es Ihnen gut. Sie sind zufrieden, wenn Sie das tun dürfen, was Sie gern tun, weil es Ihnen liegt. Psychologen würden sagen: Die intrinsische Leistungsbereitschaft stimmt. Wir sind unzufrieden und haben Motivationsprobleme, wenn wir uns verbiegen müssen, weil wir Dinge tun sollen, die nicht zu uns passen. Einige der 16 Lebensmotive haben mit dem Aufschieberitisproblem eher indirekt zu tun, etwa wie wichtig oder unwichtig uns das »Sparen« ist oder was wir mit »Status«, »Ehre« oder »Rache« am Hut haben, welche Rolle »Essen«, »Eros« oder »Körperliche Aktivität« in unserem Leben spielt.

Für den geplanten Typen mit seinen perfektionistischen Tendenzen steht die *Ordnung* auf der Motivhitliste ziemlich weit oben. Er strebt nach Ordnung, Klarheit, Stabilität, mag es aufgeräumt, bevorzugt klare Regelungen und hält sich an Regeln. Er mag keine unklaren Aufgabenstellungen nach dem Motto: »Machen Sie mal!« Er ist nicht besonders motiviert, wenn er in neuen Betätigungsfeldern tätig werden soll, wo er sich nicht auskennt und für die es noch keine Regeln gibt. Das Motiv *Macht* strebt nach Leistung und dem damit verbundenen Erfolg. Machtmenschen sind karrierebewusst und übernehmen gern das Kommando, statt sich sagen zu lassen, wo es langgeht. Sie sind nicht besonders scharf auf Aufgaben, mit denen kein Blumentopf zu gewinnen ist. Sie mögen es nicht, wenn sie zuarbeiten sollen, aber die Lorbeeren von anderen geerntet werden. Die *Unabhängigkeit* mag Freiheit, mag das Leben selbst bestimmen und verzichtet auf die Ratschläge anderer. Der Unabhängige erledigt Aufgaben gern allein, Teamarbeit liegt ihm nicht besonders. Er lässt sich ungern gängeln, möchte seine eigenen Ideen einbringen, hat Probleme mit akribischen Aufgabenstellungen in Befehlsform und pedantischen Terminvorgaben.

Neugier möchte den eigenen Wissensdurst befriedigen. Neugierige Menschen bearbeiten hoch motiviert offene Fragestellungen, lieben intellektuelle Aktivitäten, haben gern viel Zeit zum Denken. Routineaufgaben gehen ihnen auf den Geist, Unterforderung ist tödlich. Umgekehrt fühlen sich Leute mit geringer Neugierausprägung bei neuen Aufgaben und überraschend auftauchenden Problemen schneller überfordert. Sie rufen »hier«, wenn Routineaufgaben verteilt werden. Die Suche nach *Anerkennung* ist ausgeprägt bei Menschen mit wenig Selbstbewusstsein und ist verbunden mit einer Überempfindlichkeit gegen Kritik. Der Mensch mit starkem Anerkennungsmotiv mag leicht erreichbare Ziele, um ein Scheitern auszuschließen. Er gibt schnell auf, geht schwierigen Aufgaben mit unklarem Ausgang aus dem Weg. Menschen mit ausgeprägtem *Idealismus* streben nach Gerechtigkeit und sind sensibel für soziale Fragen. Sie werden nie in einer »Drückerkolonne« arbeiten oder Mitarbeiter des Monats in einem Strukturvertrieb sein. Sie erstellen ungern Analysen, wenn sie befürchten, dass sich das Ergebnis negativ auf Kollegen auswirken könnte.

Gesellige Typen, mit stark ausgeprägtem Streben nach *Beziehungen*, knüpfen gern Kontakte. Sie erledigen ungern Aufgaben im stillen Kämmerlein. Ganz anders der »Eigenbrötler« mit schwacher Beziehungsausprägung. Der arbeitet gern allein vor sich hin, bekommt Probleme, wenn er auf andere zugehen muss. Hat die *Familie* einen hohen Stellenwert im eigenen Motivgefüge, möchte man viel Zeit mit ihr verbringen, vor allem auch für die Kinder da sein. Das verträgt sich nicht mit Außendienst, Schichtarbeit, ausufernden Überstunden, Wochenendeinsatz oder langen Dienstreisen. Eine unbefriedigende Work-Life-Balance drückt auf die Stimmung und zieht die Motivation nach unten. Das Motiv *Ruhe* bedeutet in seiner starken Ausprägung das Streben nach Entspannung und Sicherheit. Unangenehm sind Aufgaben, deren Erledigung mit Stress oder Unsicherheit verbunden ist. Lieber geht man in Ruhe und ohne Hektik seiner Arbeit nach. Typen mit schwach ausgeprägtem Ruhemotiv gehen hoch motiviert, unternehmungslustig und unerschrocken risikoreiche Abenteuer ein. Sie fühlen sich in Stresssituationen wohl, blühen unter Druck auf.

Welche Motive sind Ihnen am Wichtigsten? Welche Motive bedeuten Ihnen wenig? Wir streben danach, die am höchsten bewerteten Motive zu befriedigen, in der Arbeit, in der Familie, in der Freizeit. Wir sind glücklich und zufrieden, wenn uns das gelingt. Gelingt es Ihnen?

Der persönliche Arbeitsstil

Lieber solide geplant als hektisch improvisiert

> Wenn jeder Mensch in Deutschland eine Stunde am Tag
> ohne Unterbrechung durcharbeiten würde, bekämen wir
> den größten Innovationsschub aller Zeiten.
>
> Ernst Pöppel

Seine Ablenkbarkeit ist extrem. Er kann seine Aufmerksamkeit nicht steuern, hüpft von Ablenkung zu Ablenkung und bekommt nichts auf die Reihe. Kann sich nur auf Dinge konzentrieren, die neu sind oder an denen er ein persönliches Interesse hat. Im Gespräch ist er unaufmerksam, kann nicht zuhören und unterbricht andere dauernd. Und dann noch seine hohe Impulsivität. Handelt, bevor er denkt. Ist planungsunfähig. Überlegt keine Konsequenzen und bereut später die Folgen seines unüberlegten Handelns. Springt von einer Aktivität zur anderen, beginnt neue Projekte, ohne alte fertig zu stellen. Jede Störung, jeder noch so unwichtige Anruf bringt ihn vom ursprünglichen Vorhaben ab. Schlimm ist seine fatale Unorganisiertheit. Der Tagesablauf ist ein einziges Durcheinander, ohne roten Faden. Er kann seine Zeit nicht strukturieren und ist unpünktlich. Ist unfähig, Probleme gezielt zu lösen. Kann keine Prioritäten setzen. Verzettelt sich und braucht durch das dauernde Hin und Her viel zu lange, bis er mit einer Arbeit fertig ist.

Kennen Sie diesen Typen? Sind Sie selbst so? Ist das Ihr Kollege, der meint, er sei multitaskingfähig? Könnte man so den Arbeitsstil Ihres Chefs beschreiben? Wäre das der passende Grobentwurf für das Arbeitszeugnis des Mitarbeiters, von dem Sie sich gerade getrennt haben? Erinnert Sie das an die letzte Besprechung mit Ihrem italienischen Zulieferer? Oder hat eine verzweifelte Lehrerin Ihnen, den einbestellten Eltern, das schulische Verhalten Ihres Kindes geschildert?

Den Zappelphilipp hat der Arzt Heinrich Hoffmann 1844 in seinem Kinderbuch beschrieben. Aber richtig populär ist der Zappelphilipp erst, seit man ADHS dazu sagt und »Aufmerksamkeitsdefizit- und Hyperaktivitätssyndrom« meint. Dieses Wortgebilde macht Eltern und Lehrern Angst, beschäftigt Kinderärzte und Kindertherapeuten und ernährt die Pharmaindustrie. Hyperaktive Kinder mit Aufmerksamkeitsdefizit haben eine überschießende Energie, rennen herum, klettern überall hinauf, können nicht ruhig sitzen, zappeln dauernd mit Händen und Füßen, platzen in der Schulklasse mit Antworten heraus, können nicht warten, bis sie an der Reihe sind, rennen plötzlich im Klassenzimmer herum, bleiben nicht bei der Sache und sind unkonzentriert. Lange Zeit hatte man geglaubt, dass dieses Verhalten mit zunehmendem Alter schwächer wird und beim Erwachsenen verschwunden ist. Leider hat sich herausgestellt, dass viele ADHS-Kinder auch als Erwachsene unter einer Aufmerksamkeitsstörung leiden. Sie zeigen ausgeprägte Symptome von Unaufmerksamkeit, extremer Ablenkbarkeit, Sprunghaftigkeit und innerer Unruhe und entwickeln einen erheblichen Leidensdruck, weil sie durch ihre Unorganisiertheit mit den üblichen Anforderungen des beruflichen und privaten Lebens nicht klar kommen. Der erwachsene Zappelphilipp hat zwei Chancen: Er kann sich therapeutische Hilfe oder den passenden Beruf suchen. Manche ADHS-Erwachsene zeichnen sich durch hohe Fantasie und eine begnadete Improvisationsfähigkeit aus. Sie sind in beruflichen Nischen erfolgreich, wo es auf kreative Anstöße ankommt und keine beharrliche Ausführungsroutine gefragt ist. Die passende Berufswahl ist vermutlich die bessere Strategie, weil sich die Ratschläge mancher Therapeuten sehr nach hilflosen Helfern anhören und wohl kaum Wirkung zeigen werden:

– Bedenken Sie: Kommunikation ist ein Wechselspiel zwischen Zuhören, Ausreden lassen und selbst sprechen.
– Vermeiden Sie unüberlegte spontane Handlungen.
– Erst denken – dann handeln! Üben Sie Geduld.
– Nehmen Sie Abschied vom Chaosteufelchen, stellen Sie sich der Herausforderung »Ordnung«.

– Tappen Sie nicht in Zeitfallen – trainieren Sie Ihr Zeitgefühl und benutzen Sie einen Terminkalender.

Der erwachsene Zappelphilipp

Wenn Sie glauben, der Arbeitsstil des aufmerksamkeitsschwachen Hyperaktiven sei ein selten vorkommendes Extrem, dann sollten wir uns die Arbeitsweise mancher Führungskräfte näher ansehen. Schnell zeigt sich, dass auch Leute ohne kindliche ADHS-Karriere sich selbst im Weg stehen und ihre Mitmenschen nerven, weil sie übertrieben ablenkbar, sprunghaft und unorganisiert sind. Kommt so ein Chaot in eine Führungsposition, dann haben seine Mitarbeiter ein Problem. Dies zeigt eine Studie, in der das Zeitmanagement von 25 niederländischen Top-Managern untersucht wurde, weil man herausfinden wollte, wie es zu durchschnittlichen Arbeitszeiten von 60 bis 70 Stunden pro Woche kommt.[13] Die Untersuchungsergebnisse sind in einem »Sündenregister« zusammengefasst:

1. Führungskräfte lassen sich zu oft stören und unterbrechen, im Schnitt alle sieben Minuten.
2. Sie agieren zu impulsiv, rufen Mitarbeiter unüberlegt zu unnötigen oder aufschiebbaren Rücksprachen und reißen diese aus ihrer eigenen Arbeit.
3. Sie geben unklare Anweisungen, werden deshalb zu oft für Rücksprachen in Anspruch genommen und erhalten unvollständige Ergebnisse.
4. Sie informieren ihre Mitarbeiter zu wenig, behindern dadurch deren Arbeitseffizienz und Arbeitszufriedenheit und werden selbst wiederum mehr belastet.
5. Sie erledigen zu viele einfache Tätigkeiten selbst, statt sie zu delegieren.
6. Sie packen zu viele schwierige Aufgaben selbst an, statt sie Spezialisten zu übertragen.
7. Sie delegieren zu wenig Verantwortung, müssen deshalb bei zu vielen Entscheidungen gefragt und einbezogen werden.
8. Die Kommunikation auf der Führungsebene lässt zu wünschen übrig. Es wird zu wenig koordiniert. Reibungen, Doppelarbeit

und schlecht vorbereitete und getroffene Entscheidungen sind die Folge.

9. Entscheidungen werden nicht optimal getroffen. Sie werden verschleppt, das Problem wird nicht richtig erfasst, nicht alle benötigten Informationen werden einbezogen, nicht alle qualifizierten Kräfte am Entscheidungsprozess beteiligt.

10. Die Organisation ist nicht optimal.

In einer anderen Studie hat man zwölf schwedische Manager »beschattet« und ihren Arbeitsstil beobachtet.[14] Das hat sich herausgestellt:

– Führungskräfte leiden unter einer exzessiven Arbeitsbelastung. Sie meinen selbst, dass dies auf Dauer nicht durchzuhalten sei.

– Unerfreuliche Effekte für die familiären Beziehungen sind die Folge.

– Es besteht die Gefahr einer »intellektuellen Isolation«, weil keine Zeit für außerfachliche Aktivitäten bleibt.

– Der Arbeitsstil des Chefs wird zum Standard für die Mitarbeiter, die sich dann auch nicht mehr breit weiterbilden und bei denen die Überlastung ebenfalls Regel statt Ausnahme ist.

– Festgestellt wurde eine verbreitete »I-hope-we-shall-soon-return-to-normal-times«-Haltung. Statt gegenzusteuern, flüchtet man sich in eine irrationale Hoffnung auf bessere Zeiten.

– Manager vernachlässigen das Wichtige (Vorbereiten, Planen, Über-den-Tag-hinaus-Denken), weil sie Sklaven ihres Terminkalenders sind, sozusagen unter einem »Kalenderkomplex« leiden. Sie erledigen bevorzugt Aktivitäten, die im Kalender mit exakten Terminen vorgemerkt sind, und seien sie noch so unwichtig.

– Nur ein geringer zeitlicher Umfang bleibt für die ungestörte individuelle Arbeit am Schreibtisch. Bei einem exemplarisch beobachteten Manager ergaben sich für die allein im Büro verbrachten Zeiten »ungestörte« Intervalle von acht Minuten, im Schnitt platzt alle acht Minuten ein Telefonat oder ein Besucher herein.

– Führungskräfte sind auf Besucher schlecht vorbereitet, Gespräche und Besprechungen dauern deshalb länger als erforderlich und dies verlängert die Arbeitszeit.

– Führungskräfte nutzen die vorhandenen Möglichkeiten zur Abschirmung gegenüber Telefongesprächen und Besuchern zu wenig.

»So ist es, so funktioniere ich«, können einige von Ihnen jetzt sagen, wenn Sie selbst eine Führungsrolle spielen und Ihnen die Fähigkeit zur Selbstkritik noch nicht abhanden gekommen ist. Andere werden sagen: »So ist es, genau so funktioniert mein Chef, und mich reißt er mit hinein.« Diese Beschreibungen des normalchaotischen Führungsverhaltens gelten nicht nur für niederländische und schwedische, sondern auch für deutsche Manager, und sie haben eine hohe Aktualität. Dabei sind sie uralt. Es handelt sich um die ersten systematischen Studien über das Arbeitsverhalten von Managern. Sie wurden vom Niederländer Luijk bereits 1963 und vom Schweden Carlson sogar schon 1951 veröffentlicht. Probleme mit der Zeit sind wohl zeitlos und der Arbeitsstil von Managern ist europaweit ähnlich problematisch. Aber nicht ganz!

Der italienische Zappelfilippo

Ihr italienischer Geschäftsfreund würde über Luijk sagen: »Der hat nicht alle Tassen im Schrank«, und einige Punkte des angeblichen Sündenregisters weit von sich weisen. Das Wörtchen »stören« aus Punkt 1 würde ihn besonders ärgern, es wäre für ihn das Unwort des Jahres. »Eine Störung gibt es überhaupt nicht, sage Informationschance dazu, dann liegst du richtig!« »Impulsiv« soll eine Sünde sein? »Sage lieber aktuell und zeitnah, dann ist es eine Tugend!« Und dann würde der Italiener noch sagen: »Was soll der Wunsch nach ungestörter individueller Arbeit am Schreibtisch, das ist doch die wahre Ursache für die beklagten Informationsdefizite und den Kommunikationsmangel!« In der europäischen Union gibt es einen tiefen Graben. Der Vertriebsmanager des italienischen Zulieferers und der deutsche Einkäufer stammen aus zwei unterschiedlichen Welten. Der Italiener funktioniert »polychron«, der Deutsche »monochron«.

Der monochrone Arbeitsstil des Planungsweltmeisters	Der polychrone Arbeitsstil des Improvisationsweltmeisters
aufgabenorientiert	beziehungsorientiert
eins nach dem anderen	vieles gleichzeitig
Pläne werden ernst genommen.	Pläne werden umgestoßen.
Man geht in der Arbeit auf.	Zwischenmenschliche Beziehungen (Familie, Freunde, Geschäftsfreunde) haben hohe Priorität.
Man legt großen Wert auf Pünktlichkeit, zeitliche Verpflichtungen sind heilig.	Die spontane Kontaktpflege ist wichtiger als die Einhaltung von Zeitplänen.
Man will ungestört arbeiten und ist bemüht, andere nicht zu stören.	Man lässt sich leicht und gern ablenken, Aufgaben werden häufig unterbrochen.
Die Abkapselung von der Umwelt kann einen Informationsverlust bedeuten.	Man ist gut informiert und weiß über alles und über jeden das Neueste.
Man arbeitet methodisch und effektiv.	Die Arbeit macht oft nur kleine Fortschritte.

Der typisch deutsche Arbeitsstil ist monochron. Alles zu seiner Zeit und zwar nacheinander. Wer vieles gleichzeitig tut, bringt nichts Vernünftiges zustande. Multitasking ist unseriös. Monotasking ist effektiv. Die Aufgabe steht im Mittelpunkt. Störungen werden minimiert. Unangemeldete Besucher haben keine Chance. Kollegen müssen warten, bis man Zeit für sie hat. Läuft ein Meeting oder ein Gespräch mit einem angemeldeten Besucher, ist dieser Zeitraum gegen Störungen abgeblockt, das Telefon hat keinen Vorrang, alles andere muss warten. Zum aufgabenorientierten, monochronen Arbeitsstil gehört die Abschottung von der Informationsflut. Man muss nicht immer »online« sein, muss nicht jede Neuigkeit sofort wissen, nicht jede Information sofort zur Kenntnis nehmen, nicht jede belanglose cc-Mail sofort lesen. Das kann in seltenen Fällen nachteilig sein, wenn man neue Erkenntnisse in die aktuelle Arbeit hätte einfließen lassen können.

Dieser potenzielle Nachteil eines konsequenten Störungsmanagements ist zu verschmerzen, stellt man die vielen Vorteile des monochronen Arbeitsstils dagegen. Vor allem, wenn man das mit dem polychronen Arbeitsstil verbundene Chaos betrachtet. Dort lautet das Motto »Schwätzer sucht Schwätzer«! Auf hoher Kontaktfrequenz und aktuellstem Informationsstand kommt bei der Arbeit wenig heraus. Wer vieles gleichzeitig erledigen will, macht nichts richtig. Deshalb kann ein ordentlicher Mensch mit Multitasking nichts anfangen. Das ist etwas für Chaoten. Die hüpfen von einer Aufgabe zur anderen und verzetteln sich. Bringen nichts richtig auf die Reihe. Hübsch der Reihe nach bringt mehr. Eine Aufgabe konzentriert erledigen. Alles andere kann warten. Deshalb muss Monotasking durch ein konsequentes Störungsmanagement flankiert werden. Wer dauernd durch Telefon, Kollegen oder unangemeldete Besucher aus der Arbeit herausgerissen wird, fängt hinterher – wenn er die unterbrochene Arbeit wieder aufnimmt – jedes Mal von vorn an. Muss sich immer wieder neu in die Aufgabe hineindenken, der rote Faden ist verloren, gute Ideen sind weg. Nach jeder Unterbrechung sind neue Rüstzeiten nötig und das kostet Zeit. Oft erzwingt die Störung einen Prioritätenwechsel. Nach dem Anruf sieht die Welt anders aus als vor dem Anruf, man muss in einer neuen Sache tätig werden. Kann nicht mehr zurück zur unterbrochenen Arbeit. Irgendwann ist der Schreibtisch mit vielen angefangenen »Baustellen« zugepflastert.

Monopoly

Lassen wir dem Italiener seinen polychronen Arbeitsstil, er mag es so. Seine Pläne müssen nicht so perfekt sein, sie werden sowieso umgeworfen. Und das ist für den italienischen Improvisationsweltmeister gar nicht schlimm. Bleiben wir beim monochronen Arbeitsstil, der passt zu uns. Und arbeiten wir trotzdem vernünftig zusammen. Übrigens gibt es auch in Italien Menschen mit monochroner Arbeitshaltung und mancher deutsche Geschäftspartner tickt polychron. Da dürfen wir nicht ins Fettnäpfchen treten. Rufen Sie einen beziehungsorientierten Menschen an und kommen sofort zum Thema, ist der möglicherweise beleidigt, weil er sich als

Mensch nicht angenommen fühlt. Fragen Sie dagegen einen aufgabenorientierten Menschen: »Wie geht es Ihnen?«, kann es sein, dass er antwortet: »Was geht Sie das an, was wollen Sie von mir?«

Monotasker leben länger

Chaoten kümmern sich um vieles gleichzeitig, lassen sich jederzeit ablenken und springen von einer Aktivität zur nächsten. Perfektionisten konzentrieren sich auf eine Aufgabe und stellen sicher, dass sie dabei nicht gestört werden. Wer ständig zwischen neuen Situationen hin- und herwechselt, ist »nervlich angespannter als jemand, der sich intensiv nur einer Aufgabe widmen kann. Diese dauernde Anspannung führt zu einem höheren Risiko für Herzinfarkte oder Depressionen«.[15] Menschen können nur ein beschränktes Maß an Informationen verarbeiten. Wer sich nicht gegen das Informationsüberangebot abschirmt, leidet unter einem »information overload« und dieser Stress erhöht das Gesundheitsrisiko.

Perfektionisten sind gewissenhafter als Chaoten und Gewissenhaftigkeit wirkt sich positiv auf das gesundheitliche Wohlbefinden und die Lebenserwartung aus. Gewissenhafte Menschen werden im Schnitt älter. Sie gehen vernünftiger mit Risikofaktoren um, pflegen gesundheitsfördernde Verhaltensweisen, achten auf eine gesunde Ernährung und genügend Bewegung und nehmen ärztliche Ratschläge ernst. Außerdem fahren sie vorsichtiger Auto. Sie konzentrieren sich auf den Verkehr und halten die Verkehrsregeln ein. Sie vermeiden es, beim Autofahren zu telefonieren, weil sie wissen, dass das menschliche Gehirn nicht in der Lage ist, zwei Aufgaben gleichzeitig mit ungeteilter Aufmerksamkeit zu bewältigen. Unter der Doppelbelastung leidet die Leistung. Beide Aufgaben werden schlechter erledigt und das kann, vor allem beim Autofahren, tödlich sein. Telefonierende Autofahrer gehen, trotz Freisprecheinrichtung, ein viermal höheres Unfallrisiko ein.

Die Tagesplanung

Besser umsonst gedacht als umsonst gearbeitet

Gegenüber der Fähigkeit,
die Arbeit eines einzigen Tages sinnvoll zu ordnen,
ist alles andere im Leben ein Kinderspiel.

Johann Wolfgang von Goethe

Ranglisten sind fragwürdig. Das sieht man am Ergebnis der von Johannes B. Kerner moderierten Fernsehreihe des ZDF mit dem Titel »Unsere Besten«. In der Rangreihe der größten Deutschen steht Bundeskanzler Konrad Adenauer auf dem ersten Platz, gefolgt vom Reformator Martin Luther. Der Dichterfürst Johann Wolfgang von Goethe findet sich abgeschlagen auf Platz sieben, nach dem Komponisten Johann Sebastian Bach und vor dem Buchdrucker Johannes Gutenberg. Das ist eine schreiende Ungerechtigkeit. Nimmt man das Zeitmanagement als Kriterium, müssen Adenauer und Goethe die Plätze tauschen und Luther rangiert »unter ferner liefen«. Der große Reformator litt unter ständigem Zeitmangel und stöhnte über seine große Arbeitslast. Seine mangelnde Delegationsfähigkeit wurde ihm zum Verhängnis. Er wollte rastlos alles allein bewältigen, fast ohne Hilfskräfte. Kein Wunder, dass er durch diese übermäßige Arbeitslast körperlich früh verbraucht war und unter anderem an den Stressfolgen Kopfschmerzen und Herzkrämpfen litt. Ein Wunder, dass er trotzdem 62 Jahre alt wurde, gar nicht so schlecht für die damalige Zeit.[16] »Fahren Sie langsam, wir haben es eilig!«, soll Adenauer zu seinem Fahrer gesagt haben. Dies ist der einzige überlieferte Beitrag des Uralt-Bundeskanzlers zum Thema Zeitmanagement, aber den Spruch gab es schon als chinesisches Sprichwort »Wenn du in Eile bist, wähle einen Umweg«, und heute würde man sagen: »Besser eine halbe Stunde umsonst gedacht, als einen halben Tag umsonst gearbeitet.« Mit dem Sterben hatte es Adenauer nicht eilig. Er wurde immerhin 91.

Das beste Zeitmanagement aller Zeiten legte das Multitalent Goethe an den Tag. Wie wäre er sonst bei seiner extremen Arbeitsbelastung 83 Jahre alt geworden? Er war gleichzeitig Dichter, Naturwissenschaftler, Theaterdirektor, Bibliotheksleiter, Kunstkritiker. Außerdem Staatsmann und Manager am Weimarer Hof. Fungierte dort als eine Art Finanzminister, leitete verschiedene Kommissionen und war von früh bis spät eingespannt. Zusätzlich hatte er seine privaten Geschäfte gut im Griff. Wie konnte er so viele unterschiedliche Funktionen höchst erfolgreich unter einen Hut bringen? Warum ist ihm die Zeit nicht davongelaufen? Jeder andere hätte sich gnadenlos verzettelt und wäre als ausgebranntes Stressopfer auf der Strecke geblieben! Ganz einfach: Der Topmanager Goethe beherrschte ein geniales Zeitmanagement in Form einer perfekten Tagesplanung. »Einerseits war er von der Arbeit geradezu besessen, andererseits ›geizte‹ er mit der ihm zur Verfügung stehenden Zeit«, hat Georg Schwedt[17] herausgefunden. Das erste Erfolgsgeheimnis Goethes: Er strukturierte jeden Tag. Stand um 6.00 Uhr auf, frühstückte und arbeitete bis 10.00 Uhr. Dann empfing er Gäste und machte sich nach dem Mittagessen wieder an die Arbeit. Zwischen 21.00 und 22.00 Uhr ging er zu Bett. Er sorgte für eine optimale Arbeitsvorbereitung. Alle benötigten Unterlagen und Bücher waren besorgt und lagen bereit, er konnte sich ohne Verzögerung ans Werk machen. Goethe konzentrierte sich auf das Wesentliche, ordnete seine Gedanken und konnte seinem Schreiber druckreif diktieren. Sein zweites Erfolgsprinzip, das Schreibmanagement, basierte auf einem systematischen Sammeln und Verwalten von Unterlagen und Materialien. Er war ein Ordnungsfanatiker und setzte rationelle Arbeitstechniken ein. Bei seinen Diktaten arbeitete er mit Textbausteinen. Mit einer strengen Abschirmung seines Arbeitszimmers gegenüber Besuchern war ein ruhiger und konzentrierter Arbeitsprozess möglich. Goethe war drittens ein erfolgreicher Personalmanager und er beherrschte die Kunst der Delegation. Dazu forderte und förderte er gezielt seine Mitarbeiter. Setzte Diener und Gehilfen auch als Schreiber, Reisebegleiter, Gesprächspartner und Buchhalter ein. Außerdem war er ein begnadeter Netzwerker, führte ein offenes Haus, empfing alle möglichen Besucher und pflegte vielfältige Kontakte und eine intensive Korrespondenz. Aus diesem

regen Austausch mit allen möglichen Disziplinen gewann er Informationen und den nötigen Sachverstand für die erfolgreiche Bewältigung seiner vielfältigen Aufgaben und Projekte.

Für die Gestaltung des Tages macht es einen Unterschied, ob ein Großschriftsteller mit üppiger Personalausstattung und funktionierender Assistenz im abgeschirmten Einzelbüro selbstbestimmt und kreativ vor sich hinarbeiten kann. Oder ob man als Einzelkämpfer im Großraumbüro an einer Hotline sitzt und im Fünf-Minuten-Takt Hilferufe abgestürzter IT-Nutzer bewältigen muss. Ein maximal Fremdgesteuerter kann mit dem Motto »Mal sehen, was der Tag Schönes für mich bringt« an die Arbeit gehen. Je größer die Freiheitsgrade der eigenen Tätigkeit, desto wichtiger wird eine funktionierende Wochen- und Tagesplanung.

Eine Minimalversion der Tagesplanung sollten Sie – und sei Ihr Freiheitsgrad noch so klein – in jedem Fall an den Tag legen: Das Prinzip der Schriftlichkeit. Notieren Sie alles, was Sie tun müssen. Das gute Gefühl, nichts zu vergessen, bedeutet eine psychische Entlastung. Zusätzlicher Effekt: Ihr Kalender füllt sich und Sie merken irgendwann, dass Sie mehr gar nicht erledigen können. Noch ein Effekt: Sie können abhaken. Das hebt Ihre Stimmung und motiviert Sie zu neuen Taten. Fällt Ihnen etwas ein, um das Sie sich kümmern müssen, schreiben Sie ein Stichwort in die Aufgabenspalte des Tages, an dem Sie es erledigen wollen. Dann geht es nicht langsam unter, sondern Sie müssen Sie sich am fraglichen Tag mit dem Stichwort, dem Vorhaben bewusst auseinandersetzen. Das Einfachste: Sie erledigen es. Oder Sie definieren den Tag, an dem Sie es dann wirklich erledigen. Oder Sie beschließen nach mehrfachem Aufschieben, dass es sich jetzt von selbst erledigt hat.

Vorteile gewinnen

Die Planung des Tages und der Woche bringt einige Vorteile. Sie gewinnen einen Überblick über Ihren Auslastungsgrad. Erkennen rechtzeitig Terminengpässe und vermeiden Endterminhektik. Können mit guten Argumenten »Nein« sagen, schließlich haben Sie zu Ihrem Plan »Ja« gesagt. Sie messen an Ihrem Plan, ob zusätzliche Anforderungen notwendig und erfüllbar sind, und stel-

len diese gegebenenfalls in Frage. Mit Hinweis auf Ihre eigenen Vorhaben und die negativen Konsequenzen einer Nichterledigung wehren Sie sich auch gegen einen chaotischen Chef, der Ihnen nach dem Motto »Wir müssen mal schnell« Prioritäten über den Haufen werfen will. Nur, weil er eine unsinnige Idee hat und meint, Sie sollen alles stehen und liegen lassen, wenn er kommt. Bei Feierabend erspart Ihnen der abgehakte Tagesplan das unbefriedigende Gefühl »Was habe ich heute eigentlich geschafft?«, das zwangsläufig hochkommt, wenn Sie planlos drauflosarbeiten und den ganzen Tag auf die Wünsche anderer reagieren.

Sich einen Überblick verschaffen

Sie erstellen eine Aufgabenliste: Was ist zu erledigen? Um was muss ich mich kümmern? An welchen Besprechungen teilnehmen? Welche internen und externen Termine wahrnehmen? Mit wem was absprechen? Wen anrufen, wem eine Mail senden? Was entwerfen, schreiben? Was vorbereiten? Was kontrollieren?

Priorisieren

Sie vermeiden den Fehler der dringlichkeitsgesteuerten Chaoten und bewerten Ihre Aufgaben zuerst nach ihrer Wichtigkeit. Dazu bietet sich die ABC-Einteilung an. A-Aufgaben sind sehr wichtig, B-Aufgaben von mittlerer Wichtigkeit und C-Aufgaben eher unwichtig. Bei der Einschätzung der Wichtigkeit orientieren Sie sich am Ziel, das durch die erfolgreiche Erledigung der Aufgabe erreicht wird. Eine A-Aufgabe leistet einen Beitrag zur Erreichung eines wichtigen Zieles. Durch A-Aufgaben werden bedeutende Effekte oder Erfolge realisiert. Mit der Erledigung von A-Aufgaben bieten Sie Kunden, Chefs oder Kollegen einen besonderen Nutzen. Die leitende Fragestellung bei der Bestimmung der Wichtigkeit lautet: Welche positiven Effekte bringt die erfolgreiche Erledigung der Aufgabe?

Die Einschätzung der Dringlichkeit orientiert sich an der Frage: Welche negativen Rückstellwirkungen entstehen durch die Nicht-

erledigung? Was passiert, wenn ein Termin platzt oder verschoben wird, sich eine Zusage nicht einhalten lässt? Können die negativen Konsequenzen der Nichterledigung in Kauf genommen werden oder nicht? Dringlichkeit I bekommen sehr dringende Aufgaben mit großer negativer Rückstellwirkung. Dringlichkeit II bedeutet mittlere Dringlichkeit. Bei der Dringlichkeit III geht es um Aufgaben, die Zeit haben. Bei der Abschätzung der Dringlichkeit bleibt manchmal wenig oder kein Spielraum, weil Termine vorgegeben sind (Verträge, Projektpläne, Fristen, Veranstaltungstermine, Präsentationstermine). Bei den Überlegungen zur Dringlichkeit ist eine Analyse potenzieller Probleme sinnvoll. Welche Aufgaben sind zeitkritisch? Wo können Zwänge entstehen? Wo müssen Fristen eingehalten werden? Was geht jetzt noch, was später nicht mehr geht? Wann läuft mein Reisepass ab und wie lange dauert die Verlängerung beim Einwohnermeldeamt?

Hüten Sie sich vor dem im Prioritäten-Kapitel besprochenen Kalenderkomplex. Nützen Sie ihn lieber aus, statt darauf hereinzufallen. Alles, was als Termin im Kalender steht, findet statt. Alles, was wir im Hinterkopf wälzen (»Da müsste ich mich mal drum kümmern«), bleibt Absicht. Machen Sie deshalb das Wichtige dringend! Vereinbaren Sie für die Erledigung einer wichtigen Aufgabe einen Termin für eine Besprechung mit sich selbst. Gehen Sie in Klausur und bringen Sie die Sache hinter sich.

Zeitaufwand schätzen und Konsequenzen ableiten

Sie schätzen, wie viel Zeit Sie für die Erledigung der einzelnen Aktivitäten benötigen. Drei Fehler sollten Sie vermeiden: Erstens überschätzen die meisten Leute ihre Fähigkeiten und meinen, etwas sei schnell erledigt. Es dauert meist länger als gedacht! Zweitens werden die Störungen unterschätzt. Die Erledigung zieht sich hin, weil nach einer Unterbrechung der rote Faden wieder gefunden werden muss. Die auf die Seite geschobenen Unterlagen sind wieder herzuholen, neue Rüstzeiten gehen für den Wiedereinstieg drauf. Drittens wird keine oder zu wenig Zeit für das Unvorhergesehene reserviert, obwohl bei vielen Tätigkeiten vorhersehbar ist, dass überraschende Ereignisse eintreten können. Aus dem Um-

fang der geplanten und dann doch nicht erledigten Aufgaben lassen sich Erfahrungswerte für realistische Zeitreserven der künftigen Tagesplanung ableiten.

Übersteigt der geschätzte Zeitbedarf die für den Tag verfügbare Arbeitszeit, müssen Sie überlegen:

– Was lässt sich streichen?
– Was auf wann verschieben?
– Was ganz oder teilweise an wen delegieren?
– Was in kürzerer Zeit erledigen?

Das Verschieben ist die naheliegendste, aber schlechteste Lösung. Alle anderen Entlastungsvarianten sind besser. Der durch das heutige Verschieben herausgenommene Druck trifft Sie möglicherweise morgen umso härter. Es sei denn, eine mehrfach verschobene Aufgabe hat sich ohne negative Rückstellwirkung irgendwann von selbst erledigt.

Die Planung des Tages ist sinnvollerweise in die Wochenplanung eingebettet. Ein mehrtägiger Planungshorizont eröffnet bei großer Arbeitsbelastung weitere Gestaltungsmöglichkeiten:

– Was können Sie vorbereiten? Wer kann Ihnen dabei helfen? Von wem benötigen Sie welche Informationen?
– Was können Sie einleiten? Wen können Sie vorwarnen? Wen daran erinnern, dass er tätig werden soll?
– Wo lässt sich vorarbeiten? Ideen- und Stoffsammlungen für längerfristige Projekte anlegen?
– Was können Sie vorziehen, wenn es an Folgetagen zeitlich eng wird?

Sie können zusätzlich überlegen:

– Was fassen Sie zusammen und erledigen es gebündelt? Müssen Sie auf jede eingehende Mail sofort reagieren oder bearbeiten Sie Mails im Block? Rufen Sie wegen jeder Idee sofort an oder kommunizieren Sie gebündelt?
– Welche Reihenfolge ist sinnvoll?
– Welche Zeitpuffer sollten vor und zwischen einzelnen Terminen liegen? Beachten Sie Wegezeiten. Sonst müssen Sie Besprechungen vorzeitig verlassen und kommen zu spät und unvorbereitet zur anschließenden Veranstaltung.

- Welche Aufgaben erfordern einen ungestörten Zeitblock? In Gespräche mit Besuchern oder in Bewerbergespräche sollten keine Telefonate platzen und die Tür darf auch nicht dauernd aufgehen. Anspruchsvolle Aufgaben vertragen es nicht, wenn Sie bei der Erledigung im Fünf-Minuten-Takt gestört werden. In einer ungestörten Stunde erledigen Sie das Doppelte von dem, was Sie in einer »gestörten« Stunde zuwege bringen. Erledigen Sie konzeptionelle Aufgaben ohne Unterbrechungen in Ihrem persönlichen Leistungshoch, dann kommt etwas dabei heraus.

Die persönliche Leistungskurve

Sie erleben jeden Tag gute und schlechte Zeiten. Das hat mit Ihrer persönlichen Leistungskurve zu tun. Sie sind nicht zu jeder Stunde Ihres Arbeitstages gleich gut drauf, nicht immer gleich leistungsbereit und leistungsfähig. Das sollten Sie bei der Tagesplanung berücksichtigen und dazu einiges über sich herausfinden. Ob Sie eher eine Lerche oder eine Eule sind. Wann Sie sich im Verlaufe des Tages im Leistungshoch befinden und wann Sie typischerweise durchhängen. Es wäre unklug, wenn Sie leistungsstarke Zeiten mit Routinetätigkeiten »verplempern« und im Leistungstief erfolglos versuchen würden, kreativ zu sein.

Die Zuordnung zur Lerche oder Eule fällt Ihnen vermutlich nicht schwer, so viel wissen Sie über sich. Ob Ihnen das Aufstehen leicht fällt, Sie morgens früh und fit und munter aus dem Bett springen. Oder Sie morgens nicht so schnell munter werden und nur schwer aus den Federn und in die Gänge kommen. Dafür aber als Eule abends noch hellwach und konzentrationsfähig sind, wenn sich Lerchen bereits müde in ihr Nest verabschiedet haben. In uns tickt eine genetisch festgelegte, innere Uhr. Die bestimmt, ob wir zu den Frühaufstehern oder Langschläfern gehören. Chronobiologen haben ermittelt, dass sich die innere Uhr der beiden Typen um bis zu zwei Stunden unterscheidet. Wollen wir unsere Gruppenzugehörigkeit ändern, arbeiten wir gegen unseren Körper. Deshalb leiden ausgeprägte Eulen, die zu einem frühen Arbeitsbeginn gezwungen sind, unter einer Art täglichem Jetlag. Möglicherweise sind Sie weder das eine noch das andere

und Ihr Schlaf-Wach-Rhythmus liegt zwischen dem der morgenfrischen Lerchen und nachtaktiven Eulen. Sie gehören zur großen Gruppe der leicht gebremsten Morgentypen. Die sind vormittags von 9.00 bis 11.00 Uhr am besten drauf und erleben zwischen 14.00 und 16.00 Uhr ein ausgeprägtes Leistungstief. Zwischen 17.00 und 19.00 Uhr gibt es ein zweites Hoch, aber es ist nicht mehr so hoch wie das vom Vormittag und bei vielen Beschäftigten ist dann die Arbeitszeit bereits beendet. Die Abendtypen bringen morgens keinen Fuß auf den Boden. Ihre Leistungsfähigkeit, Stimmung und Dynamik steigt am Nachmittag. Abends laufen sie zur Hochform auf und sind oft bis in die späte Nacht konzentrations- und leistungsfähig.

Verschaffen Sie sich Klarheit über Ihre Leistungskurve. Beobachten Sie sich über einen bestimmten Zeitraum, führen Sie ein Leistungskurven-Tagebuch. Zu welchen Zeiten des Tages sind Sie wach, motiviert, konzentriert, kreativ, produktiv und wann nicht? Aus Ihren Erkenntnissen ziehen Sie Konsequenzen für die Tagesplanung. In den leistungsstarken Zeiten erledigen Sie wichtige und schwierige Aufgaben und Gespräche, bei denen Sie kreativ und konzentriert sein müssen. Im Leistungshoch schaffen Sie am ehesten die unangenehmen Aufgaben. Lieblingtätigkeiten, Routineangelegenheiten und die nicht ganz so wichtigen Gespräche gehen auch im Leistungstief.

Verschiedene Faktoren beeinflussen die Leistungskurve und einige können Sie steuern. Großen Einfluss hat das Ernährungsverhalten. Wer ein kräftiges Mittagessen zu sich nimmt, braucht sich über die anschließende Verdauungsmelancholie, über die postalimentare Tristesse nicht zu wundern. Schlafqualität und Schlafdauer wirken sich auf den nächsten Tag aus. Alkohol hilft beim Einschlafen, verschlechtert aber die Qualität der zweiten Schlafhälfte und das hat Auswirkungen auf den nächsten Arbeitstag. Wie sinnvoll ist Ihre Pausentechnik? Wie lange können Sie konzentriert arbeiten? Hochkonzentriert schaffen Sie es nicht länger als 20 Minuten und die normale Konzentration lässt spätestens nach eineinhalb Stunden nach. Gönnen Sie sich erst eine Pause, wenn Sie nicht mehr können? Oder legen Sie rechtzeitig Pausen ein, solange Sie noch nicht ganz abgeschlafft sind und arbeiten nach der Pause auf hohem Niveau weiter?

Das hat bisher niemand erforscht, aber vermutlich gehören die chaotischen Vögel unter den Menschen eher zu den Eulen als zu den Lerchen. Es gibt mehr Lerchen als Eulen, die Lerchen geben den Ton an. Weil es in unseren Breiten mehr perfekte als chaotische Lerchen gibt, dominieren die Perfektionisten und setzen die Rahmenbedingungen für das Arbeitsleben. Die üblichen Arbeitszeiten orientieren sich am Tagesrhythmus des perfekten Morgentyps. Der macht Feierabend, wenn der chaotische Abendmensch zu seiner persönlichen Hochform aufläuft. Soll der Spättyp seine Leistung bereits am frühen Vormittag abliefern, leidet er unter dem bereits besprochenen Jetlag. Er entzieht sich diesem Dilemma durch eine kluge Berufswahl und wird Theaterschauspieler, Werbemensch, Texter, Journalist, Künstler. Oder kann als kreativer Freiberufler seine Nacht zum Tage machen. Dies entspricht auch seinen unangepassten, selbstbestimmten und zeitsouveränen Neigungen. Dieser glückliche Mensch hat kein Problem mit seiner persönlichen Leistungskurve, aber mit seiner Kreativität. Er könnte mehr daraus machen, wenn er disziplinierter wäre und ein paar nützliche Zeitmanagementtools einsetzen würde. Die bekommt er im letzten Kapitel seiner chaotischen Buchhälfte. Sie als Perfektionist finden dort übrigens einige kreative Anregungen. Ihnen fehlt es ja weder an der nötigen Selbstdisziplin noch am richtigen Gebrauch der Zeit, aber manchmal an kreativen Ideen.

Der Schreibtisch

Lieber ein kultivierter Leertischler als
ein konfuser Volltischler

Das Schreibtisch-Drama:
Führen es andere auf, ist es eine Komödie;
spielt man selbst die Hauptrolle, ist es eine Tragödie.
Martin Scott

So ein Drama! Jeder zweite Deutsche räumt täglich seinen Schreibtisch auf. Die Gesellschaft für Konsumforschung (GfK) aus Nürn-
berg, die sich eigentlich mit dem Konsumentenverhalten und nicht
mit dem Verhalten von Schreibtischtätern beschäftigen soll, hat diesen Skandal mit einer repräsentativen Umfrage bei fast 2000 Menschen aufgedeckt. Das Schlimme ist nicht, dass halb Deutschland
unaufgeräumte Schreibtische hat, sondern dass jeder Zweite Tag für
Tag Zeit verschwendet. Weil er sich jeden Tag aufs Neue um eine
Aufgabe mit kleiner Hebelwirkung kümmert, statt einmal den großen Hebel anzusetzen. Sie erinnern sich an den kaputten Dachziegel am Schluss des Prioritätenkapitels. Wer den nicht ersetzt (große
Hebelwirkung), muss jedes Mal wenn es regnet, einen Eimer aufstellen (kleine Hebelwirkung). Wer kein System für die Schreibtischorganisation installiert und damit eine im Verhältnis zum
einmaligen Aufwand starke Wirkung erzielt, muss jeden Tag aufräumen und vor jedem Urlaub sein Schreibtischchaos beseitigen.
Die GfK-Studie lässt eine Frage offen: Was ist mit der Hälfte, die ihren Schreibtisch nicht täglich aufräumt? Arbeiten diese Menschen
mit System? Gibt es bei denen gar nichts aufzuräumen? Oder haben
die kapituliert und räumen gar nicht mehr auf? Aber wie viel Zeit
geht dann täglich für das Suchen drauf? Diese brisanten Fragen beantwortet die GfK-Studie nicht. Vielleicht sollte man sich in Nürn-
berg doch besser auf das Kerngeschäft der Konsumforschung beschränken und unbedarfte Ausflüge in die Büros bleiben lassen.

Der Schreibtisch hat Mitteilungscharakter. Er liefert uns erstens eine Kostprobe der dahinter sitzenden Persönlichkeit: Zeigen Sie mir Ihren Schreibtisch und ich sage Ihnen, was Sie für ein Typ sind. Ob ich Sie in die »lässige« oder in die »gewissenhafte« Schublade stecken soll. Der Schreibtisch dient zweitens der bewussten Persönlichkeitsinszenierung, er soll etwas signalisieren: Ich zeige dir meinen Schreibtisch, damit du in Ehrfurcht erstarrst. Er ist groß, ich bin schließlich ein wichtiger Mensch. Er ist leer, ich bin Herr und nicht Knecht, ich kann den Kleinkram delegieren und mich um die große Linie kümmern. Mein Schreibtisch ist voll, das Geschäft brummt, ich hoffe, du bist beeindruckt. Drittens kann ein voller Schreibtisch um Hilfe rufen: Lieber Chef, liebe Kollegen, ich bin überlastet, ich ertrinke in Arbeit, gebt mir um Himmels willen keine zusätzlichen Aufgaben! Viertens kann eine überhäufte Schreibtischplatte, ein Stau im E-Mail-Eingangskorb und ein zugestapeltes Büro mitteilen: Ich ertrinke in der Informations- und Papierflut, weil ich nicht weiß, wie ich damit umgehen soll. Mir fehlt das passende Bewältigungssystem, bei mir funktionieren weder Aufgabensteuerung noch Wiedervorlage und Ablage.

Wenn Sie ohne System arbeiten, bleibt das, was zu Ihnen kommt, einfach liegen. Auf dem Schreibtisch wachsen Stapel, um den Monitor kleben Zettel, im Posteingang stauen sich unerledigte Mails und im Kopf wälzen Sie ungelöste Aufgaben. Sie bekommen Probleme mit Ihrer Konzentration, müssen dauernd an alles denken, was Sie nicht vergessen dürfen. Hier ist ein System mit großer Hebelwirkung, das Ihnen diese Probleme und das tägliche Aufräumen erspart.[18] Sie können es bei David Allen auf 300 Seiten nachlesen. Möglicherweise reicht Ihnen auch meine zeitsparende Zusammenfassung auf den nächsten vier Seiten.

Grundvoraussetzung:
ein bewusstes Eingangsmanagement

Nichts soll »einfach so« auf Ihren Schreibtisch »schwappen« und irgendwo liegen bleiben oder im Mail-Eingang auftauchen und stehen bleiben. Jede eingehende Mail, jedes Papier, jeder ankommende Vorgang wird von Ihnen bewusst erfasst und seinem weiteren »Schicksal« zugeordnet. Sie sollen aber nicht auf alles, was zu Ihnen kommt, sofort anspringen, nicht jede ankommende Mail gleich öffnen. Bearbeiten Sie Mails im Block, drei Mal am Tag. Geben Sie Ihrer Ablenkungsbereitschaft keine Chance. Deaktivieren Sie die Benachrichtigungsfunktion. Sorgen Sie dafür, dass manche Informationen gar nicht mehr zu Ihnen kommen. Dann sparen Sie sich das Eingangsmanagement. Lassen Sie sich von Verteilern streichen. Bitten Sie Ihre Freunde, Ihnen keine Spaß-Mails zu senden. Blockieren Sie unerwünschte Absender. Arbeiten Sie mit Spamfiltern. Informieren Sie Absender mit Abwesenheitsnotizen, wenn Sie im Urlaub oder auf Dienstreise sind, das erspart Ihnen Erinnerung- und Mahnmails. Installieren Sie eine Projekt-Mailadresse, wenn Sie in einem Projektteam arbeiten, dann kommt nur noch eine Mail vom Kunden. Sonst erhalten alle Teammitglieder die gleiche Mail und jeder kann sich überlegen, ob er sich zuständig fühlt oder nicht. Müssen immer Lesebestätigungen sein? Ein Verzicht reduziert Ihren Maileingang.

Die entscheidende Frage: »Ist etwas zu tun?« Mit dieser Frage bewerten Sie den Eingang und trennen die Spreu vom Weizen. Hat das, was zu Ihnen kommt, eine Handlungsrelevanz? Wie müssen Sie darauf reagieren?

Die erste Antwort: »Nein, es ist nichts zu tun!« Die Information hat keine Handlungsrelevanz, Sie müssen nichts tun. Fast nichts!
– *Die schnellste Lösung: Müll.* Das ist die eleganteste Art, mit Papier und Mails fertig zu werden. Das Papier wandert in den Papierkorb, die Mail wird gelöscht.
– *Die Kompostierung: Der* »*Kann-bald-weg«-Ordner und die* »*Angstschublade«.* Fehlt der Mut zum Löschen oder Wegwerfen (»Vielleicht könnte ich es noch einmal brauchen«, »Vielleicht

werde ich darauf noch einmal angesprochen«), wird dem Papierkorb ein Zwischenlager vorgeschaltet. Papiervorgänge kommen in eine Angstschublade (man hat Angst, die Unterlagen sofort zu vernichten). Ist die Schublade voll, wirft man die untere Hälfte des Stapels weg. Mails verschiebt man in einen »Kannbald-weg«-Temporärordner und löscht sie nach einer gewissen Schonfrist.

– *Nützliche Informationen, die man lesen will.* Alle möglichen Informationen gehen ein. Manche sollte man lesen, andere können später nützlich sein. Beide Informationskategorien lässt man nicht auf dem Schreibtisch liegen oder im Maileingang stehen. Der Lesestoff (Fachartikel, Zeitungsausschnitte, Ausdrucke) kommt in eine Lesemappe. Das kann ein sogenannter »Eckspanner« oder eine Hängemappe sein. Es gibt viele Gelegenheiten zum Lesen, Wartezeiten oder Reisezeiten bieten sich dafür an. Mails, die man später lesen will, verschiebt man aus dem Eingangskorb in einen Leseordner.

– *Nützliche Informationen, die man später brauchen kann.* Es gibt Vorhaben, Interessengebiete oder Themen, die reifen müssen, weil man sie später fertig stellen, erledigen oder abliefern will. Manchmal sind auch Entwicklungen abzuwarten und es ist noch nicht klar, ob aus einer Sache etwas wird oder nicht. Für solche Vorhaben legt man ein Dossier (eine Hängemappe) an und sammelt Informationen und Ideen. Wird das Vorhaben konkret, lässt sich der Informations- und Ideenfundus nutzen. Sie müssen für Ihre Arbeit immer wieder auf Referenzmaterial zurückgreifen: Kataloge, Prospekte, Verzeichnisse, Fahrpläne. Auch diese Informationen gehören in Hängemappen oder in Ordner und Unterordner und man hat sie, wenn man sie braucht.

Die zweite Antwort: »Ja, es ist etwas zu tun und es geht schnell!« Dann sollten Sie es gleich vom Tisch bringen oder aus der Eingangsbox entfernen.

– *Sofort erledigen.* Was in wenigen Minuten erledigt ist, wird sofort angepackt. Manche Mails lassen sich schnell beantworten. Man befasst sich nur ein Mal damit. Für Papiervorgänge wählen Sie die schnellste Erledigungsvariante: Sie rufen an, schicken

eine SMS, eine Kurzantwort, schreiben die Antwort handschrift-
lich auf das Original und senden dem Absender ein Fax.

– *Delegieren.* Leiten Sie Aufgaben sofort an die zuständigen Menschen weiter.

Die dritte Antwort: »Ja, es ist etwas zu tun, aber später!« Nicht
alles muss oder kann sofort erledigt werden. Die Bearbeitung dauert länger oder die Aufgabe ist erst zu einem späteren Zeitpunkt
fällig. Hier greift das Prinzip der Schriftlichkeit und es erfolgt
eine eindeutige Zuordnung. Nichts bleibt als Erinnerungsstütze
einfach so im Kopf oder liegt als Merkposten auf dem Schreibtisch oder klebt als Erinnerungszettel am Monitor. Die Regis-
trierung und Erfassung der zu erledigenden Aufgaben im Kalender oder im Arbeitsspeicher führt zur Gelassenheit, man hat
alles im Griff und vergisst nichts. Der Kopf ist entlastet, Stress
wird abgebaut und die volle Konzentration gehört der aktuellen
Aufgabe.

– *Der Kalender.* Im Smartphone, mit dem Hintergrund Outlook
   oder Lotus Notes oder im Ringbuch stehen alle beruflichen und
   privaten Termine.
– *Die Wiedervorlage.* Sie erinnert an Vorgänge, die später zu erledigen sind. Per Wiedervorlage kontrollieren Sie auch, ob gegebene Zusagen eingehalten werden und ob delegierte Aufgaben zum vereinbarten Ablieferungszeitpunkt eingehen. Solche
   Erinnerungs- und Nachfasstermine lassen sich über den Kalender steuern. Auch später zu bearbeitende Mails können Sie
   aus dem Posteingang in den Kalender verschieben. Eine extra
   Wiedervorlage ist nur dann sinnvoll, wenn Papiervorgänge zu
   einem definierten Zeitpunkt wieder auf den Tisch sollen. Dafür
   bietet sich der Pultordner mit 31 Tagesfächern an. Möglich sind
   auch 31 Hängemappen oder 31 Mappei-Mappen.
– *Der Arbeitsspeicher.* Nimmt alle nicht termingebundenen Aufgaben auf. Das können To-do-Listen sein, in denen man die zu
   erledigenden Einzelaufgaben kontextbezogen notiert. Der Kontext kann eine Person sein, ein Ort, ein Ereignis, ein Medium.
   Alles was mit einer bestimmten Person bei nächster Gelegenheit zu besprechen ist, wird an einem Speicherplatz gebündelt.
   Der Speicher kann sein: Ein Notizblatt im Ringbuch, eine digi-

tale Notiz in Outlook oder Lotus Notes oder in Microsoft Office OneNote. Möglich ist auch eine Mappei-Sichthülle. Vielleicht hat Ihr Smartphone die Funktion »Aktive Notizen«. Dort sammeln Sie alles, was Sie mit einem bestimmten Kommunikationspartner besprechen müssen. Ruft der an, springt eine Notiz auf und erinnert Sie an die offenen Punkte. Dann gibt es noch *Projekte*, das sind umfangreichere Aufgaben, Präsentationen, Reisevorbereitungen, Veranstaltungsplanungen, Umorganisationen, Kundenbesuche, Texterstellungen. Die dazu erforderlichen Daten und Informationen speichern Sie elektronisch in Ordnern und Unterordnern. Bei papierhaltiger Arbeitsweise dienen Hängemappen, Sichthüllen, Mappei-Mappen oder Pultordner als Arbeitsspeicher. Die Speicherung muss schnell und unaufwändig gehen, sonst besteht die Gefahr, dass Sie Vorgänge nicht eindeutig zuordnen, sondern auf einen Stapel werfen. Jetzt könnten Sie einwenden: »Wenn ich die Aufgabe nicht mehr sehe, denke ich nicht mehr dran und vergesse, sie zu erledigen.« Dieser Einwand kommt von Leuten, die nach dem Motto »Aus den Augen, aus dem Sinn« arbeiten. Die Schreibtischplatte dient als Ersatz für ein nicht vorhandenes Steuerungsinstrument. Im nächsten Kapitel über das persönliche Termin- und Merksystem gibt es Informationen zum Aufbau eines Erledigungs- und Erinnerungssystems jenseits von Gedächtnis und Schreibtischplatte.

Die Stunde Null

Wenn Sie mit Ihrer bisherigen Arbeitsplatzorganisation nicht zufrieden sind und unter einem überhäuften Schreibtisch und einem überquellenden Mail-Eingangskorb leiden, können Sie unter Einsatz des dargestellten Systems einen Neuanfang starten. Beginnen Sie mit dem *Eingangsmanagement*: Sammeln Sie alle auf dem Schreibtisch, auf dem Sideboard, auf dem Besucherstuhl, auf der Fensterbank liegenden Papierstapel, Zettel, Vorgänge, Kopien, Fachartikel, Ausdrucke, Broschüren, Prospekte. Bilden Sie daraus einen großen Stapel. Diesen legen Sie tatsächlich oder symbolisch in einen Eingangskorb. Sie haben ein erstes Erfolgserleb-

nis: Der Schreibtisch ist leer. Auf der Fensterbank ist wieder Platz für Pflanzen. Besucher können sich wieder setzen. Dann nehmen Sie das oberste Blatt Papier, den obersten Vorgang in die Hand und stellen die Frage: »Ist etwas zu tun?« Und absolvieren die beschriebenen Schritte des Systems. Vermutlich werden Sie für die Hälfte der Vorgänge die Entscheidung »Nein, es ist nichts zu tun!« und »Müll« fällen. Nach kurzer Zeit ist der Papierberg nur noch halb so hoch.

Für diese Tabula-rasa-Aktion müssen Sie Speichermedien (Hängemappen, Sichthüllen, Mappei-Mappen) bereitstellen: Aus einigen Vorgängen und Papieren des Stapels werden *Projekte* im Arbeitsspeicher, anderes Material gehört in die *Lesemappe* oder in den *Informationsspeicher*.

Nach dem gleichen System bearbeiten Sie auch den überquellenden E-Mail-Eingangskorb. Auch dazu sind vorbereitende Überlegungen zur Organisation von Ordnerstrukturen erforderlich.

Das Ablagesystem nach Noguchi:
Einfach genial, weil genial einfach

Stapel wachsen in den Himmel, weil die einfachste und schnellste Version des Ablegens das Weglegen ist. Da für das Weglegen nicht immer ein freier Platz zur Verfügung steht, werden die aktuell nicht benötigten Vorgänge, Papiere, Dokumente aufeinandergelegt. Je schneller und einfacher das Ablegen funktioniert, desto länger dauert das Herumstöbern in den Stapeln, wenn man auf eine weggelegte Unterlage zurückgreifen muss. Das andere Extrem ist die zeitaufwändige Installation ausgeklügelter Ablagesysteme. Dann dauert das Ablegen lang, aber man findet alles sofort. Beide Ablagevarianten sind unbefriedigend. Bei der Suche nach einer optimalen Balance von Ablage- und Suchaufwand hilft uns der Japaner Yukio Noguchi mit seinem Noguchi-Filing-System. Seine umwerfende Idee bringt jeden Ablagestapel zum Einsturz: Der Stapel wird einfach um 90 Grad gedreht. Die Vorgänge und Dokumente liegen nicht mehr aufeinander, sondern stehen nebeneinander. Sie lassen sich einzeln »herausfischen«, aber nur, wenn man sie vorher »eingetütet« hat. So funktioniert das Ganze:

1. Besorgen Sie sich 50 Briefumschläge ohne Fenster im Format C 4 (damit verschicken Sie normalerweise Unterlagen im DIN-A4-Format). Die billigste Ausführung reicht, auf selbstklebende Laschen können Sie verzichten.
2. Schneiden Sie die Laschen ab, mit denen man die Umschläge normalerweise zuklebt. Aus den Umschlägen werden offene Tüten.
3. Stecken Sie das aufbewahrungswürdige Dokument in eine Tüte.
4. Beschriften Sie die Tüten an der rechten Längsseite mit dem zutreffenden Stichwort. Wenn es Ihnen nicht zuviel der Ordnung ist, können Sie das Datum der Archivierung dazuschreiben.
5. Die erste bestückte Tüte stellen Sie hochkant rechts in ein Regalfach. Die zweite Tüte kommt links davor. Die einfache Regel lautet: je neuer oder aktueller die Tüte, desto weiter links. Folglich wandern selten benötigte, ältere Dokumente immer weiter nach rechts.
6. Suchen Sie ein Dokument, dann blättern Sie die im Regal stehenden Tüten durch und finden über die senkrecht am Tütenrand stehenden Stichworte den Umschlag, in dem das Gesuchte steckt. (Nebenbei finden Sie Dinge, die Sie gar nicht gesucht haben. Dieses Phänomen nennen wir Serendipität. Weil vor allem Chaoten davon profitieren, besprechen wir es im Schreibtischkapitel der chaotischen Buchhälfte.) Anschließend kommt das Material zurück in die Tüte und die wandert wieder in das Regal. Aber nicht mehr zurück an den alten Platz der Tütensammlung, sondern ganz nach links vorn.
7. Je öfter ein Dokument benötigt wird, desto weiter links steht es im Regalfach.
8. Die selten benötigten Unterlagen-Tüten wandern immer weiter nach rechts.
9. Ist das Regalfach voll, können Sie die ganz rechts stehenden Tüten in eine Archivbox stecken oder vernichten. Eine Art Komposteffekt wird wirksam.
10. Mit diesem liegenden Ablagestapel besitzen Sie ein verblüffend einfaches Archiv, ohne jeden Klassifizierungsaufwand.

Das Noguchi-Filing-System eignet sich eher für Ihre persönliche Ablageorganisation und für die Archivierung privater Dokumente

und Unterlagen. Damit lassen sich auch Loseblatt-Stoffsammlungen anlegen. Statt der Briefumschläge können Sie auch Klarsichthüllen nehmen, dann müssen Sie keine Laschen abschneiden. Sie sparen sich das Beschriften, weil Sie sehen, was in der Hülle steckt. Geht aus dem Deckblatt des Dokumentes nicht klar hervor, um was es sich handelt, schreiben Sie das passende Stichwort auf ein leeres Blatt Papier und legen es davor. Stellen Sie die Sichthüllen so in das Regal, dass die offene Seite nach hinten zeigt. Mit der geschlossenen Vorderseite lassen sich die Hüllen besser durchblättern.

Ziehen Sie um!

Sie können sich nicht zu einer Tabula-rasa-Aktion aufraffen, obwohl Sie dringend Ihren Arbeitsplatz entrümpeln und reinen Tisch machen sollten? Da hilft nur eines: Ziehen Sie um! Sind Sie in einer Organisation beschäftigt, könnten Sie dazu schneller gezwungen sein, als Ihnen lieb ist. Beim nächsten Führungswechsel steht garantiert eine Umorganisation an und Ihnen blüht ein Bürowechsel. Zweifeln Sie künftig nicht mehr am Sinn von Organisationsänderungen. Die haben mindestens eine sinnvolle Nebenwirkung: Die betroffenen Mitarbeiter müssen umziehen und räumen bei dieser Gelegenheit ihre Arbeitsplätze auf. Bereits beim Einpacken wird ein Teil veralteter Unterlagen entsorgt. Vermutlich haben Sie aber bei bisherigen Umzügen eine weit wichtigere Erfahrung gesammelt: Der größere Wegwerferfolg entsteht beim Auspacken! Da wirft man überraschenderweise tatkräftig Unterlagen weg, von denen man sich beim Einpacken noch nicht trennen wollte. Die mühsame Überlegung »Wohin damit im neuen Büro?« wird durch die erlösende Idee beendet: »Eigentlich brauche ich es gar nicht mehr!« Der Gelehrte Muhammad Asad drückt es so aus: »Nur aus der Seele dessen, der reist, sprudeln in hellen Strömen neue Ideen und überraschende Taten.«

102

Das Termin- und Merksystem

Der Kopf ist zum Denken da, nicht zum Merken

Ich habe keine Zeit mehr,
ich habe nur noch Termine.
Martin Bangemann

Einen Termin kann man schon mal übersehen. Zwei amerikanische Opernstars hat das vor einigen Jahren richtig Geld gekostet. Das war eine schöne Bescherung, am zweiten Weihnachtsfeiertag, im Stadttheater von Straßburg. Dort sollten sie in der Operette »Die Fledermaus« von Johann Strauß als Hauptdarsteller auftreten. Und haben ihren Auftritt schlicht und einfach vergessen. Die zur Weihnachtsvorstellung erschienenen 1200 Besucher mussten das Theater enttäuscht verlassen. Die vergesslichen Sänger hatten die Gagen und Reisekosten des vergeblich angereisten Orchesters aus Mühlhausen zu ersetzen. Als Grund ihrer Vergesslichkeit gaben sie Überlastung und mangelnden Überblick über ihre Terminplanung an. Merke: Der Kopf ist zum Singen da, nicht zum Merken!

Opernsänger, Sachbearbeiter, Hausfrauen, Studenten, Handwerker, Schüler und Pfarrer brauchen ein System, mit dem sie ihre Termine verwalten. Sie müssen ihre Aufgaben zeitlich auf die Reihe bringen, ihre Leistungen rechtzeitig abliefern, Fristen und Termine einhalten und pünktlich da sein, wenn es darauf ankommt. Schließlich sollte die Trauergemeinde auf dem Friedhof nicht vergeblich auf den Pfarrer warten müssen. Das Terminsystem wird flankiert durch ein Merksystem. Wir dürfen alles Mögliche nicht vergessen, müssen Zusagen einhalten, Ideen festhalten, sollen Geburtstage und Hochzeitstage erinnern und brauchen den Zugriff auf Adressen und Telefonnummern. Die Gestaltung des persönlichen Termin- und Merksystems ist ein evolutionärer Prozess. Auf welcher von vier Entwicklungsstufen stehen Sie?

Erste Stufe: Kopf

Die niederste Stufe ist hochentwickelt und sitzt ganz oben im Kopf: das Gedächtnis. Bis zum Ende der Grundschulzeit genügt dieses System völlig. Die Ferientermine hat man im Kopf und den Rest steuern Eltern und Lehrer. In den höheren Schulklassen, in der Ausbildung, im Studium, im Beruf können wir den Kopf als Merksystem vergessen. Wir brauchen ihn zum Denken. Irgendwann haben wir so viel um die Ohren, dass wir zwischen den Ohren den Überblick verlieren und Konzentrationsprobleme bekommen, wenn wir uns alles im Kopf merken wollen, was wir nicht vergessen dürfen. »Ich merke mir viele Dinge, Termine und Zusagen im Kopf, damit mein Gehirn nicht einrostet«, sagen manche Leute und bezahlen dafür einen hohen Preis. Sie können sich nicht voll auf das Thema konzentrieren, an dem sie gerade arbeiten, weil im Hintergrund ein permanentes Erinnerungsprogramm läuft. Sie stehen unter einer Dauerbelastung durch die Angst »Hoffentlich vergesse ich nichts«. Weil es dann doch passiert, gibt es Ärger und selbstverursachten Stress. Wer sich nur auf das Gedächtnis verlässt, erinnert sich später daran, dass er eine gute Idee hatte, die er jetzt brauchen könnte. Leider weiß er nur noch, dass sie gut war, aber nicht mehr, wie sie ging.

Zweite Stufe: Zettelwirtschaft und Schreibtischplatte

Aus der Erkenntnis »Aus den Augen, aus dem Sinn« entwickelt sich die zweite Stufe des persönlichen Erinnerungssystems. Das überforderte und unzuverlässige Gedächtnis wird mit Unterstützung der Schreibtischplatte und des Monitors visuell abgesichert. Termine stehen im herkömmlichen Papierkalender oder in der elektronischen Version. Unerledigtes liegt auf dem Schreibtisch oder steht als Stichwort auf gelben Erinnerungszetteln, die um den Monitor kleben. Regelmäßig schweift der prüfende Blick über Stapel und Zettel und erkennt, was fällig wird. Mit zunehmender Anzahl offener Posten verkleinert sich die freie Arbeitsfläche am Schreibtisch, irgendwann ist der Monitor ringsum dicht beklebt. Neue Vorgänge decken alte zu. Unerledigtes gerät aus den Augen

und Zettel werden übersehen. Manches erledigt sich so von selbst, wenn nicht, ist Ärger programmiert, müssen Ausreden gesucht und Rettungsaktionen gestartet werden.

Dritte Stufe: Aufgabenliste und Wiedervorlage

Auch bei der dritten Stufe läuft die Terminverwaltung über den Kalender. Aus den vielen kleinen Zetteln wird ein großer: die To-do-Liste. Außerdem lässt man Vorgänge nicht mehr bis zur Fälligkeit auf dem Schreibtisch liegen, sondern steckt sie in eine Wiedervorlage. Das ist ein Pultordner mit 31 Fächern für jeden Tag des Monats. Oder ein System mit 31 Hängemappen, manchmal sogar mit 12 zusätzlichen für die Folgemonate. Dieses System aus Kalender, Aufgabenliste und Wiedervorlage löst einige Probleme der zweiten Stufe und schafft neue. Der Kalender verwaltet das Dringende, die wahrzunehmenden Termine. Auf der To-do-Liste stehen die wichtigen, langfristigen Aufgaben und kleine, nicht ganz so wichtige Merkposten. Das Problem: Das Dringende gewinnt und das Wichtige verliert. Termine werden dringend, Besucher wollen zur vereinbarten Zeit empfangen werden und auf Besprechungen soll man pünktlich erscheinen. Der verplante Manager stöhnt: »Von Beruf bin ich Besprechungsteilnehmer«, und jammert: »Ich habe keine Zeit mehr, nur noch Termine!« Es entsteht ein Wichtigkeitsstau. Die Aufgabenliste wird immer länger. Das Wichtige wartet, bis es dringend wird. Dann blühen Endterminhektik und Finalstress. Ein Zusatzproblem: In der Wiedervorlage »schlummern« spätere Aufgaben und »erschlagen« den Bearbeiter am Fälligkeitstag. Vorgänge werden »auf Termin« gelegt, man ist sie erst mal los. Ohne zu berücksichtigen, wie viel Zeit man am Tag der Wahrheit für die Erledigung benötigt. Übrigens erfordert die Verwaltung des Wiedervorlagesystems einige Disziplin. Man muss Vorgänge einpflegen, zu Monatsbeginn die Monatsmappe in die Tagesmappen einsortieren. Jeden Tag die fälligen Aufgaben bearbeiten, bei Abwesenheit sogar im Vorgriff. Nicht alle Nutzer halten das auf Dauer durch.

Viele arbeiten recht und schlecht auf dieser unbefriedigenden Organisationsstufe dritten Grades. Manche sind über die chaotischen Stufen eins und zwei nicht hinausgekommen. Ein funktionierendes Termin- und Merksystem der vierten Stufe löst die Probleme der Vorstufen. Es ist mobil, maßgeschneidert, integriert, unaufwändig, verbindet berufliche und private Belange und taugt zum persönlichen Steuerungsinstrument.

Bei der Hardware macht es einen Unterschied, ob Sie beruflich in ein Firmen- oder Organisationsnetzwerk eingebunden sind oder sich als Freiberufler oder Privatperson eine Insellösung maßschneidern können oder müssen. Im ersten Fall nutzen Sie am Arbeitsplatz alle Tools von Outlook oder Lotus Notes und arbeiten unterwegs mit einem Smartphone und, wenn nötig, mit einem Laptop. Beim Smartphone der nächsten oder übernächsten Generation wird nicht nur das Eingabeproblem, sondern auch das Displayproblem gelöst sein. Sie geben die Daten nicht mehr manuell ein, sondern per Spracherkennung. Und wenn ein großes Display angesagt ist, werfen Sie es per eingebautem oder externem Mini-Beamer an die Wand. Sie sollten berufliche und private Termine in einem System verwalten. Dann zeigen Sie auch eine private Termintreue, weil Sie die bei getrennter Kalenderführung drohenden Terminkollisionen vermeiden. Gestatten betriebliche Vorgaben die Integration der privaten Termine in den betrieblichen Kalender nicht, können Sie die Termine Ihres engeren privaten Umfeldes, mit entsprechenden Zugriffsberechtigungen für Familie und Freunde, im kostenlosen Onlinekalender von Google verwalten. Terminerinnerungen kommen per Mail oder als Textnachricht auf das Smartphone.

Auch als nicht in ein Netzwerk eingebundener »Einzelkämpfer« verwalten Sie Termine, Aufgaben, Adressen auf dem PC und nutzen das Smartphone als mobilen Satelliten und sind auch unterwegs terminfähig und notizbereit. Als Unterwegssystem bietet sich auch das gute alte Ringbuch an. Das können Sie zum integrierten, maßgeschneiderten Steuerungsinstrument ausbauen und haben als Nebenprodukt immer ein Notizbuch oder Skizzenbuch dabei. Mit dem passenden Locher vermeiden Sie eine »doppelte

Buchführung«. Sie verwalten das Adressregister per PC und legen den gelochten Ausdruck in das Ringbuch. Läuft die Terminverwaltung in Ihrer Arbeitsgruppe über Outlook oder Lotus und sind Sie nicht mit einem Smartphone ausgestattet, können Sie auch den Kalender im passenden Format ausdrucken und im Ringbuch eingeheftet zu Auswärtsterminen mitnehmen. Ihr nicht öffentliches Ringbuch erlaubt auch problemlos die Integration beruflicher und privater Termine. Für den Unterwegseinsatz ist ein kleines Ringbuch im Postkarten-Format günstig. Das passt in die Handtasche oder ins Jackett. Die Lederhülle sollte möglichst dünn sein und der Durchmesser der Ringmechanik nicht größer als 13 Millimeter. Das gibt es bei www.org-rat.de als Junior-Format und bei www.tempus.de als »schlanken« Zeitplaner. Dort finden Sie auch alle möglichen Kalenderversionen, nützliche Formulare und einen Locher, der es Ihnen ermöglicht, selbst gestaltete Formulare oder Ausdrucke in das Ringbuch einzuheften. Arbeiten Sie mit einem Ringbuch und fehlt Ihnen der passende Locher, bekommen Sie den unter der Bezeichnung »Holix« bei www.dr-gold.de.

Ratschläge für mehr Effizienz

Hier sind einige Anregungen, wie Sie mit den richtigen Tools die Zeit planen und Merkposten verwalten:

1. *Alles notieren.* Sie registrieren elektronisch oder auf Papier sämtliche Termine und alles, was Sie erledigen müssen oder nicht vergessen dürfen. Im Tages- oder Wochenkalender halten Sie nicht nur Termine fest, sondern nutzen auch den Aufgabenblock. So steht neben den Terminen eine Liste aller Aufgaben, die Sie im Laufe des Tages erledigen wollen. Alles, was Sie nicht einem bestimmten Erledigungstermin oder Erledigungstag zuordnen können, bündeln Sie kontextbezogen im Arbeitsspeicher. Das haben wir im Schreibtischkapitel unter dem Stichwort »Arbeitsspeicher« besprochen. Sie nutzen die Notizfunktion in Outlook oder Notizzettel im Ringbuch und sammeln alles, was einen bestimmten Kontext, ein bestimmtes Thema, ein Event, eine Person betrifft, an einem Speicherplatz. Sie legen eine Notiz für die nächste Dienstreise, für den Urlaub, für den Umzug

an und halten alles fest, was Sie nicht vergessen dürfen. Auf personenbezogenen Notizzetteln bündeln Sie, was Sie beim nächsten persönlichen oder telefonischen Kontakt mit dem Kunden, Kollegen, Chef oder Steuerberater fragen oder abklären wollen. Alles, was bei der nächsten Inspektion am Auto zu richten ist, kommt auf den Autozettel. Es gibt Einkaufszettel, Notizzettel für Geschenkideen oder Büromaterial. Für längerfristige Aufgaben, die reifen müssen, legen Sie Ideenzettel an und halten alles fest, was Ihnen zu diesem Projekt nach und nach einfällt. Sie entlasten Ihr Gedächtnis und minimieren Konzentrationsstörungen, weil Sie sich nicht mehr alle Einzelheiten im Kopf merken müssen. Sie erleben eine psychische Entlastung durch das sichere Gefühl, nichts zu vergessen. Sie sind auch bei unvorhergesehenen Kontakten sofort gesprächsbereit und haken alle offenen Punkte ab.

2. *Die Erledigung kontrollieren.* Jedes Mal, wenn Sie eine abgeschlossene Aufgabe als erledigt markieren, gewinnen Sie ein stimmungsförderndes Erfolgserlebnis. Das motiviert Sie zu neuen Taten.

3. *Den Tag abschließen und das Unerledigte übertragen.* Am Ende des Arbeitstages freuen Sie sich über das Erledigte und übertragen das Unerledigte auf den passenden Folgetag. Das geht elektronisch ganz einfach. Papier hat den Vorteil, dass Sie Zusatzaufwand treiben und das Stichwort noch einmal in den Kalender schreiben müssen. Das hat eine erzieherische Wirkung. Sie werden irgendwann mit einer unrealistischen Tagesplanung Schluss machen und sich nur noch das vornehmen, was Sie auch erledigen können.

Ratschläge für mehr Effektivität

Kennen Sie den Unterschied zwischen Effizienz und Effektivität? Mit einem funktionierenden Termin- und Merksystem arbeiten Sie effizient. Sie nutzen konsequent die passenden Tools. Das gibt Ihnen ein gutes Gefühl. Sie haben alles zuverlässig im Griff, vergessen nichts, vermeiden Konzentrationsstörungen und ersparen sich Terminüberschneidungen. Effizient arbeitet, wer gut organi-

siert ist, wer die Dinge richtig tut. Effizienz ist eine Voraussetzung für die Effektivität. Effektiv ist, wer die richtigen Dinge tut,
wer brauchbare Ergebnisse produziert. Das gelingt Ihnen, wenn
Sie Ihr Erledigungssystem zum Steuerungsinstrument ausbauen,
sich nicht nur von dringenden Terminen steuern lassen, sondern
von wichtigen Aufgaben, wenn Sie das Wichtige dringend machen,
in den Kalender einspeisen und erledigen. Das haben wir bereits
im Prioritätenkapitel besprochen. Und schon Alec Mackenzie, der
Altmeister des Zeitmanagements, hat gewusst, dass nichts leichter
ist, als sich zu beschäftigen, aber nichts schwieriger ist, als effektiv
zu sein.[19]

Worauf Perfektionisten achten müssen und was sie von Chaoten lernen können

Sie sind ein geplanter, ordentlicher, gewissenhafter Mensch, ein gesunder Perfektionist. Das hat Ihnen der erste Teil des Buches bestätigt. Sie wollen vernünftig mit der Zeit umgehen, die Aufgaben souverän bewältigen und hausgemachten Stress vermeiden. Wie das geht, haben Sie im zweiten Teil erfahren. Dieser dritte Teil will Sie vor Gefahren bewahren, die Ihnen drohen, wenn Sie Ihren Perfektionismus übertreiben. Schließlich wollen Sie nicht als Erbsenzähler enden. Werden Sie lieber einen Tick chaotischer und Sie bleiben – nicht trotzdem, sondern gerade deshalb – perfekt.

Die entwertende Übertreibung

Lieber etwas unordentlicher als zu pedantisch

When too perfect, lieber Gott böse.
Nam June Paik

Wir schauen uns das perfekt-chaotische Wertequadrat noch einmal an. Sie haben das linke obere Feld gepachtet, das ist Ihre Welt. Sie sind der geplante Typ mit dem perfekten Zeitmanagement: zielstrebig, gewissenhaft, ordentlich, diszipliniert und zuverlässig. Sie sind aufgabenorientiert und planungskompetent und erledigen Ihre Aufgaben konzentriert und konsequent. Das sind Ihre Stärken. Diese perfekten Tugenden haben sich in Ihrem beruflichen und privaten Leben bewährt. Chaotisches Verhalten ist Ihnen fremd.

	Perfektionisten	Chaoten
Tugend	geplanter Typ	flexibler Typ
Untugend	zwanghafter Typ	konfuser Typ
	zwanghafte Persönlichkeitsstörung	

Das ist positiv, weil Sie sich die mit den chaotischen Untugenden verbundenen Nachteile sparen. Vom konfusen Quadranten sind Sie weit weg. Zwischen Ihnen und dem konfusen Typen gibt es sozusagen komplementäre Beziehungen. Der konfuse Typ ist Ihr genaues Gegenteil. Kehrt man Ihre positiven Eigenschaften um, hat man eine perfekte Beschreibung des konfusen Typen. Der ist ziellos, überlässig, unordentlich, undiszipliniert, unzuverlässig, hat mit Planung überhaupt nichts am Hut und bringt nichts auf die Reihe. Von diesen »gegenschlechten« Eigenschaften sind Sie, der »Gegengute«, weit weg, von dort droht Ihnen keine Gefahr. Sie müssen sich mit den Nachbarquadranten auseinandersetzen. Wenn Sie das Gute übertreiben, könnten Sie von »perfekt« nach »zwanghaft« umkippen und diese entwertende Übertreibung könnte letztlich in einer Persönlichkeitsstörung enden. Jetzt kommt der andere Nachbarquadrant ins Spiel. Vor dem drohenden Absturz in Richtung »zwanghaft« kann Sie eine Seilschaft mit dem flexiblen Typen bewahren. Dieser Typ reagiert spontan und kommt gut mit überraschenden Situationen zurecht. Er ist improvisationsfähig, locker und großzügig, außerdem beziehungsorientiert und kommunikativ und ein guter Krisenmanager. Die in den beiden positiven Quadranten angesiedelten Stärken kann man Geschwistertugenden nennen, gegensätzliche und sich ergänzende, antagonistische Eigenheiten. Ein Zuviel des einen Pols bedeutet ein Zuwenig des anderen. Sie haben die Stärken des geplanten Typs und könnten eigentlich damit zufrieden sein. Die Stärken des Flexiblen gehen Ihnen eher ab und das könnte Ihnen egal sein. Jetzt ist aber jeder Wert nur dann einer, wenn er sich in einem ausbalancierten Verhältnis zu seiner Geschwistertugend befindet. Das positive Spannungsverhältnis kann verhindern, dass Ihre Planungsstärke zu einer entwertenden Übertreibung verkommt, in den Unwert abrutscht. Wenn Sie das Gute übertreiben, zu viel des Guten an den Tag legen, kippt Ihre geplante Tugend in die zwanghafte Untugend. Ihr gesunder Perfektionismus wird zum Überperfektionismus, aus gründlich wird penibel, aus zuverlässig wird pedantisch. Komplementäre Beziehungen bestehen nicht nur zwischen geplant und konfus, sondern auch zwischen flexibel und zwanghaft. Die flexiblen Tugenden sind das Gegengute der zwanghaften Untugenden. Jede Annäherung an

114

den flexiblen Quadranten verkleinert die Umkippgefahr in Richtung »zwanghaft«.

Überperfektionismus als selbstschädigende Überzeugung

Der Perfektionismus ist für den amerikanischen Psychiatrie-Professor David D. Burns eine der am weitesten verbreiteten selbstschädigenden Überzeugungen.[20] Er meint nicht den gesunden Perfektionismus, die Suche nach der besten Lösung, das Streben nach Exzellenz. Sondern einen unangemessenen Überperfektionismus. So eine Geisteshaltung macht anfällig für die unterschiedlichsten Schwierigkeiten. In einer Tabelle stellt er beide Erscheinungsformen gegenüber. Welche Formulierungen treffen auf Sie zu? Auf welcher Seite sind Sie angesiedelt? Sind Sie ein gesunder Perfektionist oder ein gefährdeter Überperfektionist?

gesundes Streben nach Exzellenz	schädlicher Überperfektionismus
Sie fühlen sich kreativ und durch Enthusiasmus motiviert.	Sie fühlen sich gestresst und getrieben und werden durch Angst vor dem Versagen motiviert.
Ihre Bemühungen erzeugen bei Ihnen Gefühle der Freude und Zuversicht.	Ihre Leistungen stellen Sie nie zufrieden.
Sie haben nicht das Gefühl, Liebe oder Freundschaft verdienen zu müssen, indem Sie andere Menschen beeindrucken. Sie wissen, dass die Menschen Sie so akzeptieren, wie Sie sind.	Sie haben das Gefühl, andere mit Ihrer Intelligenz oder Ihren Leistungen beeindrucken zu müssen, damit sie Sie mögen und respektieren.
Sie fürchten sich nicht davor, Fehler zu machen. Sie sehen Fehler als eine Chance zum Wachsen und Lernen.	Wenn Sie einen Fehler machen oder es Ihnen nicht gelingt, ein wichtiges Ziel zu erreichen, werden Sie selbstkritisch und fühlen sich wie ein Versager.
Sie fürchten sich nicht, verletzlich zu sein oder anderen Ihre Gefühle mitzuteilen.	Sie glauben, Sie müssten immer stark sein und Ihre Emotionen unter Kontrolle behalten.

Ein krankhafter Überperfektionismus hat einige Erscheinungsformen und er kann in den verschiedensten Lebensbereichen Stress auslösen und Unheil anrichten. Da ist erstens die Zwanghaftigkeit. Alles im Büro und im Haus muss immer makellos sauber sein. Übertrieben viel Zeit geht drauf, Dinge zu überprüfen, zu kontrollieren, zu reinigen, zu organisieren. Zwanghafte Typen werden nie mit ihrer Arbeit fertig, weil sie alles überoptimieren wollen.

Zweitens gibt es den Leistungsperfektionismus. Solche Leute finden es schrecklich, einen Fehler zu machen, zu versagen oder ein Ziel, das sie sich im Studium oder Beruf gesetzt haben, nicht zu erreichen. Mit dieser Geisteshaltung handeln sie sich einige Probleme ein. Die Null-Fehler-Strategie verhindert nicht nur Fehler, sondern auch die wichtigste und schnellste Version des Lernens. Die Versagensangst schürt die Prüfungsangst. Die Angst vor dem Scheitern führt zur »Aufschieberitis«. Leistungsperfektionisten scheitern an ihren überzogenen Ansprüchen.

Die dritte Erscheinungsform ist eine überzogene Anspruchshaltung an die Mitmenschen oder an die ganze Welt. Alles muss erwartungsgemäß funktionieren. Der Überperfektionist ist übertrieben wütend oder frustriert, wenn jemand unpünktlich ist, wenn ein Zug Verspätung hat oder wenn er mit seinem Auto im Stau steht. Er hat Stress, wo ein lockerer Typ keinen hat. Zusätzlichen Stress verschafft ihm seine mangelnde Delegationsfähigkeit. Weil er nicht enttäuscht werden will, macht er am liebsten alles selbst. Überperfekte Chefs werden so zu Edelsachbearbeitern und sie haben frustrierte Mitarbeiter: »Der traut uns gar nichts zu, dem kann man nichts recht machen!« Alle drei Erscheinungsformen eines schädlichen Überperfektionismus führen zu Problemen im Umgang mit dem Faktor Zeit. Man findet kein Ende, kann nicht delegieren, schiebt Aufgaben vor sich her, braucht Terminverlängerungen, verschiebt Prüfungstermine.

Zusätzlich sind Probleme im zwischenmenschlichen Bereich vorprogrammiert. Überperfektionisten neigen zu einer erhöhten Selbstbezogenheit, was zu einer Wertetyrannei und zu Missverständnissen führt und das Miteinander vergiftet.[21] Man sieht andere durch seine eigene Brille und geht davon aus, dass man selbst die besten, vernünftigsten und edelsten Motive und Verhaltenweisen hat und diese auch für die anderen gelten. Die eige-

nen Überzeugungen werden zum Maßstab für die Beurteilung des Verhaltens anderer. Man begreift nicht, dass Partner, Kinder, Freunde und Kollegen andere Motive, Wünsche und Interessen haben. Missverständnisse treten auf. Ein Perfektionist hält sich für geplant, ordentlich, organisiert und kontrolliert. Aus dieser Eigenperspektive ist der flexible Kollege nachlässig, sprunghaft und unorganisiert. Dabei sieht sich der Flexible als spontan, offen und überraschungskompetent. Der Perfektionist ist aus der flexiblen Sicht pedantisch, streng, überkontrolliert und kümmert sich um triviale Dinge. Zu den Missverständnissen kommt die Wertetyrannei, der ungute Dauerversuch, andere Menschen »hinbiegen« zu wollen. Familienangehörige und Arbeitskollegen sollen ihre falschen Verhaltensweisen aufgeben und so perfekt werden wie man selbst. Das ruiniert früher oder später jede Beziehung.

Leider gibt es für Überperfektionisten eine Reihe weiterer Möglichkeiten, sich selbst im Weg zu stehen und das Zwischenmenschliche zu beeinträchtigen. Sie haben Probleme mit ihrem Selbstwertgefühl, fühlen sich intelligenteren, attraktiveren oder erfolgreicheren Menschen gegenüber minderwertig. Sie tun sich schwer beim Aufbau dauerhafter, vertraulicher Beziehungen, weil ihnen andere Menschen nie gut genug sind, weil sie in erster Linie auf deren Unzulänglichkeit achten. Sie glauben, andere Menschen mit ihrem Talent oder ihrer Intelligenz beeindrucken zu müssen, um von ihnen respektiert oder geliebt zu werden, setzen sich selbst unter Druck und gehen den anderen auf den Wecker. Sie wollen auch emotional perfekt sein und glauben, dass sie sich immer glücklich fühlen und ihre Emotionen unter Kontrolle behalten müssen. Sie schämen sich negativer Gefühle wie Angst, Unsicherheit, Hilflosigkeit, Depression. Sie verzichten darauf, Hilfe zu suchen oder anzunehmen, auch wenn sie es bitter nötig hätten. All dies wirkt sich negativ auf die wichtige Balance zwischen Beruf und Privatleben aus und beeinträchtigt die Arbeitsfreude und Leistungsfähigkeit.

Selbsterkenntnis ist der erste Weg zur Besserung. Vielleicht reicht die Einsicht in die Sie bestimmenden, selbstschädigenden Überzeugungen bereits für ein Umdenken. Sie können sich auch mit einer von Burns vorgeschlagenen Kosten-Nutzen-Analyse in-

tensiver mit den Vor- und Nachteilen Ihrer Einstellungen auseinandersetzen und einen Umdenkprozess anstoßen. Schreiben Sie zwei Listen zu dem folgenden Glaubenssatz:

»Ich muss immer versuchen, perfekt zu sein!«	
Wie hilft es mir, wenn ich dies glaube? Welche Vorteile hat diese Geisteshaltung für mich?	Wie wird mir dieser Glaubenssatz schaden? Was kostet es mich, so zu denken?

Wägen Sie die Vor- und Nachteile gegeneinander ab. Sollten Sie zur Überzeugung gelangen, dass die Nachteile überwiegen, können Sie den ursprünglichen Glaubenssatz so abwandeln, dass Sie weiterhin in den Genuss der Vorteile kommen und gleichzeitig die Nachteile vermeiden. Zum Beispiel können Sie sich sagen: »Ich gebe mein Bestes, aber manche Aufgaben sind nicht perfekt zu lösen und es ist nicht tragisch, wenn ich Fehler mache, aus Fehlern kann ich lernen.«

Zum Abschluss noch einmal Burns: »Viele Perfektionisten glauben, sie müssten sich Liebe und Zustimmung durch überragende Eigenschaften, Fähigkeiten und Leistungen verdienen. Einer anderen Philosophie gemäß machen unsere Unzulänglichkeiten und Mängel – nicht unsere Erfolge und Stärken – uns letztendlich liebenswert und menschlich. Menschen können aufgrund ihrer Erfolge und Leistungen bewundert oder gehasst, aber niemals geliebt werden.«

Die Grenze zwischen der selbstschädigenden Überzeugung, total perfekt sein zu müssen, und der zwanghaften Persönlichkeitsstörung ist fließend. Eine Störung ist dann gegeben, wenn die Persönlichkeitszüge zu einem unflexiblen, schlecht angepassten, starren Verhalten führen. Wenn die Leistungsfähigkeit wesentlich beeinträchtigt ist und sich private und berufliche Ziele nicht mehr erreichen lassen. Wenn man mit sich selbst nicht zufrieden ist und Probleme im zwischenmenschlichen Kontakt bekommt. Sind mindestens fünf der folgenden Kriterien erfüllt, dann haben Sie ein Problem und brauchen professionelle Hilfe:[22]

1. Aufgrund des Strebens nach Perfektion werden Aufgaben nicht mehr erfüllt und Vorhaben wegen übermäßig strenger eigener Normen nicht realisiert.

2. Durch die übermäßige Beschäftigung mit Details, Regeln, Listen, Ordnung, Organisation und Plänen geht der eigentliche Grund der Aktivität verloren.

3. Man beharrt unmäßig darauf, dass andere die eigenen Arbeits- und Vorgehensweisen übernehmen oder man hat einen unvernünftigen Widerwillen dagegen, anderen Menschen Tätigkeiten zu überlassen, weil man überzeugt ist, dass diese nicht korrekt ausgeführt werden.

4. Arbeit und Produktivität werden über Vergnügen und zwischenmenschliche Beziehungen gestellt, ohne dass dies finanziell zwingend notwendig wäre.

5. Aufgrund eigener Unentschlossenheit werden Entscheidungen vermieden oder hinausgezögert, Aufträge werden nicht rechtzeitig erledigt, weil man sich nicht über die Prioritäten klar wird.

6. Übermäßige Gewissenhaftigkeit, Besorgtheit und Starrheit gegenüber allem, was Moral, Ethik oder Wertvorstellungen betrifft.

7. Eingeschränkter Ausdruck von Gefühlen.

8. Mangelnde Großzügigkeit hinsichtlich Zeit, Geld oder Geschenken, sofern kein persönlicher Vorteil zu erwarten ist.

9. Unfähigkeit, sich von verschlissenen oder wertlosen Dingen zu trennen, selbst wenn diese keinen Gefühlswert besitzen.

Vielleicht gelingt Ihnen eine Selbsttherapie mit Unterstützung des gerade besprochenen Ansatzes von Burns. Oder Sie versuchen, mit Anregungen aus dem nächsten Kapitel etwas chaotischer zu werden und finden so in den normal-perfekten Bereich zurück.

Da gibt es noch eine extreme Variante der Zwanghaftigkeit: die Zwangserkrankung. Im Unterschied zur zwanghaften Persönlichkeitsstörung handelt sich um eine psychische Störung, oft begleitet von Ängsten und Depressionen, mit gravierenden Folgen für die Betroffenen. Zwangskranke leiden unter quälenden Gedanken und/oder sinnlosen Handlungen, die sich trotz großer Willensanstrengungen nicht abstellen lassen. Typische Beispiele sind Waschzwänge, Kontrollzwänge, Ordnungszwänge, Wiederholungszwänge. Den Betroffenen ist die Unsinnigkeit ihres Verhaltens bewusst, trotzdem können sie sich nicht aus der Gefangenschaft ihrer Zwänge befreien. Die Störung beginnt meist im frühen Erwachsenenalter, oft ausgelöst durch belastende Ereignisse und Konflikte im familiären oder beruflichen Umfeld. Die Deutsche Gesellschaft für Zwangserkrankungen in Osnabrück hilft bei der Suche nach qualifizierten Therapeuten und stellt den Kontakt zu örtlichen Selbsthilfegruppen her.

Das optimale Zeitmanagement
Warum man chaotischer werden muss,
wenn man perfekt bleiben will

Eigentlich bin ich ganz anders, ich komme nur so selten dazu.
Ödön von Horváth

Persönlichkeitswachstum entsteht, wenn wir von unserem »alten«
Persönlichkeitswert wenig verlieren oder aufgeben, aber neue und
hilfreiche Qualitäten dazugewinnen. Bewahren wir also die Tugend eines gesunden Perfektionismus, er hat sich schließlich bewährt. Es kann aber nicht schaden, wenn wir unsere bisher wenig
entwickelten Seiten fördern. Wenn wir unsere Geplantheit durch
Flexibilität ergänzen, erweitern wir unsere Situationskompetenz.
Wenn wir nicht nur die Kunst der Planung beherrschen, sondern auch die Kunst der Improvisation, bewältigen wir vorhersehbare und unvorhergesehene Situationen. Die Erweiterung unserer
perfekten Kerntugend durch die chaotisch-flexible Geschwistertugend schützt uns vor der entwertenden Übertreibung. Wir bleiben perfekt und sind nicht in Gefahr, in zwanghaft-überperfekte
Verhaltenstendenzen abzurutschen.

Zur Ganzheit kommen

Fritz Riemann[23] beschreibt verschiedene Persönlichkeitstypen aus
psychoanalytischer Sicht. Bei jedem Typen gibt es eine Spanne
von »gesund« bis »gestört«. Sie als der ordentliche Mensch mit
Hang zum Perfektionismus gehören in seine Schublade »gesunder
Mensch mit zwanghaften Strukturanteilen«. Sie sind ausgezeich-
net durch Stabilität, Tragfähigkeit, Ausdauer und Pflichtgefühl.
Sie sind strebsam und fleißig, planvoll und zielstrebig; da Sie meist
auf weite Ziele ausgerichtet sind, interessiert Sie mehr, was Sie er-

reichen wollen, als was Sie schon haben, weshalb Sie oft die Gegenwart zu wenig zu genießen verstehen. Mit Ihrer Konsequenz, Tüchtigkeit und Zähigkeit, mit Ihrem Verantwortungsbewusstsein und einem ausgeprägten Wirklichkeitssinn können Sie Großes erreichen. Solidität, Korrektheit, Zuverlässigkeit, Beständigkeit und Sauberkeit – auch im übertragenen sittlichen Sinn – gehören zu Ihren Tugenden. Im Gefühl sind Sie eher zurückhaltend, aber dauerhaft in der Zuwendung, wie Sie überhaupt alles auf Dauer anlegen und sich nicht leicht vom einmal Geplanten ablenken lassen. Ihre Grundgestimmtheit ist eher ernst. Sie stehen zu Ihren Meinungen, Sie sind gewissenhaft und um Objektivität bemüht.

Zu jedem Persönlichkeitstyp gehört ein Gegentyp, das Gegenteil von »zwanghaft« nennt Riemann »hysterisch«. Gegenläufige Strukturen üben eine instinktive Anziehung aufeinander aus, denn nichts pflegt uns stärker zu faszinieren, als wenn ein anderer überzeugend das lebt, was wir selbst auch als Möglichkeit in uns ahnen, aber vielleicht unterdrückt oder nicht zu leben gelernt haben oder nicht leben durften. Es scheint so zu sein, dass wir durch den jeweiligen Gegentyp zur Ganzheit kommen möchten, zu einer Vollständigkeit, die uns aus unserer individuellen Begrenztheit und Einseitigkeit befreien soll. Was zeichnet diesen hysterischen Gegentypus aus? Er ist risikofreudig, unternehmungslustig, immer bereit, sich Neuem zuzuwenden; er ist elastisch, lebendig, oft sprühend und mitreißend, lebhaft und spontan, gern improvisierend-ausprobierend. Er ist ein guter Gesellschafter und nie langweilig, bei ihm ist immer etwas los; er liebt alle Anfänge und ist voll optimistischer Erwartungsvorstellungen vom Leben. Wie kommen Sie als perfekter Typ durch den chaotischen Gegentyp zur Ganzheit? Ganz einfach: Sie drehen das Buch um und suchen nach Ihren verborgenen hysterischen Persönlichkeitselementen.

Stabilität stört Flexibilität

Die Gefahr des Zuviel des Guten wird durch den Gegensatz von Stabilität und Flexibilität geschürt. Wir sind aus guten Gründen Gewohnheitstiere und unser Streben nach Beständigkeit und Dauer ist ein Teil unserer Identität. Die Stabilität befriedigt das

menschliche Streben nach Sicherheit und Beständigkeit. Unsere Identität können wir nicht jeden Tag neu erfinden, sie schöpft aus unserer bisherigen Lebensgeschichte und aus dem Schatz unserer Erfahrungen. Der geplante Typ mag Gewohnheiten und Rituale. Sie stärken das seelische Gleichgewicht und schützen vor Stress. Im Bekannten und Geübten kann er seine perfektionistischen Tendenzen ausleben. Die Flexibilität stört da eher, weil das Überraschende, das Neue verunsichert und Stabilität kostet. Flexibilität ist aber wichtig, weil sich Dinge ändern und Anpassungsfähigkeit gebraucht wird. Je unflexibler Sie sind, desto eher verfestigen sich Ihre Gewohnheiten und irgendwann wird die Stabilität zur Erstarrung. Die Endstufe ist ein rigider, selbstimmobilisierter Mensch, lernungeübt und unfähig, sich auf neue Situationen einzustellen. Wer perfekt bleiben will, muss flexibler werden!

Situationskompetenz

Die Orientierung an der flexiblen Geschwistertugend ist für geplante Typen aus einem zweiten Grund wichtig. Die eigene Planungsstärke bewährt sich in vorhersehbaren Situationen. Wer auch mit dem Unvorhergesehenen fertig werden will, braucht Überraschungskompetenz, darf nicht nur Planungsweltmeister sein, sondern muss auch die Kunst der Improvisation beherrschen. Nehmen wir an, Sie sitzen als Festredner in der ersten Reihe und warten auf Ihren Auftritt. In der Jacketttasche steckt das perfekt ausgearbeitete Redemanuskript. Für Ihren Auftritt ist eine dreiviertel Stunde eingeplant. Sie haben zuhause mit der Stoppuhr geübt und sind auf 44 Minuten gekommen. Ihr Vorredner, der nur ein kurzes Grußwort sprechen sollte, hat die dafür eingeplanten fünf Minuten um 25 Minuten überzogen. Als er endlich aufhört, flüstert Ihnen der neben Ihnen sitzende Veranstalter ins Ohr: »Jetzt haben Sie nur noch 15 Minuten, sonst erwürgt uns der Küchenchef.«

»Wir schöpfen unsere Möglichkeiten meist nicht voll aus, weil wir entweder zu chaotisch oder zu ordentlich sind.« Wir sind dann in Topform, wenn wir einen interessanten Mix aus Chaos und Ordnung gefunden haben. »Die richtige Chaos-Formel ist ganz einfach und funktioniert im privaten, beruflichen und technischen Bereich: Versuchen Sie, ein wenig chaotischer zu sein, und schauen Sie, ob sich eine Verbesserung ergibt. Wenn ja, verstärken Sie das Chaos noch ein wenig. Machen Sie weiter, bis Sie das Gefühl haben, die Situation verbessert sich nicht weiter. In diesem Fall sollten Sie vielleicht wieder ein wenig mehr Ordnung halten« (S. 216).[24] Bei Ihrer nächsten Rede können Sie es ausprobieren. Für Ihre bisherigen Auftritte haben Sie mit großem Zeitaufwand ein wasserdichtes Manuskript ausgearbeitet und abgelesen. Vorteil: Sie konnten Ihr Lampenfieber minimieren und den roten Faden nicht verlieren. Nachteil: Die Zuhörer sind eingeschlafen, eine Rede soll eigentlich keine Schreibe sein. Erstellen Sie für Ihre nächste Rede ein zweispaltiges Manuskript. Ihr Volltext steht rechts auf zwei Dritteln der Seite. Im linken Drittel der Seite werfen Sie die Hauptstichworte aus, drei bis fünf pro Seite. Sprechen Sie frei anhand der Stichworte. Werden Sie unsicher, droht kein Absturz, rechts steht die Lebensversicherung, der Volltext, und Sie lesen weiter, bis Sie sich wieder gefangen haben. Bei der übernächsten Rede arbeiten Sie nur mit Stichworten. Irgendwann schaffen Sie es, völlig frei zu reden. Und können, wenn es die Situation erfordert, früher oder später aufhören.

Improvisation

Für Stabilität und Flexibilität stehen beim amerikanischen Psychotherapeuten Andrew Salter[25] Hemmung und Erregung. So wie der Mensch verliert, wenn die Dauer den Wandel besiegt, so ist der Mensch nicht mehr normal, sondern in seiner Entfaltung gehemmt und damit neurotisch, wenn die Hemmung die Erregung dominiert. Normalerweise spielen Erregungs- und Hemmungsprozesse in subtiler Art ausbalanciert zusammen. Wenn sie aber in

ihrem Verhältnis zueinander aus dem Gleichgewicht geraten, führt dies zu neurotischem Verhalten. Überwiegen Hemmungsprozesse, werden die natürlichen Impulse, zu fühlen und zu handeln, unterdrückt. Diese Hemmungen aufzuheben und die natürlichen Erregungsprozesse wieder zu ihrem Recht kommen zu lassen, ist für Salter das Grundanliegen der Psychotherapie. Er weiß, das Leben in der Gemeinschaft verlangt bestimmte Hemmungen. Aber es sind meist zu viele und manche am falschen Ort.

In seiner therapeutischen Arbeit haben sich sechs Techniken bewährt:

1. Positive und negative Gefühle, die in zwischenmenschlichen Situationen auftreten, spontan aussprechen.
2. Emotionen auch im Mienenspiel zum Ausdruck bringen.
3. In Auseinandersetzungen mit anderen Menschen keinesfalls Übereinstimmung simulieren.
4. Das Wort »ich« nicht vermeiden, sondern wo immer möglich vorsätzlich gebrauchen.
5. Lob zustimmend annehmen, auch Selbstlob ist erlaubt.
6. Improvisieren!

Zur Improvisationsverhaltensregel gibt er noch einige Umschreibungen: Nicht planen, sondern spontan handeln und für den Augenblick leben, und das in allen Lebenslagen; wenn wir etwas kaufen, jemand besuchen, etwas sagen wollen. Tagträumen ist ein Anzeichen unvollständigen Tuns, Improvisation kann es stoppen. Lebe jetzt, das Morgen wird für sich selbst sorgen.

Für den ungarisch-amerikanischen Soziologen und Glücksforscher Mihaly Csikszentmihalyi ist das wahre Glück:[26]

– Jeden Tag etwas Neues, Überraschendes tun.
– Sich die Fähigkeiten zum Staunen bewahren.
– Den Alltag unter möglichst verschiedenen Perspektiven betrachten.
– Im scheinbar Bekannten immer wieder Neues entdecken.
– Sich jeden Morgen ein konkretes Ziel vornehmen, auf das man sich freuen kann. So erzeugt man eine positive Grundstimmung für den ganzen Tag.
– Mit alten Gewohnheiten brechen und seine wenig entwickelten Seiten fördern.

Sein Schreibtisch quillt über von ungelösten Fragen. »Wenn ich nichts mehr lernen könnte, würde ich nicht mehr lehren und mich aufs Altenteil zurückziehen.«

Zeitmanagement und Improvisation

Das perfekte Zeitmanagement schützt Sie vor der Improvisation. Aber eigentlich ist Improvisation die ideale Ergänzung zum perfekten Zeitmanagement.[27] Wenn Sie das Planbare im Griff haben und darüber hinaus auch noch mit dem Unvorhergesehenen fertig werden, besitzen Sie eine unschlagbare Situationskompetenz. Improvisieren schützt Sie außerdem vor der Erstarrung und dem Abrutschen in zwanghafte Verhaltensweisen. Mit jedem erfolgreichen Improvisationsversuch steigern Sie Ihre Gelassenheit und Ihr Vertrauen, auch mit schwierigen Situationen fertig zu werden. Wenn Sie sich trauen, mehr zu improvisieren, trauen Sie sich auch, mehr Fehler zu machen. »Aus Sicht der Lebenskunst kann viel Klugheit darin liegen, Dummheiten nicht zu scheuen, denn wesentliche Lebenserfahrungen verdanken sich der Tatsache, unklug gewesen zu sein« (S. 228).[28] Fehler zu machen, ist die schnellste Methode, herauszufinden, was nicht geht. Ist Ihnen klar, was nicht geht, sind Sie auf dem Weg zur Lösung einen guten Schritt vorangekommen. Ein Chaot scheut keine Dummheit, ihm passieren dauernd Fehler. Aber er lernt nichts daraus. Sie als Perfektionist würden aus Fehlern lernen, aber Sie machen keine. Das ist einer Ihrer größten Fehler. Sie nützen eine wichtige Lernquelle nicht. Ihr Weg zu einer verbesserten Fehlerkultur führt über eine veränderte Einstellung zur Improvisation. Betrachten Sie Improvisation nicht mehr als Notarzt für den verunglückten Plan, sondern als ideale Ergänzung Ihrer Planungsstärke.

Improvisieren heißt, mit dem Unvorhergesehenen fertig werden, durch unvorbereitetes Handeln etwas irgendwie trotzdem hinbekommen. Spontan und flexibel das Beste aus einer überraschenden Situation machen. Was da abläuft, will ich mit einem fünfstufigen Modell und an einem Beispiel erklären.

Das Improvisationsmodell

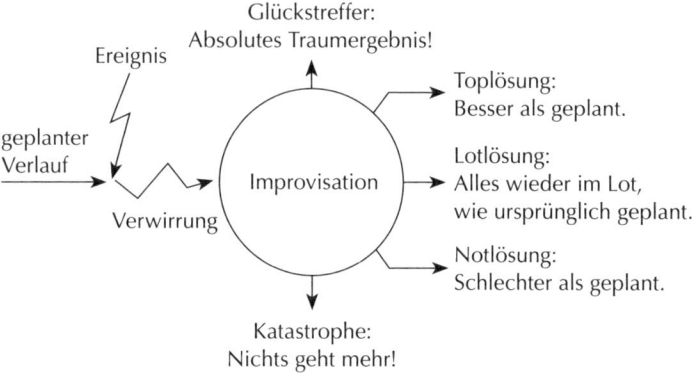

Das Leben nimmt seinen gewohnten Lauf (Stufe 1). Ein Ereignis (Stufe 2) stört den Verlauf und erzeugt Verwirrung (Stufe 3). Der Entwirrungsprozess der Improvisation (Stufe 4) führt zu einer von fünf möglichen Lösungen (Stufe 5).

Stufe 1: Verlauf. Die Feier zum 50-jährigen Firmenjubiläum hat begonnen. Ich sitze in der ersten Reihe. Darf den Festvortrag halten zum Thema »Hoch lebe die Organisation! Mit strategischer Planung erfolgreich in die nächsten 50 Jahre«. Ich bin ein geplanter Mensch, hasse Endterminhektik und deshalb steht mein Vortrag seit drei Tagen. Das 20-seitige Manuskript steckt gefaltet in meiner Jacketttasche.

Stufe 2: Ereignis. Wie der Blitz aus heiterem Himmel tritt ein unerwartetes Ereignis ein, stört den geplanten Verlauf, produziert einen Mangel: Ich bin dran, stehe auf, schreite zum Podium, greife nach meinem Manuskript, aber der Griff geht ins Leere. Das Manuskript steckt im Jackett, aber das hängt zuhause im Kleiderschrank. Heute Morgen hatte ich mich spontan für ein anderes Oberteil entschieden und vergessen, den Redetext umzustecken.

Stufe 3: Verwirrung. Wir sind mindestens irritiert, wenn ein erwartungsgemäßer Verlauf eine unerwartete Wende nimmt. Je nach Art oder Wucht des Ereignisses folgt eine kürzere oder längere, stär-

kere oder schwächere Phase der Verwirrung. Dies ist der Zeitraum zwischen Überraschung und dem Streben nach Normalisierung. Dieser unbehagliche Zustand enthält Aspekte der Verzweiflung (durch den unteren Zacken im Improvisationsmodell markiert): Warum passiert das gerade mir? Warum gerade jetzt? Das Publikum wird mich auslachen. Ich bin am Ende! Blamiert bis auf die Knochen! Die Verwirrungsphase hat auch Elemente der Hoffnung (der obere Zacken im Verwirrungspfeil): Vielleicht kriege ich es irgendwie hin. Tief durchatmen! Augen zu und durch! Die Verwirrung lähmt. Denken und Handeln sind blockiert. Lichtet sich der Nebel der Verwirrung, werden die Gedanken klarer und bekommen eine Richtung, beginnt die Frage nach dem »Wie geht es weiter?«, fängt die Suche nach einem Ausweg an.

Stufe 4: Improvisation. Jetzt beginnt das eigentliche Improvisieren: Spontan und ohne Lösungsroutine nach einem Ausweg suchen, der die drohenden negativen Folgen des unerwarteten Ereignisses beseitigt oder minimiert. Schnappschussartige gedankliche Versuch-und-Irrtum-Sequenzen. Wie rette ich ohne Manuskript die Situation?

Stufe 5: Lösung. Wenn etwas schief geht, kann es trotzdem gut gehen, vielleicht nicht ganz so gut wie geplant. Manchmal geht auch die Rettung schief. Aber ein verunglückter Plan hat auch schon außergewöhnliche oder unglaubliche Ergebnisse produziert.

1. Alles wird gut. Ich halte meinen Festvortrag ohne Manuskript. Aus dem Kopf. Habe ich noch nie gemacht. Hätte nicht geglaubt, dass ich das kann. Hätte ich mir freiwillig nie zugetraut. Keiner hat es gemerkt. Alles im Lot. »Am Anfang war er etwas bleich«, sagte jemand aus der ersten Reihe, »aber immerhin hat er frei gesprochen, und gar nicht schlecht!« »Was hat er eigentlich in seinen Jacketttaschen gesucht?«

2. Oder die Notlösung verdient den Namen. Manchmal gelingt es trotz heftiger Improvisationsbemühungen nicht, das ursprüngliche Ziel zu erreichen. Mein unfreiwillig frei gehaltener Vortrag war eine mittlere Katastrophe, ziemlich konfus. »Zum Glück hat er bald aufgehört«, war die Meinung beim anschließenden Empfang.

3. Oder das Schlimmste passiert und das Problem gewinnt: Es gibt keine Lösung. Ich stürze ab. Blackout. »Das Firmenjubiläum wurde durch einen Zwischenfall überschattet. Der Festredner verließ wortlos das Podium und den Saal. Keiner weiß, warum. Die Firmenleitung war für eine Stellungnahme nicht erreichbar«, stand am nächsten Tag in der Lokalzeitung.

4. »Das Glanzlicht beim gestrigen Firmenjubiläum war der brillante Festredner«, hätte es auch heißen können, »mit seiner unglaublichen Mischung aus zukunftsweisenden Inhalten und fesselnder Rhetorik zog er das Publikum in seinen Bann.« Ohne Vorlesevorlage lief es außerplanmäßig und das Ergebnis war außergewöhnlich. Nach einigen Schrecksekunden hatte ich mich gefangen und einfach angefangen. Meine Gedanken verfertigten sich beim Reden. Getreu dem Motto »Wie kann ich wissen, was ich denke, bevor ich höre, was ich sage?« kamen mir spontan Ideen, die mir im stillen Kämmerlein beim Redenschreiben nicht eingefallen waren. Ohne Manuskript war es wirklich eine Rede und keine Schreibe. Im permanenten Blickkontakt mit den gebannten Zuhörern. »Er hat richtig mit dem Publikum gespielt!«

5. Der Firmengründer und Seniorchef hat mich nach meinem Auftritt umarmt: »Das war eine Sternstunde!« Mein unkonventioneller Festvortrag war tagelang Stadtgespräch und in der Firma reden sie heute noch davon. »Hoch lebe die Organisation!«, hatte ich angefangen. »Wenn Sie jetzt Angst vor einem langweiligen Vortrag haben, muss ich Sie enttäuschen. Wenn wir die nächsten 50 Jahre erfolgreich gestalten wollen, dürfen wir uns nicht zurücklehnen und langweiligen Festrednern lauschen, sondern müssen überlegen, welche Produkte uns in zehn Jahren Umsatz bringen, wenn sich der Markt für unser jetziges Programm nicht mehr interessiert. Dazu wollen wir in der nächsten Stunde den Sachverstand jedes Einzelnen der hier versammelten Festgemeinde nutzen. Und das geht so: Die zehn Personen aus der ersten Reihe bilden die Jury. Sie arbeiten Kriterien aus, nach denen die eingereichten Vorschläge bewertet werden. Jede der folgenden Stuhlreihen bildet ein Team. Das sind immer etwa zehn Personen, zum Glück bunt gemischt. Jedes der neun Teams entwickelt Ideen zum künftigen Produkt-

programm. Auch verrückte Ideen sind erlaubt und erwünscht. Bitte organisieren Sie sich selbst. Wie Sie das Ergebnis dokumentieren wollen, bleibt Ihnen überlassen. Bitte legen Sie Ihren Produktideen auch eine Namensliste der Teammitglieder bei, damit wir Sie in vier Wochen darüber informieren können, welches Team gewonnen hat. Die Jury wird sich auch einen Preis für das Siegerteam ausdenken. Sie haben eine Stunde Zeit. Hoch lebe die Improvisation! Bitte fangen Sie an!« Schade, dass Sie nicht miterleben konnten, was dann los war. Nach einer kurzen Schreckstarre (Stufe Verwirrung) explodierten gleichzeitig neun Ideenfeuerwerke. Und ich konnte in Ruhe mein dreiminütiges Schlusswort ausformulieren.

Werfen Sie Ihren Rucksack über die Mauer

Seien Sie stolz auf Ihr perfektes Zeitmanagement, aber verachten Sie das Improvisieren nicht. Als planungsgeübter Perfektionist sind Sie etwas einseitig in der organisierten Hälfte der Welt verankert. Gehen Sie am interessanten, lebendigen Teil des Lebens nicht vorbei. Improvisieren ist in erster Linie eine Frage der Einstellung und erst in zweiter Linie Methode oder Technik. Von Ihrer Einstellung hängt ab, ob Sie ein Ereignis, das Sie aus dem Trott bringt, als lästigen Ausrutscher bewerten, der schnell ungeschehen gemacht gehört, oder als Chance auf etwas Neues, das Ihnen erlaubt, eine improvisierte Lösung zu zaubern. Improvisieren lernen Sie, wenn Sie improvisieren. Trauen Sie sich, testen Sie Ihre Grenzen. Oder sehen Sie zu, dass Ihnen ab und zu nichts anderes übrig bleibt. Werfen Sie Ihren Rucksack über die Mauer!

Eine kleine Aufgabe zum Schluss

Ihr Zeitmanagement funktioniert perfekt. Ihre Präsentation steht. Rechtzeitig fertig geworden.

Sie haben Ihren besten Anzug angezogen. In zehn Minuten müssen Sie los. Sie sehen eine Büroklammer auf dem Teppichboden liegen. Ihnen fällt die Geschichte ein, die über Robert Bosch

Auflösung:

Sie schließen die Bürotür. Ziehen die Hose aus. Wenden das Innere nach außen. Nehmen ein Büroheftgerät. Das gibt es schließlich in jedem Büro. Es kann auch eine Heftzange sein. Damit tackern Sie die Hosennaht. Das ist keine Dauerlösung, aber für die nächste Stunde reicht es.

Wären Sie auf diese Lösung gekommen? Wenn nicht, nützt Ihnen das beste Zeitmanagement nichts. Sie müssen dringend Ihre Überraschungskompetenz verbessern! Das geht ganz einfach. Lesen Sie die andere Buchhälfte. Dort erfahren Sie alles über Ihren improvisationsfähigen, überraschungskompetenten Gegentypen und können zur Ganzheit kommen.

Übrigens haben Sie das Buch bereits richtig in der Hand.

erzählt wird. Der soll einen Mitarbeiter gefragt haben: »Was liegt denn da auf dem Boden?« »Eine Büroklammer, Herr Bosch.« »Noi, des isch mei Geld!« In der Nachfolge des sparsamen schwäbischen Unternehmers wollen Sie die Büroklammer aufheben. Sie bücken sich und es macht »ratsch«! Die Hosennaht ist geplatzt, auf 20 Zentimeter Länge. Niemand in der Nähe, der Nähzeug hat und Ihnen die Naht näht. Keine Ersatzhose dabei. Das Jackett ist nicht lang genug, um das Problem gnädig zu verdecken.

Nach zehn Minuten marschieren Sie pünktlich und mit reparierter Hosennaht aus Ihrem Büro und liefern planmäßig und erfolgreich Ihre Präsentation ab.

Wie haben Sie das geschafft?

Anmerkungen

Passabel auszudrücken,
was andere Leute gedacht hatten,
war seine ganze Stärke.

Georg Christoph Lichtenberg

1 Renzo Piano im Interview mit Patrick Barton. Süddeutsche Zeitung vom 17.12.2005.
2 Roth, G. (2007). Das Ich ist eine Einbahnstraße. Der Spiegel, 35, 124–127.
3 Westermann, F. (Hrsg.) (2007). Entwicklungsquadrat. Göttingen: Hogrefe.
4 Reiss, S. (2000). Who am I: the 16 basic desires that motivate our actions and define our personalities. New York: Berkley Books.
5 Oldham, J. M., Morris, L. B. (1992). Ihr Persönlichkeits-Portrait. Hamburg: Kabel Verlag.
6 Loy, R. (2005). Jeder läuft dem Trend nach. Der Spiegel, 44, 140–141.
7 Magazin der Süddeutschen Zeitung vom 02.05.2008.
8 Enzensberger, H. M. (1996). Reminiszensen an den Überfluß. Der Spiegel, 51, 108–118.
9 Schmid, W. (1999). Philosophie der Lebenskunst. Frankfurt a. M.: Suhrkamp.
10 Jameson, F. (1965). ABC der dümmsten Sätze. Reinbek: Rowohlt.
11 Hinterhuber, H. H., Krauthammer, E. (1993). Besser führen, heißt weniger führen. FAZ vom 06.10.1993.
12 FAZ vom 07.11.1987.
13 Luijk, H. (1963). How dutch executives spend their day. In Copeman, G., Luijk, H., Hanika, F. de P. (Eds.), How the executive spends his time (pp. 17–82). London: Business Publications Ltd.
14 Carlson, S. (1951). Executive behaviour: A study of the work load and the working methods of managing directors. Stockholm: Strömbergs.
15 Beate Schneider (Mitautorin des Buches »Die Multitaskingfalle«) im Interview mit der Süddeutschen Zeitung vom 10.10.2009.
16 Schütze, C. (1983). Ein Christ besiegt die Angst. Zum 500. Geburtstag Martin Luthers. Süddeutsche Zeitung vom 05.11.1983.
17 Schwedt, G. (2009). Goethe als Manager. Vortrag an der Universität Bonn am 06.03.2009.
18 Allen, D. (2007). Wie ich die Dinge geregelt kriege. München: Piper-TB.
19 Mackenzie, A. R. (1981). Die Zeitfalle. Heidelberg: Sauer.

20 Burns, D. D. (2005). In zehn Tagen das Selbstwertgefühl stärken. Paderborn: Junfermann.

21 Fuchs, H., Huber, A. (2002). Die 16 Lebensmotive. München: dtv.

22 Oldham, J. M., Morris, L. B. (1992). Ihr Persönlichkeits-Portrait. Hamburg: Kabel Verlag.

23 Riemann, F. (1984). Grundformen der Angst. München: Reinhardt.

24 Abrahamson, E., Freedman, D. H. (2007). Das perfekte Chaos. Berlin: Econ-Ullstein.

25 Salter, A. (1949). Conditioned reflex therapy. New York: Capricorn Books.

26 Csikszentmihalyi, M. (2003). Kreativität. Stuttgart: Klett-Cotta.

27 Rühle, H. (2004). Die Kunst der Improvisation. Paderborn: Junfermann.

28 Schmid, W. (1999). Philosophie der Lebenskunst. Frankfurt a. M.: Suhrkamp.